# 日本
# アマチュア無線機
# 名鑑 III

## 日本アマチュア無線機史

1908~2022年

JJ1GRK 高木 誠利 著

CQ出版社

# まえがき

日本アマチュア無線機名鑑Ⅲが完成しました.

名鑑，名鑑Ⅱは，すべてのリグを紹介するという形の資料ですから，どうしても年表的・断面的に取り上げることになります[注1]．そこで本書が生まれました．代表的な技術の流れを代表的なリグ[注2]を利用して説明しています.ぜひ本書で技術的な流れをつかんでください.

本書の範囲は広く，戦前から2022年の技術の流れをまとめています．筆者は昭和36年生まれ，並三ラジオこそありませんでしたが，真空管式白黒テレビ，ステレオが当たり前の時代に生まれ，技術がどんどん進歩していくなかで成長しました[注3]ので，幅広く記述することができました．自分で言うものナンですが,私は,無線機のカタログを眺めながら[注4],自作と言う名のガラクタ製作をしながら[注5]，だんだん技術力を上げていったのです．たぶん生まれるのがあと10年遅かったら本書は書けなかったでしょう[注6].

いくつかお断りがあります．メーカー名を書く場合は当時の社名としています．3大メーカーのリグで自明な場合については社名そのものを省略している場合もあります.また,戦前，終戦直後の話は私の知識・記憶ではなく，書物資料による記述です．引用元を記載しましたのでぜひ原典もお読みください．大先輩の活躍の様子がよりリアルに感じられるはずです.

章割りは筆者の独断です．技術的な変化は並行して起こりますから，どうしても前後と被ってしまう部分が生じました[注7]．この点はご容赦ください.

本書は注釈が多いのが特徴です．話を遮らずにその根拠・そしてサイドストーリーを入れる方法として注釈を利用しています[注8]．ぜひ，こちらもお楽しみください.

最後に，素晴らしい無線機を作り続けている各メーカーさん，名鑑シリーズを刊行していただいたCQ出版社，そして本書をお読みいただいているアマチュア無線家の皆さんに感謝の意をお伝えいたします.

2023年4月

JJ1GRK　髙木 誠利

注1）両書で項をまとめたリグもあるが，それは書物のボリュームを削減するための工夫.

注2）新技術を最初に採用したリグよりその次のリグの方が出来が良い場合が多いが，本書は先駆者を重視.

注3）電子キット全盛の時代でもあった.『電子ブロック（電子ボード）』は最小のSR-1Aから拡張していったし,『マイキット』も体験している．学研が電子ブロック機器製造と提携した理由（推察）もいつかそのうちに.

注4）買えなかったから…．最初の無線機は無電テレビ工業製MUDEN5というおもちゃ.

注5）動かなかったから…．でも今思うと再現性のない製作記事が多かったと思う.

注6）ギリギリで大学では電子管工学を学べたし通信士免許も取得できた.

注7）FT-101vsTS-520などなど，古い記述が多すぎると思う方もいると思う．若い世代には名鑑より名鑑Ⅱの方が評価が高いらしい.

注8）自分の中で相反する解釈がある場合も注釈を活用している.

# 日本アマチュア無線機名鑑Ⅲ　目次

## 第4章　VHF通信の始まり



## 第5章　ダブルスーパーからPLLへ

## 第6章　VHF機は多チャネル化へ



## 第7章　UHFへお引越し



## 第8章　HF機はアップコンバージョン

## 第9章　V/UHF新時代

# 第10章　DSPからSDRへ



※ 各章の図中の記号について
各章の図中には下記のような記号を使っています．
AF（Audio Frequency）：低周波，AF増幅は低周波増幅．
IF（Inter Frequency）：中間周波，IF増幅は中間周波数増幅．
RF（Radio Frequency）：高周波．RF増幅は高周波増幅．
LPF（Low Pass Filter）：ローパスフィルタ，低い周波数だけを通すフィルタ．
HPF（High Pass Filter）：ハイパスフィルタ，高い周波数だけを通すフィルタ．
BPF（Band Pass Filter）：バンドパスフィルタ，真ん中の周波数だけを通すフィルタ．

※ 本書の画像で，引用などの断り書きがないものについては，CQ ham radio誌1948年1月号（第3巻通巻8号）から2000年12月号（第55巻第12号通巻654号）に掲載された「新製品情報」（編集部原稿）および広告ページから抜き出したもの，および各メーカー提供の広報写真を使用したものです．

※ モアレについて：モアレは印刷物をスキャニングした場合に多く発生する斑紋です．印刷物はすでに網点パターン（ハーフトーンパターン）によって分解されておりますが，その印刷物に，明るい領域と暗い領域を網点パターンに変換するしくみのスキャニングを施すことで，双方の網点パターンが重なってしまい干渉し合うために発生する現象です．本書にはそのモアレ現象が散見されますが，諸々の事情で解消することができません．ご理解とご了承をいただきますようお願い申しあげます．

# 第1章　戦前の話

**本章では，無線通信黎明期(れいめいき)から第二次世界大戦直前までのアマチュア無線機を解説します．市販品のない手探りの時代の技術です．**

## 無線黎明期

日本海軍による三四式無線電信機，三六式無線電信機[注1]の実用化を経て，明治41年のJCS(銚子無線局)に開設された無線局は火花式送信機とコヒーラ[注2]による受信機の組み合わせでした．当初の運用周波数は1MHz，これは後に500kHzに変更されています．その後大正4年に現在の千葉県船橋市行田に回転瞬滅火花式送信機[注3]を用いた海軍の長波(主として75kHz)送信所が誕生し，JJCのコールサインで軍事通信だけでなく海外との一般電報の取り扱いも始まりました．また，大正7年には福島県原ノ町に20kHzの送信機が設置されJAAのコールサインで長波通信を始めています．

この後，欧州で短波通信をいろいろとテストしているとの情報があり，千葉市検見川や埼玉県岩槻に長波局を建設中だった逓信(ていしん)省通信局工務課(**写真1-1**)が実験をしたところ，大正15年(1925年)初めにホノルルやサンフランシスコなど，北米のアマチュア無線局を短波で傍受することができました．同年4月には岩槻に作られたJ1AA(**写真1-2**)が初の短波での海外通信に成功，そのすぐ後に神戸市平磯の電気試験場に設

当時の岩槻無線受信所(片岡定一氏提供)

**◀写真1-1　岩槻無線受信所**
CQ ham radio1976年1月号「J1AA秘話」JA1FRA 金子 俊夫 記事より引用

注1）数字は明治で示した年号．三六式はバルチック艦隊発見の連絡にも使われている．
注2）金属粉末による電波検出器．
注3）火花を発する電極を円盤形にして回転させ，位置をずらすことで火花が連続しないようにしたもの．電極の寿命が飛躍的に向上した．

このシャックで毎夜世界に向けてＪ１ＡＡが打電された
（『短波長電波の話』より転載）

▶**写真1-2**
**J1AAのシャックの様子**
CQ ham radio1976年1月号「J1AA秘話」JA1FRA 金子俊夫記事より引用

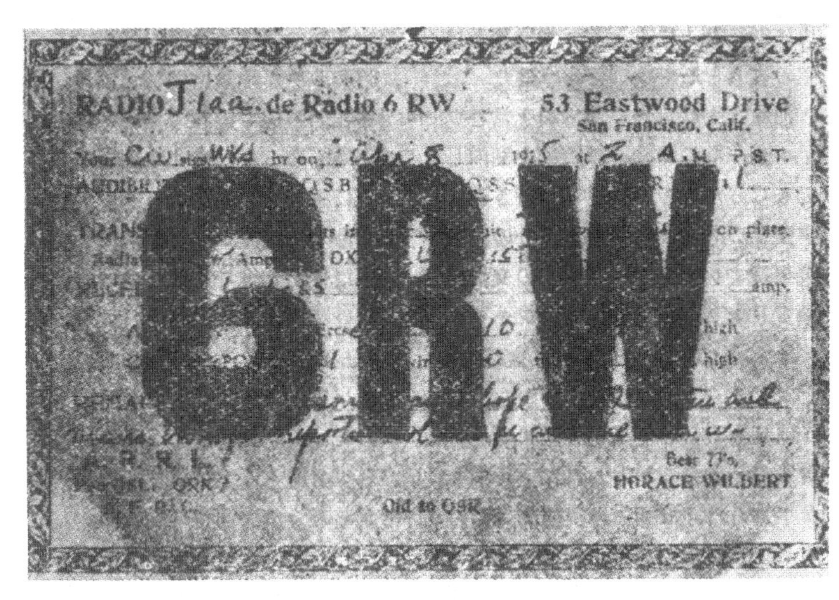


『日本無線史』より転載

◀**写真1-3**
**6RWのQSLカード．**
**「Apr 8　1925」の記述がある**
CQ ham radio1976年2月号「続J1AA秘話　闇に消えた交信証(QSL)」JA1FRA 金子 俊夫　記事より引用

けられたJHBBも海外通信に成功しています．

J1AAもJHBBも官設局ですが交信相手は海外のアマチュア無線局でした．最初の交信については諸説あるようですが，大雑把にまとめると6日の6BBQ説，4月8日の6RW(**写真1-3**)説に分かれます．別の日に6BBQがJHBBと交信したQSLカードがネット上で公開されていて，この方がカリフォルニア州に住む，フランク・F・マシック氏であることがわかります．日本は官設局でしたが，交信相手がアマチュア無線局だったのは間違いありません．バンドは80mバンドでしたがその後40m，20mバンドでも交信に成功しました．

短波では火花式送信機は使えません．この時に使用されたのが3極管式送信機，1906年にアメリカのド・フォレストが発明した3極管を用いています．このあたりの子細については，1968年に開かれた座談会を基にしたKDDの出版物「短波無線通信の黎明期を語る」という資料に記載されていますので閲覧可能な方はぜひご覧ください．日本アマチュア無線外史（電波実験社，1991年，岡本次雄，木賀忠雄）にも抜粋の転載があります．またこの時代の機材についてご興味がある方は東京都調布市の電通大無線ミュージアムをご覧いただくことをお勧めします．

## ラヂオの時代

火花式放電は断続波を作り出すので音声で変調することが難しかったのですが，逓信省電機試験所が発案し安中電機製作所（現 アンリツ）が製造したTYK式無線送信機で音声変調に成功しています．1912年（明治45年）3月の話で，直流による連続したアーク放電を利用するものでした．これは世界初の無線電話装置で，1916年（大正5年）には三重県鳥羽で音声による公衆通信も実用化されました[注4]．

アメリカ・ワシントンで行われた娯楽音楽放送 NOFを世界最初の放送とするか，アメリカ・ピッツバーグのKDKAを最初の放送とするかは議論の余地があるところですが，いずれにしても1920年の話で，日本でのラジオ放送は1925年（大正14年）3月に始まりました．放送は受信装置，すなわちラジオがなければ成り立ちません．日本では放送受信も許可制でしたが，放送開始の翌年には39万の受信契約がありました[注5]．結構普及の速度は速かったようですが，その多くが鉱石ラジオであったようです．人工的な電気雑音は皆無でしたから，当時の資料ではアンテナを高く長く伸ばすことを勧めています．今，同じことをやっても雑音で受信装置が飽和するだけですから，環境の違いを実感します．

しばらくして真空管式のストレートラジオが出回るようになります．現存している物を見ると6〜8球のものが多かったものと思われます．中和を取った3極管と共振回路を何段も並べていて，ニュートロダインと呼ばれたようです．これは当時の真空管の性能の低さがなせる業で，今，同じ製品を作ると発振してしまって使い物にならないでしょう．その後価格の安い再生式ラジオ（オートダイン：**写真1-4**）[注6]が出回ると日本ではこちらが主流になります．

1931年にラジオ第2放送が始まります．混信問題の始まりです．再生式では弱い放送波に強い放送波が混じりやすかったので，当時はできるだけ第1放送，第2放送の電界強度を同じにするようにしていました．このルールは放送局の置局基準，そしてブランケットエリアという形

**写真1-4　ドリゴ交流式4球再生受信機**（1929年）
NHK放送博物館所蔵　初出：別冊CQ ham radio No.4 2008年6月号「真空管式ラジオ博物館」

注4）受信は従来の電信用が使用できた．
注5）契約者数は日本ラジオ博物館ホームページより．戦前のラジオ・放送事情についてはこの博物館が一番詳しいと思われる．

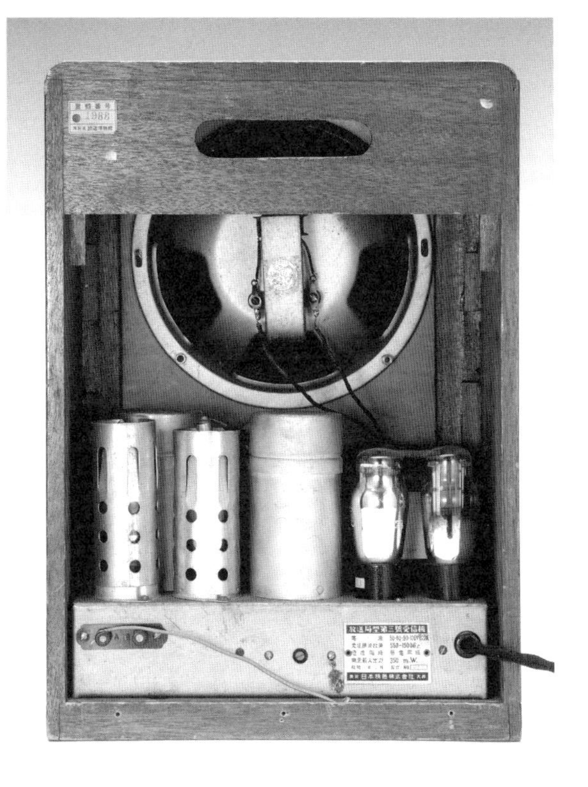

**写真1-5　放送局型3号受信機とその内部**(1939年)
「安価で優良な受信機」を目標に製造された．同1号ラジオのUZ-57，UY-47B，KX-12Fの3球構成に高周波増幅管UZ-58を加え，弱電界級仕様とした．
NHK放送博物館所蔵　初出：別冊CQ ham radio No.4 2008年6月号「真空管式ラジオ博物館」

で現在でも残っています．

1937年には日本のラジオ聴取契約者は100万人を超え，その8割が真空管式でした．1940年頃の契約者数は約567万人，かなりの普及率となります(**写真1-5**)．

## アマチュア無線の免許制度

話は少し前に戻ります．まだ短波帯が実用的な通信に使えると思われていなかった1912年，アメリカ合衆国ではアマチュア無線家に1500kHz以上の希望する単一周波数を指定することが決まりました．当時は周波数が低い方が電波がよく飛ぶと思われていたゆえ，アマチュアは業務通信が使わない高い周波数が割り当てられたのです．

第一次世界大戦での運用禁止の後，1923年にバンド指定で1.5〜2MHzをアマチュア無線家に配分しましたが，この時多くのハムは下限である1.5MHz付近での運用をしたようです．しかし中には2MHzを超える，当時は使えないとされていた周波数での運用をしたハムもいました．そして理由はよく分からないながらも，ローパワーでの大西洋横断通信まで成功させています．

**表1-1　米国のアマチュア無線バンド**(黎明期)

| 1912年 | 1923年 | 1924年 | 1925年 |
|---|---|---|---|
| 1.5MHz以上の単一周波数 | 1.5〜2.0MHz（バンド指定） | 1.5〜2.0MHz | 1.5〜2.0MHz |
| | | 3.75〜4.0MHz | 3.5〜4.0MHz |
| | | 6.98〜7.5MHz | 7.0〜8.0MHz |
| | | 13.64〜15MHz | 14〜15MHz |
| | | 60〜75MHz | 56〜64MHz |

注6）autodyne，英語版Wikipediaによると，この言葉は正帰還を掛ける増幅器全般に用いられる．たとえば英語のautodyne converterはラジオなどでよく見られる発振と混合を兼ねる回路のこと．日本語のオートダインは再生式増幅器，もしくは再生式検波器，もしくは再生式ラジオを指す．

短波の可能性に気付いたマチュア無線家から幅広い周波数での運用希望が上がり，1924年以後，米国でアマチュア無線家にいくつかのバンドが割り当てられています(**表1-1**)．日本の官設局が交信した相手方はこのバンドで運用していた局です[注7]．

日本での個人局(アマチュア局)の誕生は1926年です．それまでは制度外の無免許状態でしたが，この年から周波数を指定のうえ，免許されるようになりました．当初は無線局の免許を申請すると，無線設備だけでなく申請者個人に対する無線工学，法規，電気通信術の審査があったとのことです[注8]．1940年に電気通信技術者(今の無線従事者)資格が制定され，無線局免許と無線従事者免許が分離しました．

制度は整ったのですが，残念なことに，翌年，第二次世界大戦が勃発(ぼっぱつ)するとアマチュア無線は禁止されてしまいます．

## 当時の受信機

初期の放送受信は鉱石ラジオが用いられ，その後高級品はニュートロダインからスーパーヘテロダインへ，一般的なものは再生式(オートダイン)へと移り変わりましたが，アマチュア無線用の受信装置はほぼ100%再生式であったようです．再生式の回路例を**図1-1**に示します．これは並四ラジオと呼ばれる，高周波増幅なし，真空管検波，低周波増幅2段のものの検波回路までの抜粋です．

## Column 零戦(零式艦上戦闘機)と無線機

旧日本軍の最高傑作の戦闘機といえば零式艦上戦闘機でしょう．しかしこの戦闘機は2つの大きな問題を抱えていたと後に指摘されています．

ひとつは防弾装備が貧弱だったことです．今日でも多くの方から批判されています．日本には高出力のエンジンがないゆえに徹底的な軽量化で性能を出していたこと，旋回性能を重視していたこと，海軍の仕様書に防弾装備の項がなかったことなどがその理由とされています．相手機の半分しかエンジン出力がないのですから同等の装備を積むことはできないわけで，敵機に後ろに付かれたら旋回してなんとかこれをかわしてほしいということだったようです[注9]．

もうひとつは通信機です．当初は九六式空一号無線電話機，大戦後半はより高性能の三式空一号無線電話機が使われています．どちらも短波ローバンドの電信電話(A3E)両用ですが，これが使い物にならないという指摘が出ていました．地上ではうまくいくのに，空を飛びだすと交信できなくなるというのです．戦場では敵の空母に着艦しそうになったり，戦艦の上空から味方機がいなくなってしまうということが日本側ではおきました．

一方，無傷の零戦を手に入れ性能を徹底的に研究した米軍は，無線を効果的に使った2機編成で行動するように戦闘方法を変えました．零戦が旋回して敵機の後ろに着いた瞬間にもう1機が攻撃するようにしたのです．操縦士同士の連携が取れないので，体を大きくひねって後ろを見ないと敵機の位置さえわからない日本側とは大きな差です．

苦戦が続く中，横須賀海軍航空隊の塚本大尉(当時)が，無線電話の雑音の原因がエンジン・プラグのスパーク(火花)にあることを突き止め，通信が劇的に改善されています．それは1944年晩秋，もう少し早ければと悔やまれてなりません．

実は大戦の始まりから無線機は使えたという話もあります．飛行予科訓練生出身の操縦士は学校でモールス通信の訓練を受けていましたから，雑音に強い電信が自在に使えたのです．零戦の搭乗員には下士官兵から操縦士希望者を募る操縦訓練生が多かったのですが，すぐに操縦訓練を受けた関係でモールス通信の訓練をあまり受けておらず，音声での通信が主であったた

注7) この時代については「日本無線史」という本が詳しい．電波監理委員会が1950年に発行したもの．ただしあまりにも詳しすぎるので注意．



注8) 昭和2年12月，昭和3年2月，3月の「無線と実験」誌に資料あり．アマチュア無線のあゆみ(日本アマチュア無線連盟50年史)p.62に引用あり．

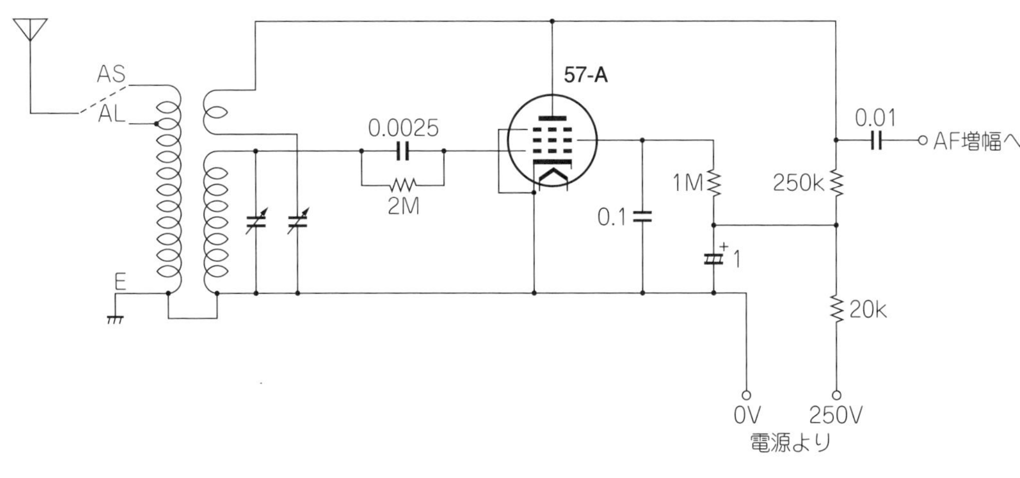


**図1-1　典型的な再生検波回路例**
「初歩のラジオ」1949年4月号 大山 英二 記事「並四セット」より抜粋引用

秘密はこの検波段にあります．検波段の出力を入力に戻すことで見かけ上入力信号を増やしているのです．これは発振させる回路と同じですから強すぎると発振します．でもその直前であればとても高い増幅

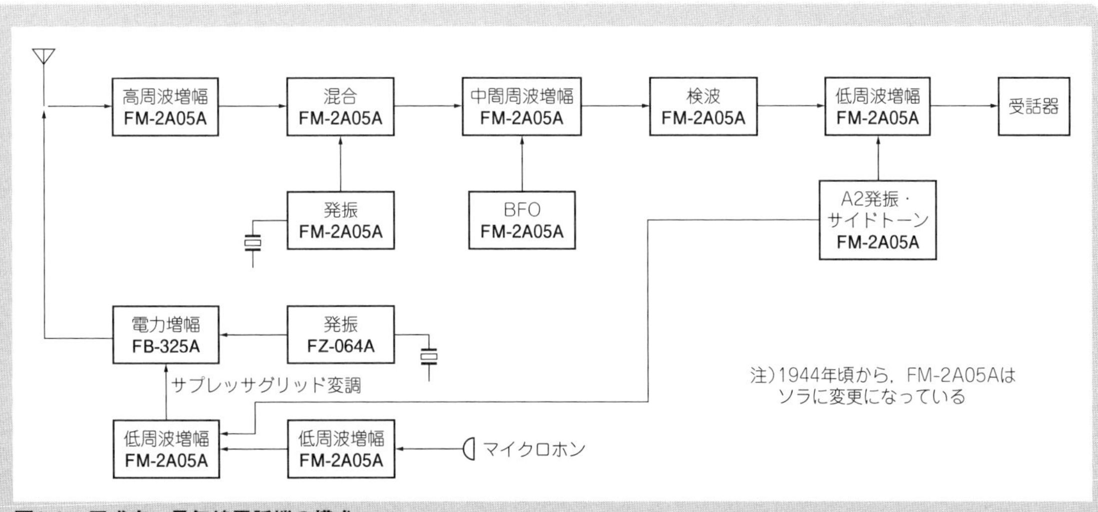


**図1-A　三式空一号無線電話機の構成**

め「使えない無線機」と評されてしまったようです．

後期型である三式空一号無線機は送受信共に水晶制御，サプレッサグリッド変調として変調電力を節約するとともに大きな変調トランスを積まなくて済むようにしています．周波数は約5MHz，部隊ごとに固定でした．入力100W，AMのキャリア出力は15Wです．BFOを持たない機器でも受信できるようにCWではサイドトーンを兼ねた低周波発振器で変調をした上でキーイングをすることもできます（**図1-A**）．細部の品質まではわかりませんが，残っている資料からは，三式空一号無線電話機自体は当時の世界水準に達していた無線機だったと考えられます．

なお，三式空一号無線電話機に途中から使われた「ソラ」という真空管は，ドイツが開発したFM2A05Aを東芝が空軍の依頼で量産に向いた万能管として改良したものです．ボタンステムのFM2A05Aをピンチステムにし[注10]，ゲッタをアクアダング[注11]でアースに落としています．

注9）　大戦後期には故意に失速させるという技も使われた．
注10）ステムは電極への線を固定する基部のガラス構造のこと．ボタンステムは円盤状のガラス支持体に直接線が通されているもの，ピンチステムはガラスで挟み込むことで線を支持するもの．
注11）グラファイトの微粉末を水で溶いたもの．

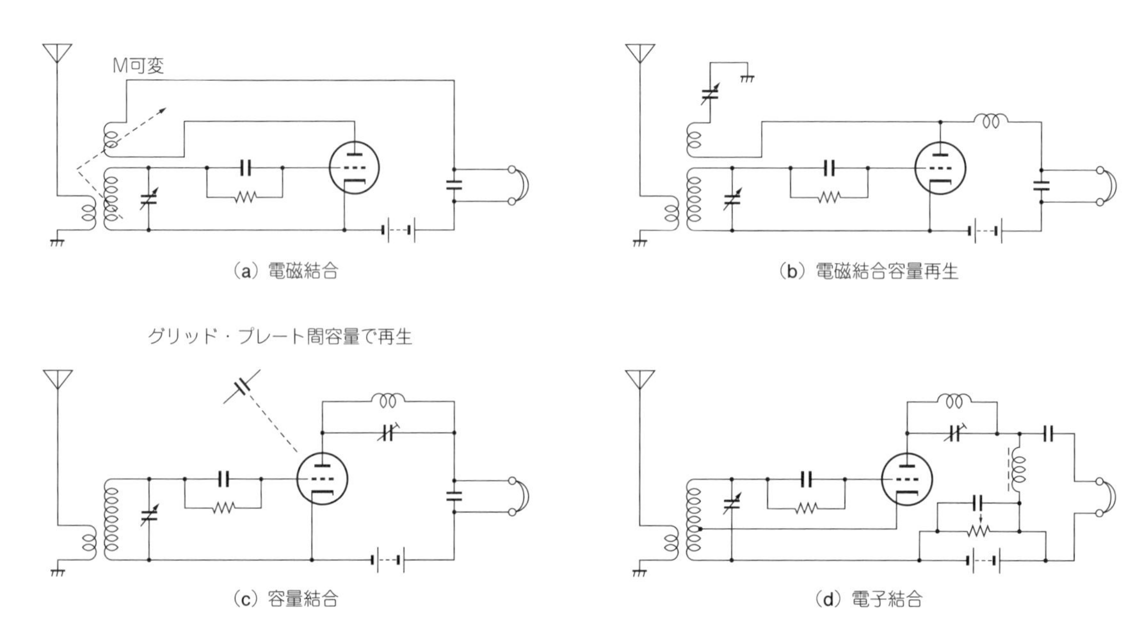


**図1-2　再生式受信機の回路例**
「日本アマチュア無線外史」電波実験社 岡本 次雄・古賀 忠雄 著 より引用

率が得られます．

回路としては4種類あります(**図1-2**)．電磁結合はアンテナ・コイルで行っていますが，結合の調整で再生量を調整し，出力側のコンデンサにも高周波が流れるという特徴があります．電磁結合容量再生は出力側に高周波がいかないようにしたもので，高い安定度が期待できます．共振回路を使用して出力側に高周波がいかないようにしたのが容量結合型，全体にインピーダンスを上げることで内部容量による帰還を増やしています．もうひとつ，ちょっと複雑なのが電子結合型で，これだけはカソードから帰還しています．**図1-2**は原典の回路を忠実に写しています．中にはプレート電流が供給されていないように見えるものもありますが，実はレシーバの中を通ることを想定しています．マグネチックタイプのヘッドセットだからできる芸当です．

近年の再生式実用回路の例として1970年頃の科学教材社の0-V-1キットの回路を**図1-3**に示します．回路としては電子結合型ですが，真空管のスクリーングリッドの電圧を調整することで増幅率を変化させ再生量の調整をしています．直接再生量を変えている回路よりも高い安定度が得られる秀逸な回路で，特製のボビンを用意してコイルの製作法をきちんと指示できていたからこそ実現できたのでしょう．

再生式受信機は選択度でスーパーヘテロダインに劣ります．特に近接に強い信号が入ってくるとそれを排除することは困難です．とはいえ，再生回路に共振回路が入りますから，うまく調整された場合，ストレート受信機やレフレックス受信機(**図1-4**)よりも高い選択度が得られます．1947年に公表された特性例を**図1-5**に示します．筆者の今幡氏は，受信周波数近傍の特性は良いが，離調した周波数でも40ないしは50dB以上の減衰量が得られないことが問題であると指摘しています．

再生回路は，発振寸前で使うという回路の特性上，増幅する力(通常相互コンダクタンス〔gm〕で表す)の低い真空管でも高い感度が得られるという特徴があります．このため戦前には再生式受信機がラジオ，通信用途を問わず広く使われました．アマチュア無線のあゆみ(日本アマチュア無線連盟50年史)の笠原功一氏の手紙形式の論文(p.140)にも，「昭和の初め頃は「再生検波低周波一段の電池式」これ以外に短波受信機は無かっ

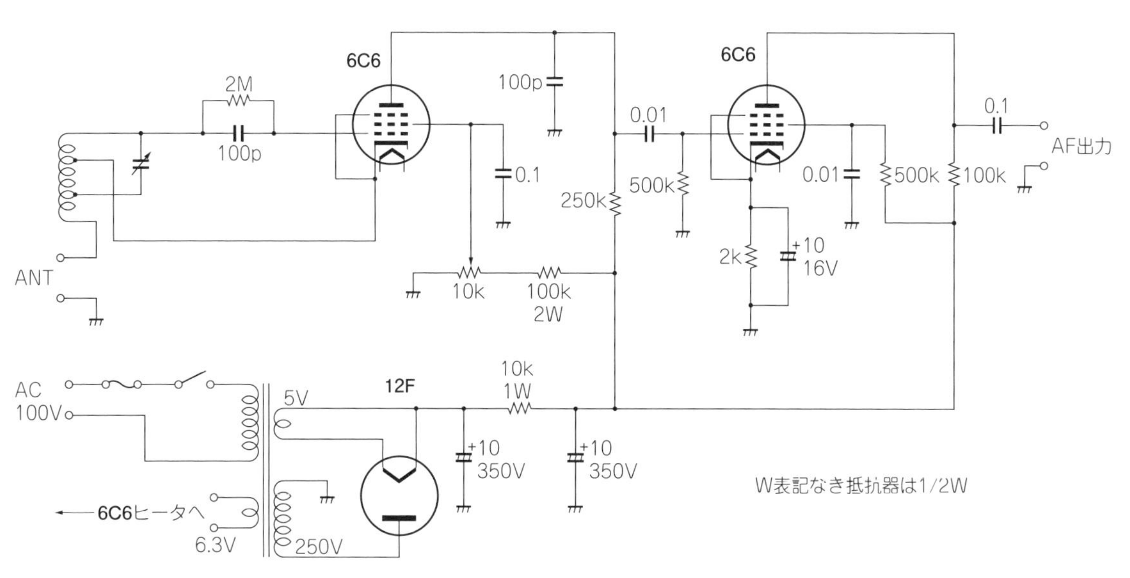


**図1-3　科学教材社の0-V-1**
1970(昭和45)年頃の製品

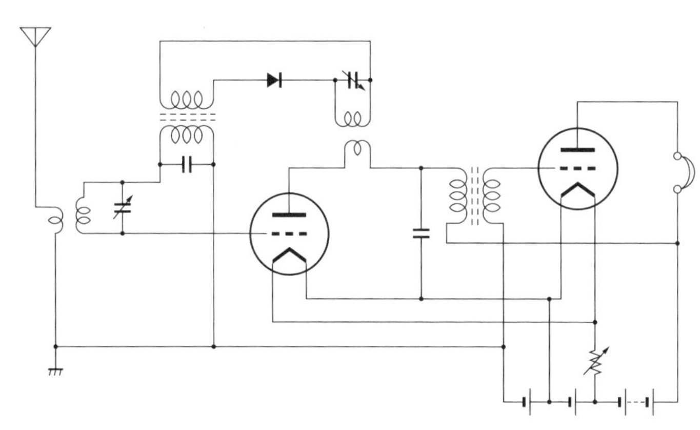


**図1-4　レフレックス回路**
「無線と実験」1925年11月号 楠本 哲秀氏によるキットの紹介 より

た筈だ」という記述があります.

## 当時の送信機

QST誌が米国で1915年ごろに創刊された頃は，まだ真空管は発明初期の段階で，火花式送信機が幅を利かせていたようです．有名なナス管[注12]201/Aが1920年に発表され，同一規格の球が他社からも発売されるようになった頃から，電波の帯域幅の狭い真空管式送信機に移行していきました.

日本でアマチュア無線家が生まれたのは1926年．免許条件などを見ても火花式の送信機は使われなかったようで，発振段にアンテナをつなぐ単球式送信機から，発振段と終段を分けたMOPA型へ，そして水晶発振とPA(パワーアンプ・終段)の2ステージ型へと進化しています.

単球の送信機の回路例を**図1-6**に示します．ハートレー式発振部があり，そのプレートに整合回路がつながっているわかりやすい構成ですが，ひとつの発振器に2つの同調回路があり，それが結合しているため，単なるQRH(周波数変動)だけでなく，アンテナ側を細かくチューニングしている間に周波数がジャンプするという問題もあったようです．そこで2球式として発振器と終段を分離することが行われました．QRHは激減し低い周波数であれば十分な安定度が得られたものと思われます．パワーも上がりました.

注12) もちろんナスの形をしていた.

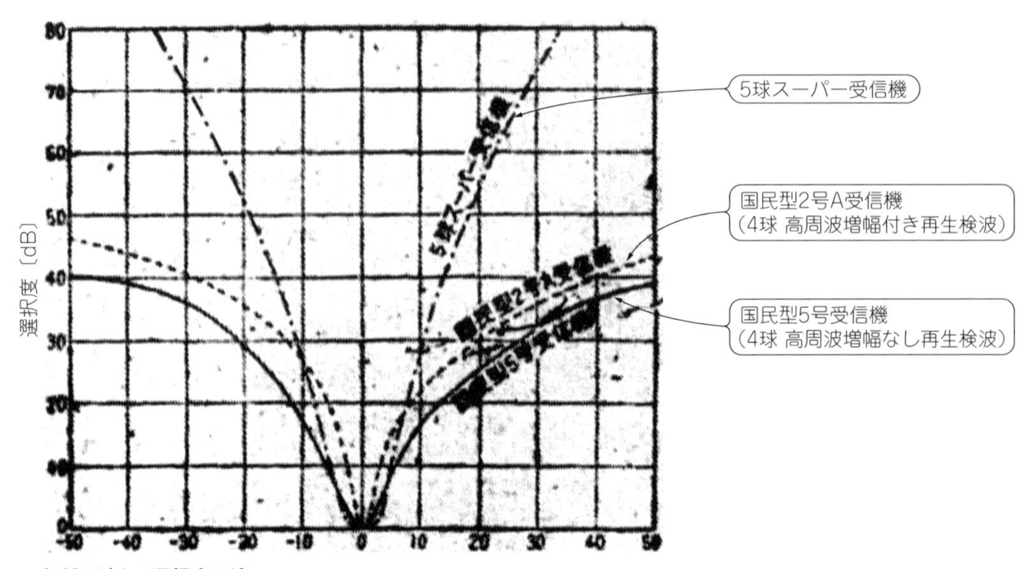


**図1-5　各種ラジオの選択度の違い**
「ラジオ技術」1947年2月号 日本放送協会技術研究所 今幡氏による 国民型受信機の解説 より

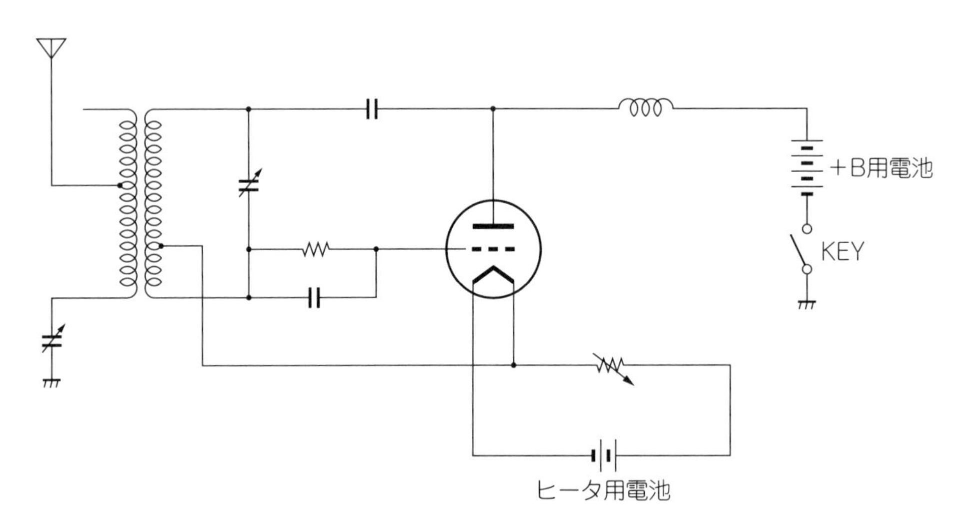


**図1-6　初期の単球送信機の例**

水晶発振子は米国で1923年に発明されています．1932年頃には日本のアマチュア無線界において，島茂雄氏(JO1IKW ex J2HN)らのグループが発振子を各ハムに配布をしたとの記録が残っています．これにより安定度の問題は解消されました．

スクリーングリッドを利用してさらに特性を上げた戦後の回路を**図1-7**に示します．この回路はVFO出力を受けるように切り替えることも可能で，10W程度の入力が得られます．キークリックと高調波に気を付ければ十分実用になるはずです．

水晶発振子は1つの周波数しか作り出せません．この頃の研磨は手作業でしたから，周波数はバラバラでした．しかし1960年頃までは送信周波数と受信周波数は一致しているとは限りませんでしたので，これで問題はなかったようです．トランシーブ・トランシーバが出現するまではCQを出したらバンド中をワッチして自分を呼ぶ局を探すという運用が当たり前でした．

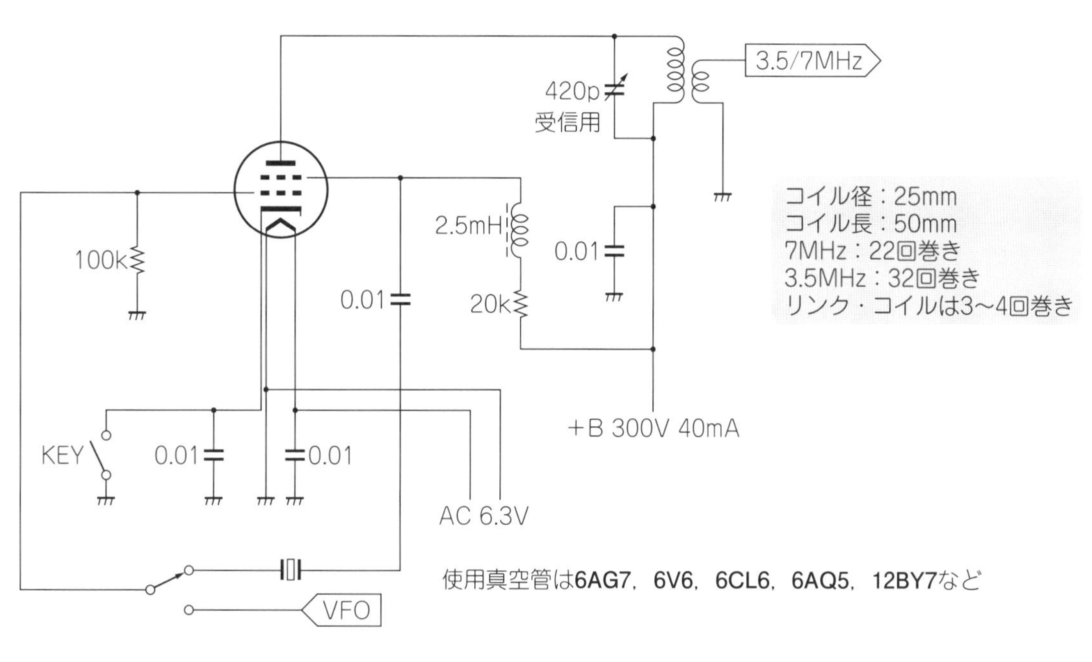


**図1-7　単球送信機の例**
「ビギナーズ アマチュアラジオ ハンドブック」(誠文堂新光社 刊)より
この項の担当は難波田 了(JA1ACB)氏

## Column　0-V-1　という名称について

0-V-1，0-V-2という真空管式ラジオ・受信機の表記は多くの方がご存じのことと思います．最初が高周波増幅の段数，次が真空管検波であること，最後が低周波増幅の段数で，0-V-2なら高周波増幅なし，低周波増幅2段を示します．

ところが古い文献にはこの表現が見当たりません．再生式，高一再生式，オートダイン(発振させてCWを受信)という言葉はあるのですが，数字-V-数字の形式は見つからないのです[注13]．

これは外誌でも同様で，1948年にEDITORS AND ENGINEERSより出版されたTHE RADIO HANDBOOK TENTH EDITIONに2球のオートダイン受信機が3ページ半にわたって解説されていますが，この本全体に数字-V-数字で説明されている受信装置はありません．その後1950年ぐらいから米国，ドイツなどでこの表記をしている雑誌記事，製品が散見されるようになります[注14]．海外では－(ハイフン)抜きの表記の方が多いようです．0V1，0V2，1V1といった具合です．「0-V-2 Amateurempfänger」というYouTubeページもありますが，ここで紹介されている文献はやはり戦後のものです．

そこで戦前から刊行されている各雑誌のタイトル・レベルでの初出を調べてみました．無線と実験では1948年9月です．ただし表記は1-V-1ではなくて1V1，ハイフンのない書き方になっています．また電波科学では1949年4月，こちらも表記は1-V-2ではなくて1V2です．一方，CQ ham radio誌では1948年8月発行の第12号で1-V-2，ハイフンのある表現になっています．いずれにしろ第2次世界大戦後に始まった表記法のようです．

以下は筆者の想像です．終戦時，日本製のラジオは再生式でした．ドイツのものも再生式だったようですが，北米産はスーパーへテロダイン，このスーパーラジオに接した誰かが，ストレートラジオを表現するために終戦後に考え出した表記法なのではないでしょうか．

注13) 戦後に書かれた文章で，戦前の機械をこの形式で紹介しているものはある．
注14) 0V1は1954年 ?のものが紹介されている．
https://www.radiomuseum.org/r/rim_amateur_2.html

# 第2章 AMの時代

**本章では第二次世界大戦後のアマチュア無線再開から，HF帯でのAM通信の終わりまでのアマチュア無線機の技術を解説します．一般向けに広く量販された最後のHF用AM機は1969年発売のトリオ(現 JVCケンウッド)TX-88DSと9R-59DSの送受信機となります．**

## アマチュア無線再開の頃

日本では1941年に「私設無線局の禁止令」が出され，第二次世界大戦中はまったくアマチュア無線を運用することができませんでした．

戦後1950年に電波三法が成立，1951年の無線従事者試験を経て，サンフランシスコ講和条約で日本が主権を回復した1952年にアマチュア無線が再開されます．

この時，ITUの割り当て原則に従って当時(1952年)まだ実用化されていなかった10GHzまでの割り当てがなされています．また3.5，7MHz帯は当初スポット周波数でしたが1954年にバンド割り当てとなりました．最大出力は21MHz帯まで500W，28MHz帯以上は50W，まだ市販の無線機はありませんでしたから手作りの無線機でアマチュア局の免許申請がなされました．

その後メーカー製のラジオ・受信機も販売されるようになりますが，完成品には物品税が掛かりましたので多くはキットで販売されました．1940年代後半，そして1950年頃までは電器店や個人がラジオを組み立てて販売するということが普通に行われています[注1]．

無線従事者免許制度にはいくつかの変化がありましたが，1958年に第1級，第2級の2段階から第1級，第2級，電信級，電話級の4段階になり，1961年に第2級の周波数制限が撤廃され電信・電話級が21，28MHz帯にも出られるようになったという2つがこの時代の大きな変化でしょう．1961年の改正を契機としてアマチュア無線技士の数は急増しています．また市販のHF帯の無線機も，5バンド，10Wの製品が多くなりました．

## 受信機は再生式からスーパーヘテロダインへ

1947年にGHQが出した再生式受信機禁止勧告以後，日本で製造されるラジオはそのほとんどがスーパーヘテロダイン(スーパー)となりました．終戦直後のラジオでは中間周波数(IF)463kHzのものが多かったのですが，第二次世界大戦中に北米で455kHzに統一され，北米向けの輸出用中間周波数トランス(IFT)の製造が始まると国内のラジオのIFも455kHzに統一されるようになりました．いろいろな資料を見てみると国内では1948年ぐらいから455kHzのものが出始め，1950年には統一されたようです．この周波数の由来についてはコラムをご覧ください．

AM時代初期のアマチュア無線用受信機は短波ラジオにBFOを付けたところから始まっていますので，当然中間周波数は455kHzでした．初期の傑作，三田無線研究所(デリカ)CS-7の回路図(**図2-1**)をご覧くだ

注1) 物品税の改正の歴史は複雑だが，終戦直前のラジオは60%．1953年に8石・5球以下は5%となった頃から完成品の販売が急増している．他は1968年に10%に低下．

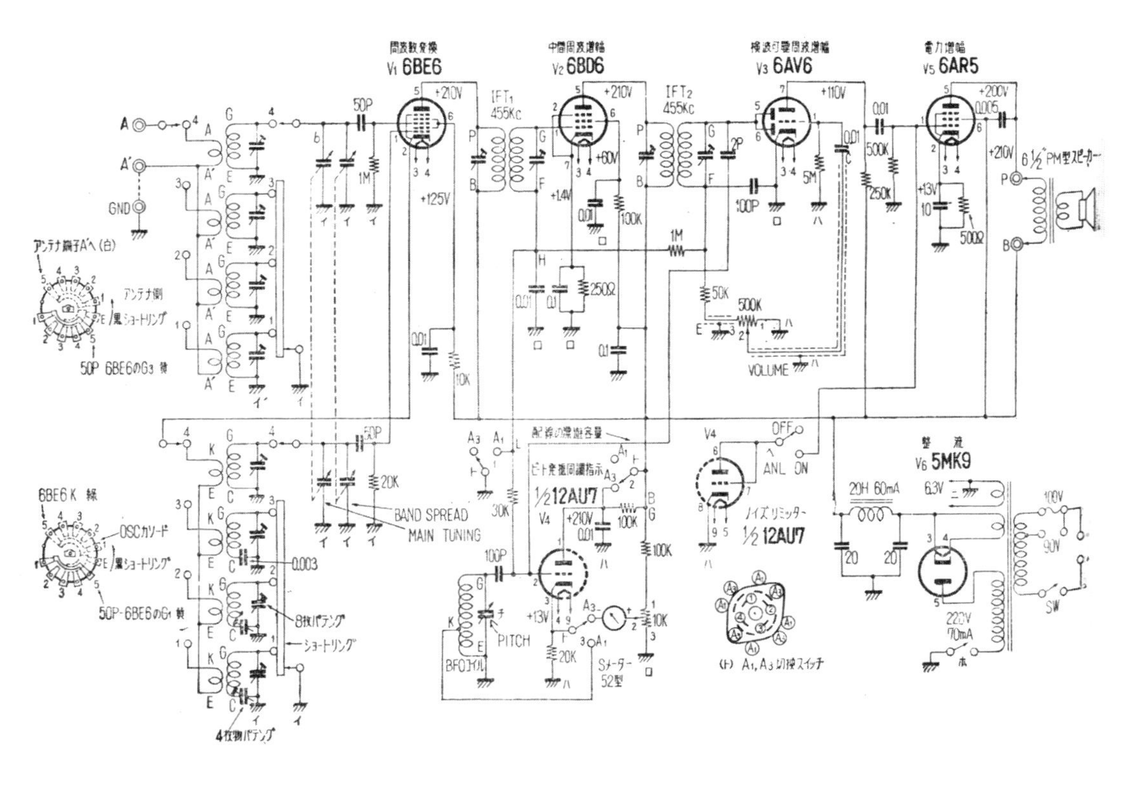


図2-1　三田無線研究所(デリカ) CS−7の回路
CQ ham radio 1959年9月号より

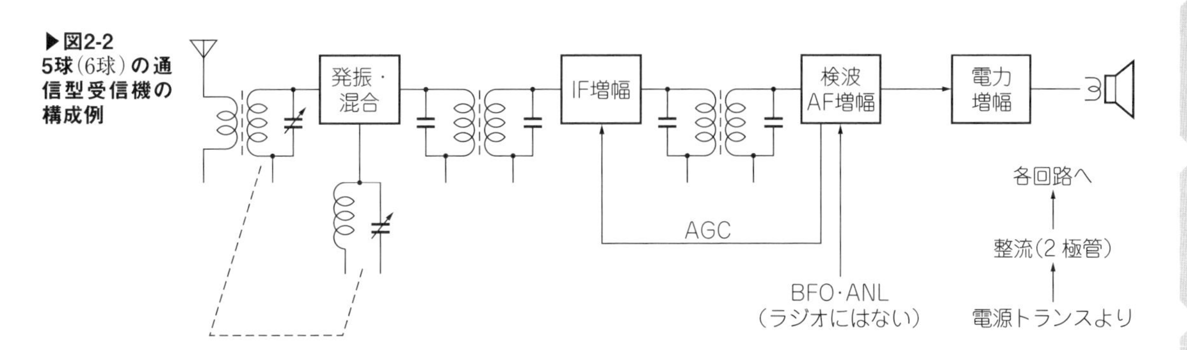


▶図2-2
5球(6球)の通信型受信機の構成例

◀三田無線研究所(デリカ) CS-7
CQ ham radio 1959年9月号記事タイトル写真より

さい．このころの受信機はBFOやノイズリミッタのための球(12AU7)を除くと5球で構成されています．ラジオの場合は5球スーパーと呼ばれていました(**図2-2**)．

高周波増幅はなく，周波数変換と局部発振器(局発)を同じ真空管で行っていること，IF増幅は1段で，複同調回路を用いて選択度を稼いでいること

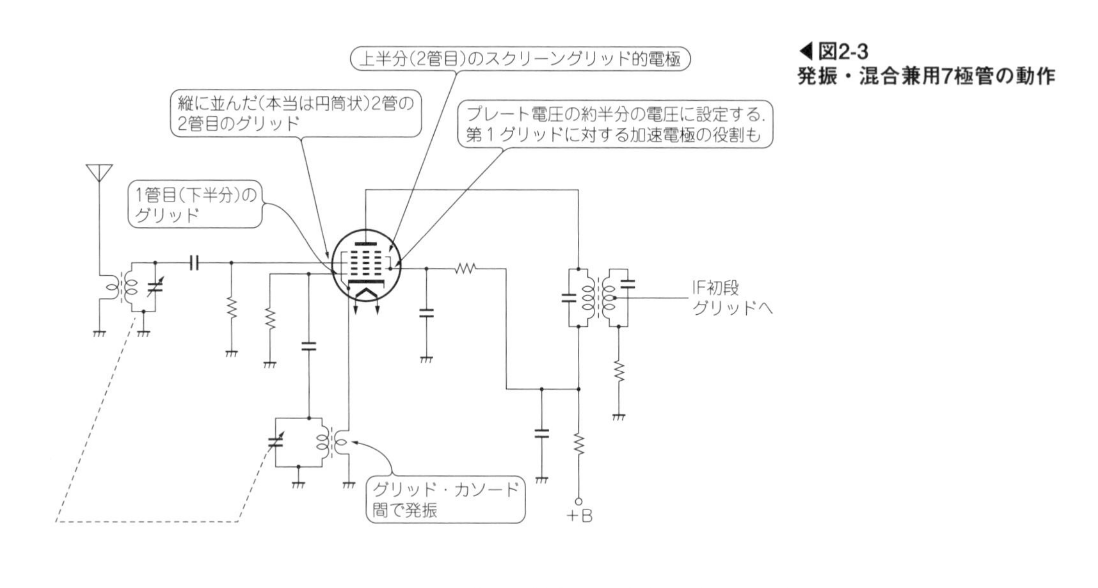


◀**図2-3**
**発振・混合兼用7極管の動作**

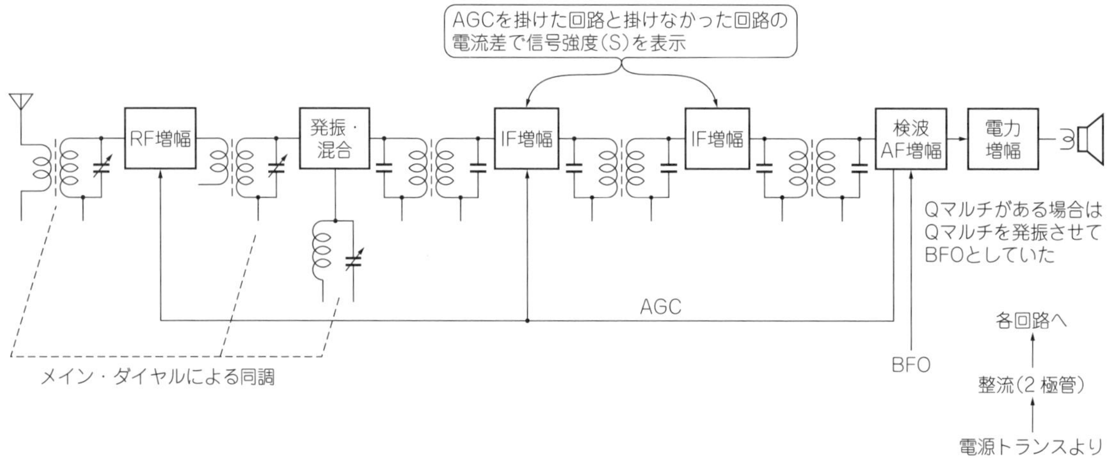


**図2-4 高1中2通信型受信機の構成例**

がわかると思います．抵抗器やコンデンサといった純粋な電子部品は結構高価だったので，少しでも節約するような設計になっていました．

RF同調は局発と連動していて短波帯全体を連続してカバーしていますが，28MHzを受信する際の局発周波数は28.455MHz，イメージ周波数は28.91MHzとなります．このイメージをアンテナにつながる同調回路1段で抑えるのですから，現実にはほとんどイメージ比は取れなかったようです．10dBあれば御の字だったのでしょう[注2]．イメージ周波数に信号がなければ混信は免れますが，余計な雑音を受ける分だけ実質的な受信感度は低下します．

イメージ比を取れないということは副次的発射，つまり局発信号の漏れにも影響を及ぼします．高周波増幅があればかなり軽減されますが，それがない中で455kHz下の同調回路1段だけしか副次的発射を阻止できるものがないというところは少々つらいところです．

しかも5球スーパーでは発振と混合を1球で行っています．信号側に発振波が回り込みやすい構成です．そこで副次的発射を軽減するため，そして強い信号による局発の引っ張りを防ぐためにも，ミキサには7極管を使用するのが通例となりました(**図2-3**)．

注2) 5球スーパー等価のスターSR-40(1963年)は30MHzの感度が30μV(AM)，イメージ比は5dB弱(CQ ham radio誌1963年8月号記述より)．

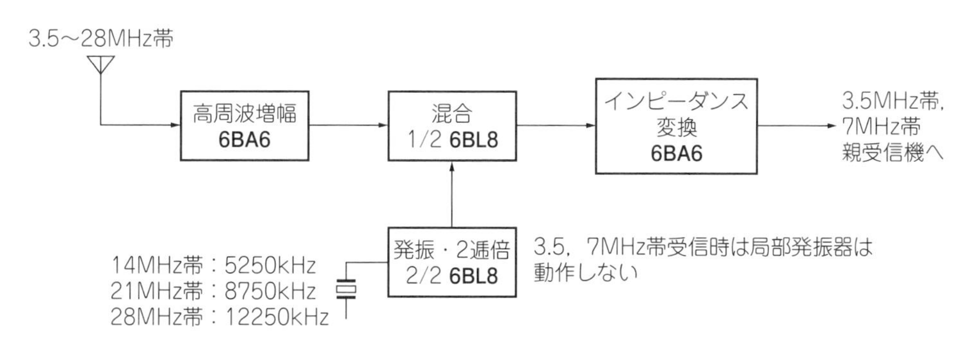


**図2-5　トリオ SM-5プリセレクタの構成**

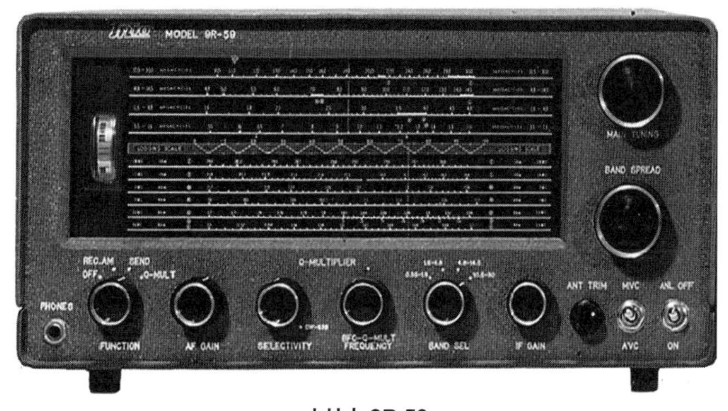


**トリオ 9R-59**

この7極管では，カソード側となる一番下のグリッド(G1)とカーソド間で発振器を構成します．この発振器で交流周波数を与えられたG1からの電子流は，下から3番目のグリッド(G3)に到達しますが，ここには受信信号が来ており，電子流はその電位による変調を受け，プレートに到達します．電子流は電位の低い方から高い方へ流れますが，G3はアース電位です．このためG1で局発の交流周波数の振動を与えられた電子流はG3からはほとんど流出しません．またG3に強い信号がやってきてもG2があるのでカソードとG1間の電子流には影響しません．つまり，発振段と混合用信号入力の分離ができることになります．

その後，受信機が高性能化していくなかで高周波増幅が付くようになりました．また，中間周波数増幅も2段になり，高1中2と呼ばれる回路構成になります(**図2-4**)．受信周波数が低いラジオの場合は高周波増幅の出力部が非同調でも十分な性能が得られますが，通信型受信機ではたいていここに同調回路が設けられていました．

高周波同調が2段あるわけです．もっとも，これをもってしても高い周波数ではイメージ比はあまりとれていませんし，感度や安定度も不足がちでした．トリオの9R-59(1961年)の説明書による28MHz帯のイメージ比は20dB，後年，筆者の実測では12dBです．感度は約2μV，AM時代の受信機はどれも短波帯の高い周波数(ハイバンド)の特性に問題がありましたが，**注2**の例に比べればずっと良好で，当時はこれでも高性能だったのです．

AM時代の終わり頃，つまり1960年代後半にはコンバータ機能を持つプリセレクタを使用する受信(**図2-5**)も行われるようになりました．これは実質的に受信機をダブルスーパー・ヘテロダインにするもので，親受信機の3.5MHz帯を第1中間周波数とする回路になり，感度や安定度，そして周波数読み取りが大きく改善されますが，必須とされるほどには流行りませんでした．本格的なものを求める層は当時出始めたSSB用受信機を購入した可能性も考えられます．スターのSR-600は1963年，トリオのJR-300Sは1964年の発売でした．

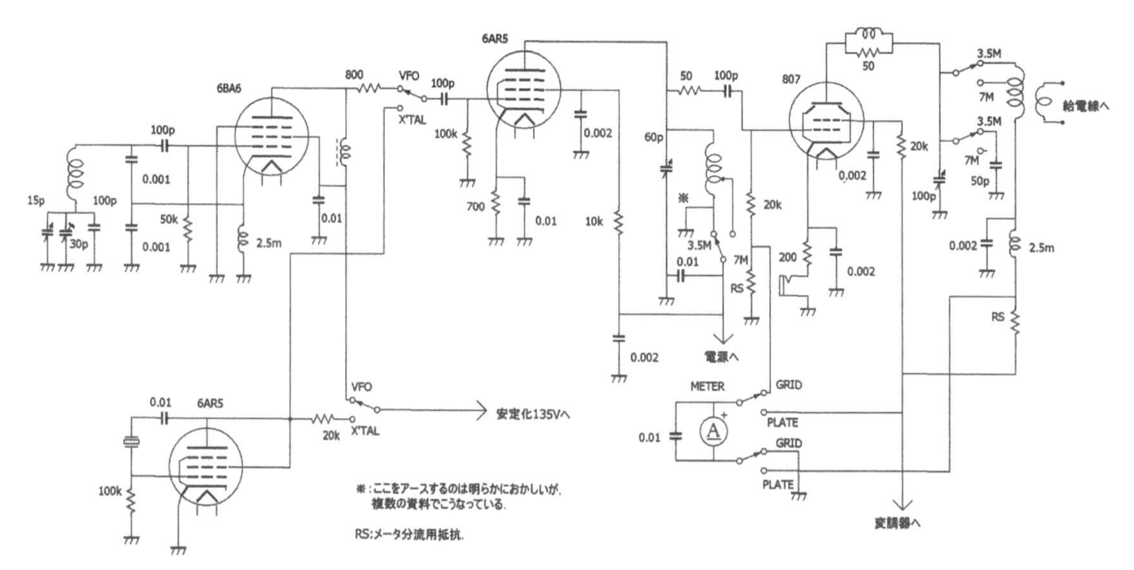


図2-6　春日無線工業 TX-1の高周波部回路

トリオのＴＸ－１はクラップ回路ＶＦＯを自

実体図入り説明書　〒３０円

春日無線工業
東京都大田[
ＴＥＬ

春日無線工業 TX-1

## 送信機は3ステージ

1952年のアマチュア無線再開当時，市販の送信機は存在しませんでした．アマチュア無線のあゆみ（JARL50年史）には3ステージ（JA1AB，市川洋氏）の8W，ならびに4ステージ（JA1AC，村井洪氏）の500W送信機の回路が掲載されていますが，戦前の流れ，ならびに各種雑誌記事から推察するに多くは水晶制御の2ステージだったようです．

最初のアマチュア無線用送信機，春日無線工業のTX-1（1955年，**図2-6**）はVFOを含む3ステージでした．教科書どおりの3.5MHzクラップ発振器を2段増幅して最大20W出力を得ています．7MHzでは2段目が逓倍（ていばい），コイルのタップをスイッチで切り替えることで3.5MHz帯，7MHz帯の2バンドに対応しました．キーイングは終段カソード・キーイングです．近年，電鍵の極性を気にする方は少ないかもしれませんが，当時は配線を間違えると感電する危険がありました．下側のキーイング接点にカソード側（+側）を接続します．

春日無線工業の次の送信機，1959年のTX-88はVFOが省かれ，2本の6AR5による2ステージになっています（**図2-7**）．バンドは同じく2バンド，CWは10W，AMは7.5Wです．6AR5は最大プレート損失8.5Wの球ですので，初段は贅沢（ぜいたく），ファイナルはギリギリという感がありますが，発振段の出力を強くすることで増幅段を節約したようです．安価に構成できたことは間違いありません．でも，このTX-88はファイナルには当時最先端だったπマッチを採用しています（後述）．

1960年に春日無線はトリオに社名変更をしました．そして1961年暮れにTX-88Aを発売します．型番だ

**図2-7　トリオ TX-88の回路.** CQ ham radio 1960年5月号より

け見ればマイナチェンジのような変化ですが，TX-88とはステージ数もカバーする周波数範囲も違いますから間違いなく別物，大きな進化がありました．

このリグの回路を**図2-8**に示します．水晶発振段はコルピッツですが，あまり強い発振にならないように帰還系を工夫してあり，スイッチを切り替えればVFOからの入力も受けられるようになっていました．出力側には同調回路(OSC同調)があり，共振時の高電圧でネオン管を光らせるようにしてあります．

次の逓倍励振段はゼロバイアス，グリッドリーク電流をバイアスに使っています．プレート側には2kΩという大きな抵抗が入っているので，小振幅時には高い利得が得られ，大振幅時にはプレート電圧が落ちて利得が抑えられるようになっていて，結果的に50MHz帯まで結構均一な出力を得ることに成功しています．

また，TX-88Aでは発振段(VFOバッファ兼)と逓倍励振段のカソードを同時にキーイングしています．念の入ったキーイングですが，外部VFOを使用した場合の漏れを減らすためと思

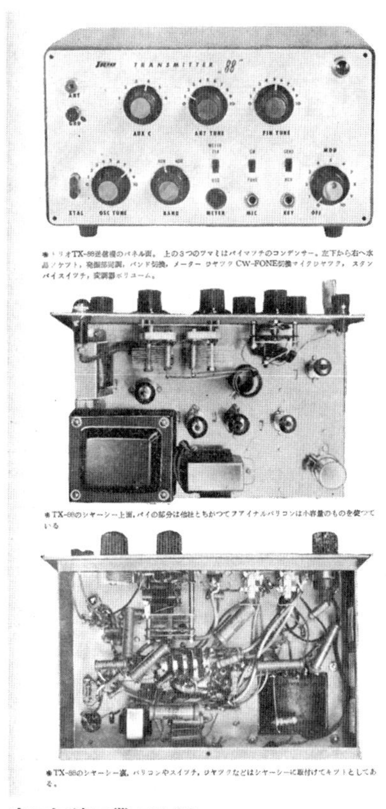

**春日無線工業 TX-88**
CQ ham radio 1960年5月号より

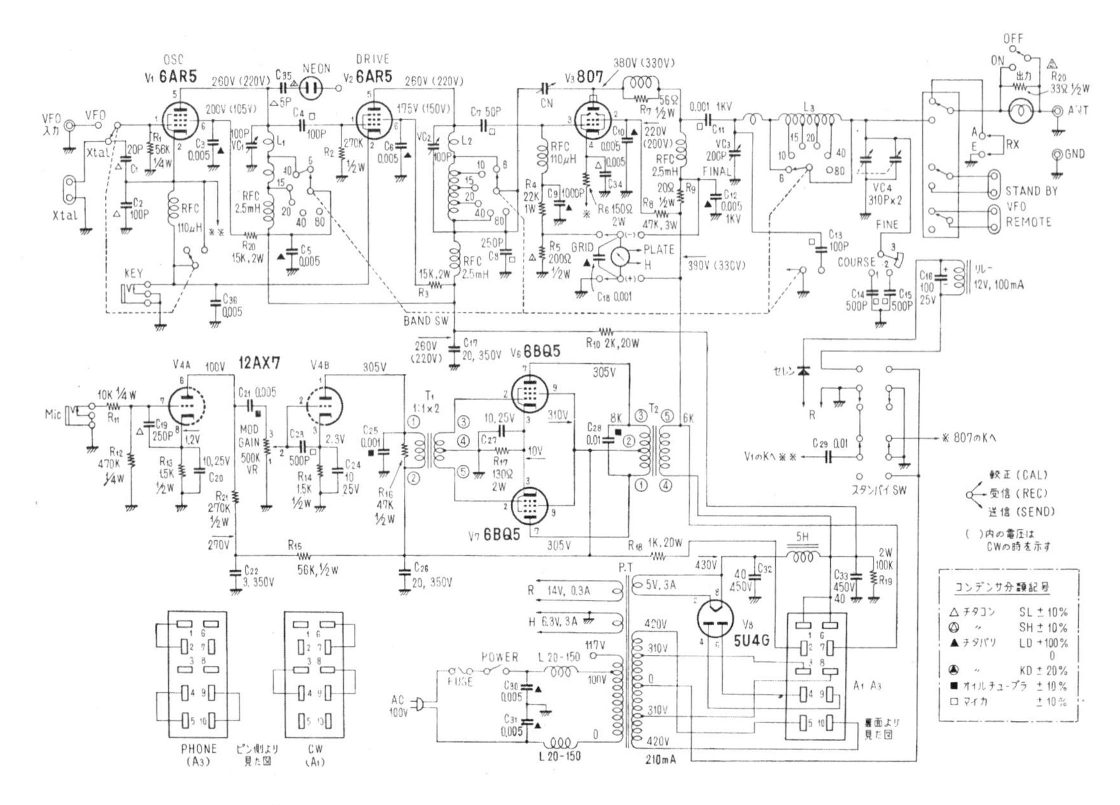


**図2-8　トリオ TX-88Aの回路.** CQ ham radio 1962年1月号より

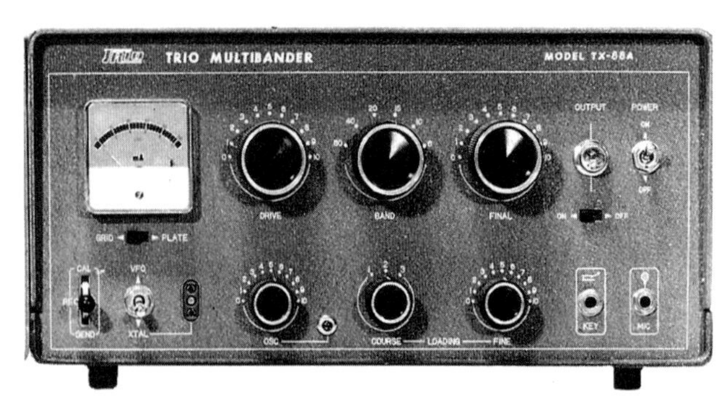


**トリオ TX-88A**

われます．ファイナル(終段管)は807，ビーム管注3です．中和を取って使用していました．

次の送信機，TX-88D(1966年，**図2-9**)ではファイナルのバイアスを大改良するとともに，キーイング回路も改良されます．ファイナルにブロッキング・バイアス注4を用意して，これがアースに落ちると電波が出るようにしたのです．逓倍励振段もキーイングしキーアップ時の漏れは心配なくなりました．ファイナルはS2001．余裕のあるファイナルです．

ここまでトリオ(春日無線)のリグでAM時代の進化をたどりました．1963年を境に他社が新規に発表したAM送信機・受信機はほとんどありませんので，実のところトリオ以外のリグでは進化の説明が難しいのです．1961年発売のTX-88A・9R-59のラインナップで他社を圧倒したトリオが，高い完成度をもって1966年に発表したのがTX-88D，9R-59Dのラインナップと言えるでしょう．

## 2ステージ？　3ステージ？

これまでにも説明してきたとおり，AM時代のHF送信機はステージ数で2種類に分かれます．ひとつは2

注3) 4極管にビーム形成電極を付けたもの．5極管とは特性が違う．
注4) 真空管がカットオフ(プレート電流ゼロ)になるような低い電圧．

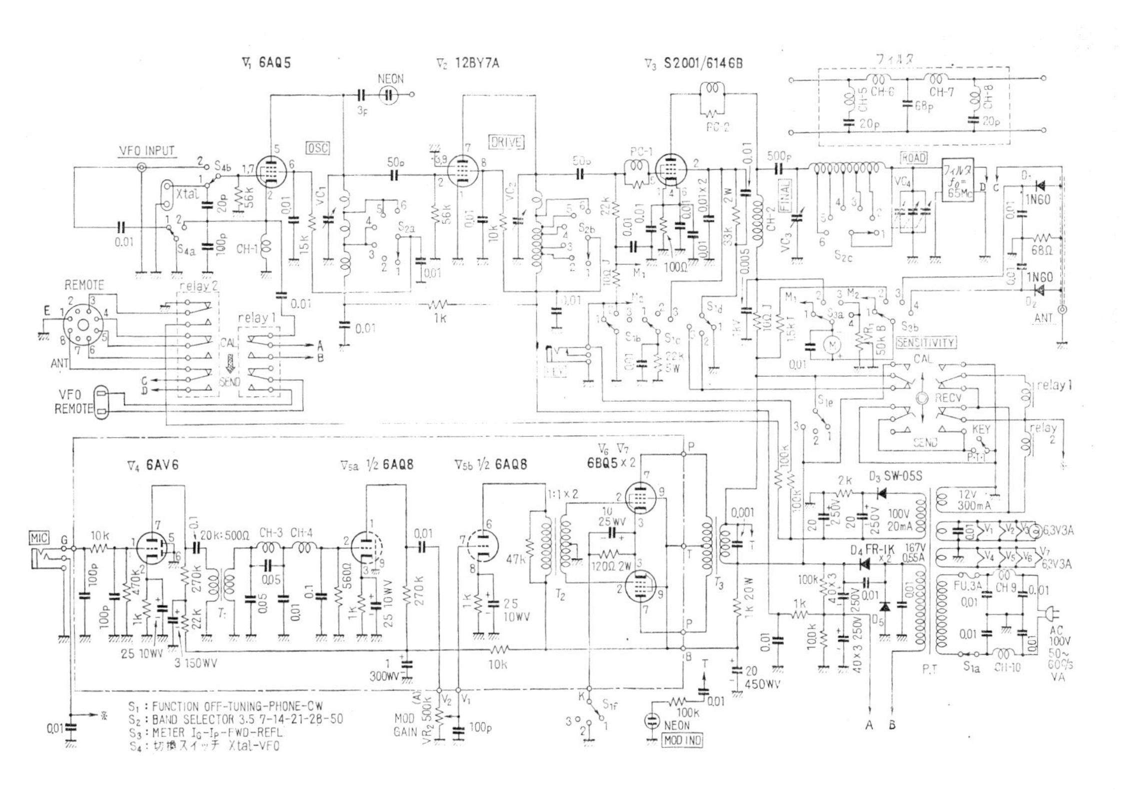


**図2-9　トリオ TX-88Dの回路.** CQ ham radio 1966年5月号より

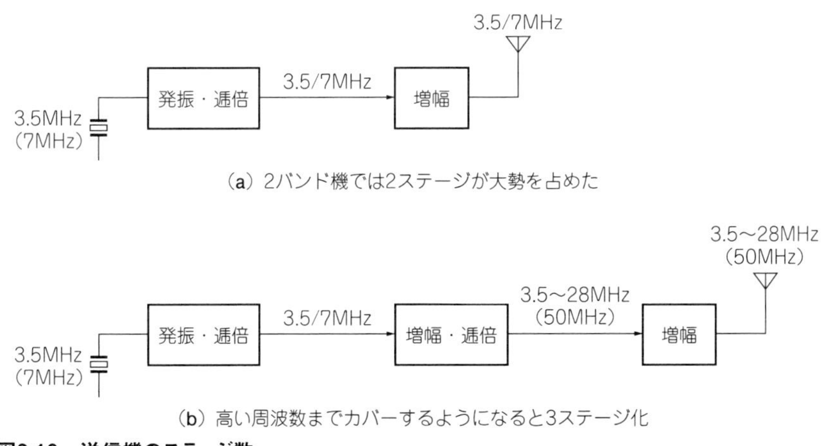


**図2-10　送信機のステージ数**

ステージの送信機．発振段の次がファイナル段となるものです．両者の間に増幅・逓倍段が加わると3ステージになります(**図2-10**)．4ステージの送信機もありましたがどちらかというと例外的な存在です．

多くの送信機が3.5MHz帯と7MHz帯の2バンドだった1950年代はだんだんと2ステージに収束していきます．代表的なのが三田無線研究所の807送信機(1956年)ですが，三和無線測器のSTM-406(**図2-11**，1958年)やJERECTROのQRPシリーズ(1959年)のような5バンド機ですら2ステージで構成されていました．回路は洗練され部品の質も上がってくるなか，コスト的に有利な2ステージで性能が出せるならこれに越したことはないわけです．

ところが1960年代になると前述のTX-88Aをはじめとして急に3ステージ機が増えだします．その理由は発振段の低レベル化と多バンド化であるのは間違いありません．高いレベルでの発振はどうしても水晶発

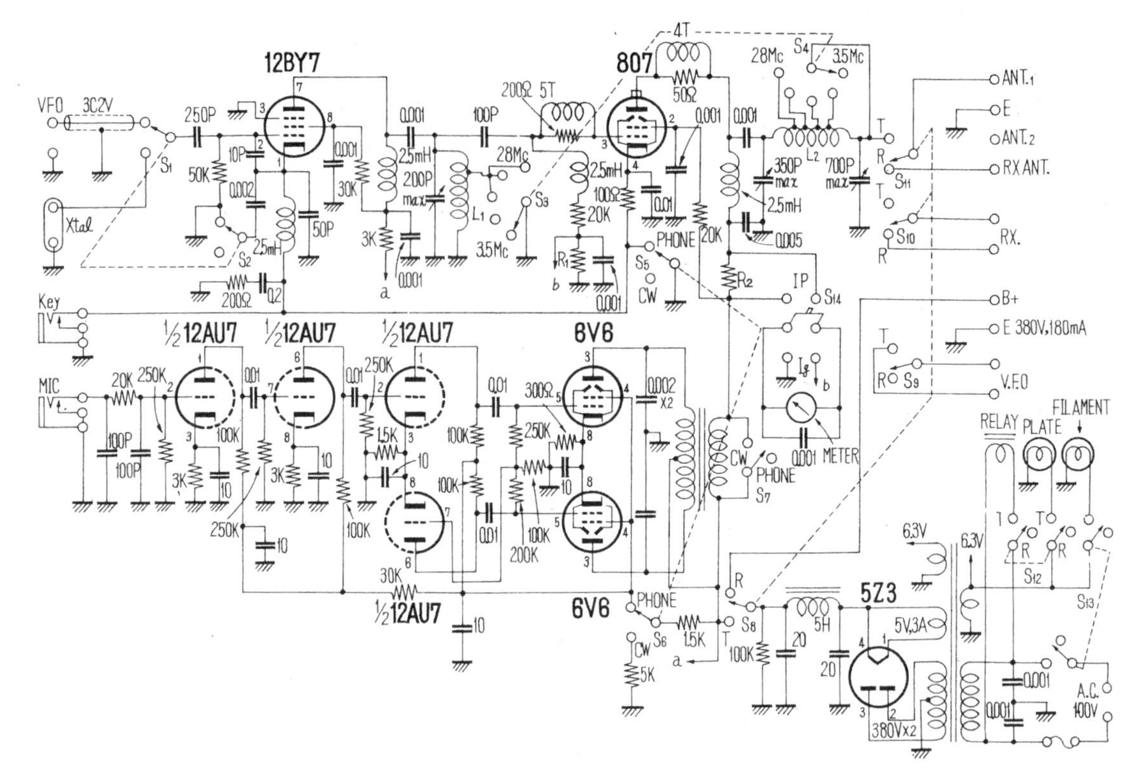


**図2-11　三和無線測器 STM-406の回路**
CQ ham radio 1960年5月号より

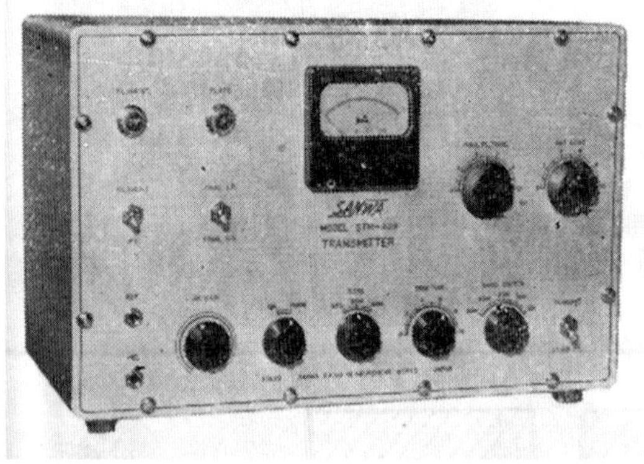


**STM-406短波送信機**

本器は80m，40m，20m，15m，10mのバンドを備え，水晶発振回路には High Gm管の12BＹ7を使用して，強力な高調波を取り出し，終段807を全バンドにわたって充分にエキサイト致しております。ＳＶＯ-405型ＶＦＯをコンバインして御使用になれば，アマチュアバンドにおけるＱＳＯのＦＢ度が倍増されます。変調段には６Ｖ６Ｐ．Ｐ回路を使用して，終段807のプレート・スクリーングリッドの同時変調を行っておりますので，高能率な100%変調が得られます。

カタログ要〒10

**三和無線測器 STM-406**

振子に負荷が掛かります．また28MHz帯までをカバーしようとすると逓倍は必要不可欠，発振段できれいな波形を作る方法はあっても，高次逓倍に適した歪波を作るのはちょっと大変です．そこで，発振(兼2逓倍)→逓倍→電力増幅という3ステージの流れができたようです．各段を順番に同調をとることで安定した動作を得るようになるとともに，50MHz帯までカバーする送信機も発売されました[注5]．

## 変調器

　変調器というとなんとなく変調を掛ける高周波増幅段をイメージするかもしれませんが，変調器は変調

注5）1959年スタートのJARL保証認定制度で終段にストレートアンプを要求した（逓倍不可）のも理由としては大きいと思われるが，当初からこの規則があったかどうかは不明．

用の音声信号を増幅する回路です．回路は一般のオーディオ・アンプと変わりませんが，Hi-Fi(高音質)を主目的にするものではありませんから，回路はシンプルです．

被変調管(ファイナル)が3極管の場合は音声電流でプレート電圧を振ってやればAM変調が掛かります

## Column　中間周波数はなぜ半端(はんぱ)な周波数なのか？

中間周波数といえば，455kHzと10.7MHzでしょう．筆者のホームページ注6でこの2つの周波数が選ばれた理由を細かく推察していますので，ここでは簡単に記すと，以下のようになります．

＊　＊

「455kHzを誰が決めたかは分からないが，455kHzは第二次世界大戦中の米国で中間周波数が統一された際に採用されたと思われる．この周波数付近(454kHz)は古くから船舶が送信する周波数で陸上に強い信号はなかった．

方向探査用周波数(410kHz)と遭難(そうなん)通信用周波数(500kHz)のちょうど中間で，これより高い周波数は海岸局側の割り当てが提案されていたという事情も考えられる．

5kHzの端数がついたのは，10kHzステップで中波放送がある場合注7，放送波と局発信号の干渉で発生するビートが単音(5kHz)だけ，しかも最も高い音になるという理由であろう．」

＊　＊

「10.7MHzは誰が決めたかは分からないが，米国のラジオ製造者協会(RMA)が終戦の翌年に日本に申し入れている(**写真2-A**)ので，この組織が決めたと考えるのが自然である．テレビの中間周波数を27～21MHzにすることや，2MHz以下はkHz表記にすること，商品の真空管数に照明用電球を含まないことなどもこの時に申し入れられている．

その選定理由を筆者が想像すると以下のようになる．FMラジオで中間周波数を10MHzより下にするとバンド内にイメージ周波数が出現してしまうこと．また，10.7MHzというのはイメージ周波数がガードバンドに収まることが期待できる周波数でもある注8こと．短波での国際電話用周波数なので世界的に用途が統一されていて急に近隣から電波を発射されることもないこと，さらに海底ケーブルに移行しはじめていたので将来空き周波数となる可能性があったこと．」

＊　＊

以上，あくまでも筆者の想像を含んだ説明ですが，ある程度ご納得いただけるのではないかと思います．

14　　CQ

**米國ラジオ製造業者協會(RMA)より提案された標準規格案**

以下に掲げるのは米國RMAより提案された標準規格の一部の抜書きで、この提案は會員の贊成を得た後正式に決定されるものである。

1) VHF放送受信機の中間周波數は10.7Mcとする。

2) テレビジョン放送受信機
空中線から受信機に至る饋電線の特性インピーダンスはシールドのない2本線で300オームとする。また音聲チャンネルの中間周波數は21.25 Mcより21.9 Mcの範圍とし、發振周波數は信號周波數より高く選ぶものとする。このため映像チャンネルの上限周波數は26.50Mcより27.15Mcの範圍に選ぶことになる。

3) 受信機球數の表示法
照明用のパイロット・ランプ等を除いて、含まれる全ての眞空容器の數を以て眞空管の數とする。

4) 放送受信機の周波數範圍
周波數の下限が2Mc以下であるときはキロ・サイクルで表示する。
周波數の下限が1Mcと1kMc(キロ・メガサイクル)の間にあるときはメガ・サイクルで表示する。
周波數の下限が1kMcと1MMc(メガ・メガサイクル)の間にあるときはキロ・メガサイクルで表示する。
そして連續する周波數帶の上限及び下限を明示するのを標準とする。

5) 受信機が滿足すべき働きを示す電源電壓及び電源周波數の範圍を明示する。(例・90～130V、50/60サイクル)。

6) 眞空管種類の表示法
最初の數字は第1表に示すやうにヒーター電力を示す。
第三の文字は型番號で常に21より大なる數なることと。

〔第1表〕

| 數字 | フイラメント電力範圍 | |
|---|---|---|
| 1 | | 0 |
| 2 | 0ワット以上 | 10ワット |
| 3 | 10ワット以上 | 20ワット |
| 4 | 20ワット以上 | 50ワット |
| 5 | 50ワット以上 | 100ワット |
| 6 | 100ワット以上 | 200ワット |
| 7 | 200ワット以上 | 500ワット |
| 8 | 500ワット以上 | 1000ワット |
| 9 | 1キロワット以上 | |

第二の文字は第2表のやうに構造を示す。

〔第2表〕

| | | |
|---|---|---|
| A | 單極管 | (例)バラスト管　眞空容器入抵抗 |
| B | 二極管 | 片波、兩波、保護用眞空管、火花間隔、電壓調整管を含む |
| C | 三極管 | サイラトロン　冷陰極三極管を含む |
| D | 四極管 | サイラトロン、冷陰極四極管を含む |
| E | 五極管 | |
| F | 六極管 | |
| G | 七極管 | |
| H | 八極管 | |
| L | 眞空型コンテンサー | |
| N | 鑛石檢波器、整流器 | |
| P | 光電管 | |
| R | 水銀陰極管 | |
| S | 眞空接點付スイッチ | |

**写真2-A　米国ラジオ製造者協会からの申し入れ**
CQ ham radio 1946年9月号より

注6) **http://jj1grk.c.ooco.jp/if_freq.htm**
注7) 日本も昔は10kHzステップだった．
注8) FM放送周波数帯が88～108MHzの場合．

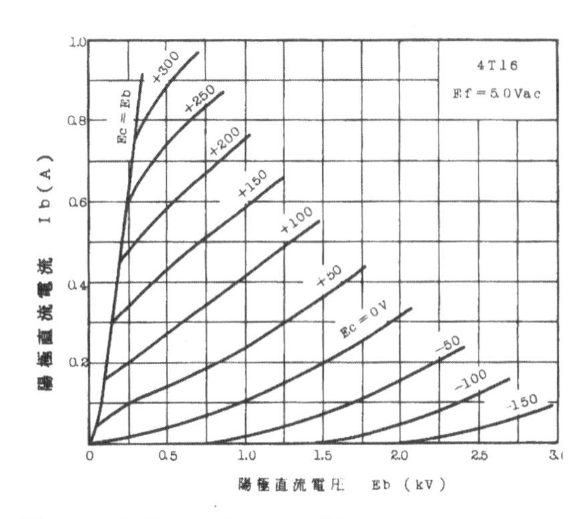


図2-12　3極管4T16(100TH同等)の特性
東芝 ELECTRON TUBES DATA BOOKより

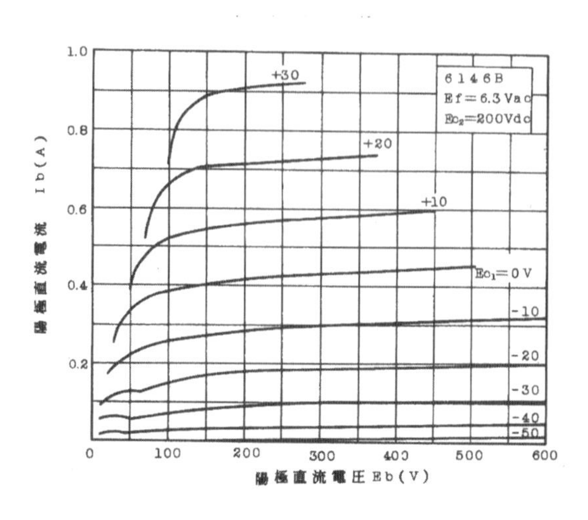


図2-13　ビーム管 6146の特性
陽極電圧を変えても電流は変化しにくい
東芝 ELECTRON TUBES DATA BOOKより

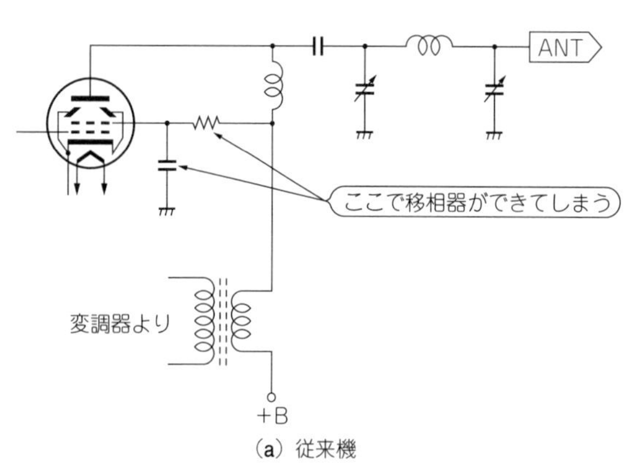


(a) 従来機

ANT
変調周波数は
C(コンデンサ)分割
変調器より
+B

(b) トリオ TX-88Dでの工夫

図2-14　スクリーングリッド同時変調の位相差対策

が，多極菅の場合は良い変調にはなりません．これは特性に差があるためです．**図2-12**，**図2-13**をご覧ください．3極管はプレート電圧を変えるとプレート電流も変わりますが，多極菅ではほとんど変化しません．変調器からの電圧でプレート電圧が倍になっても電流が変わらないと電力は2倍にしかならず，必要な量(4倍)に達しないわけですから小細工が必要です．方法はいろいろ考えられますが，スクリーングリッドの電圧を上げるとプレート電流が増えますから，変調のかかったプレート電源の一部をスクリーングリッドに送り込めば良いわけで，多くの場合はこの手法が取られています．

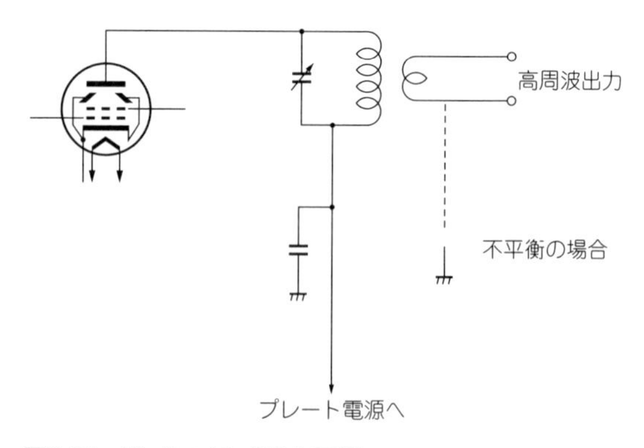


図2-15　リンクコイル式出力回路

ただしこの方法にはひとつ留意点があります．それはスクリーングリッドのバイパス・コンデンサと抵

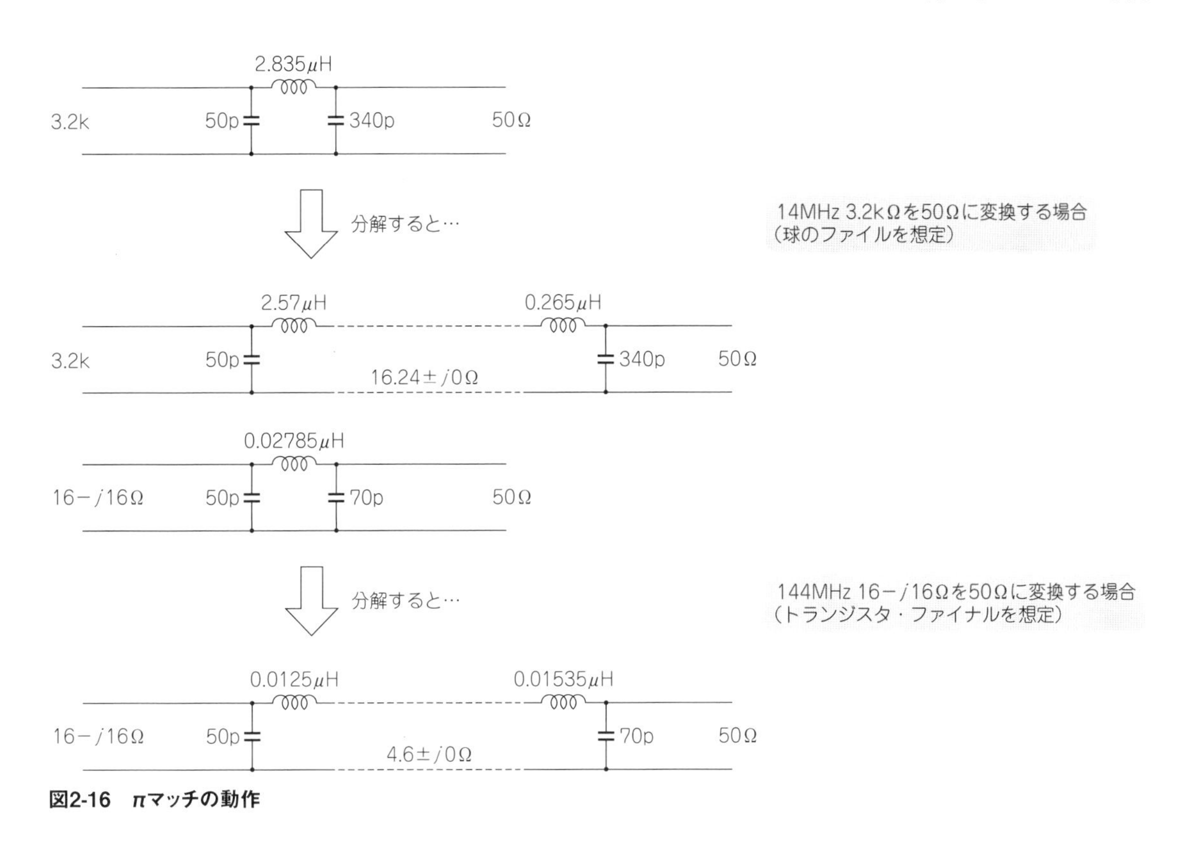


**図2-16　πマッチの動作**

抗が移相器を作り出してしまい，プレート電圧の変化とスクリーングリッド電圧の変化にずれが生じてしまうのです．位相がずれてしまうとピークが合わなくなり音声にひずみが生じるようにもなります．

これを防ぐためにTX-88A(**図2-8**参照)ではバイパス・コンデンサを0.005μFまで小さくして，この部分での移相を1kHzで25度前後[注9]にしていますが，3kHz付近では50度を超えてしまっています．またTX-88D(**図2-9**参照)ではコンデンサによる分割回路を併用して特性を大きく改善しました(**図2-14**)．500Hz付近で約15度，これが最悪値です．

## リンクコイル 対 πマッチ

自作が盛んだったため，この時代にはいろいろな技術論がありました．そのうちのひとつが送信終段(ファイナル)からアンテナへの整合方法です．

大きく分けて方法は2つあります．ひとつはリンクコイル式，ファイナルの共振回路と結合した数ターンのコイルを用意して，これに給電線を接続するものです．インピーダンスの変換比を大きく取れ，平衡型給電線を接続できるのもメリットでした．もうひとつはπマッチ回路を用いることで，コンデンサ(*C*)・コイル(*L*)・コンデンサ(*C*)をπの形に配置する，おなじみの回路です．

自作機ではリンクコイル式が主流で，1959年発売の自作例を集めたとある文献でもそこに掲載された回路の多くがリンクコイル式(**図2-15**)でした．

この文献には自作のための資料も記載されていましたが，計算用の表はリンクコイル式が掲載され，πマッチ表はありません．1969年に発売された書籍の中にも“813のごとき終段ではπマッチでは50Ωの同軸

注9) 回路を簡略化したシミュレータによる筆者計算．

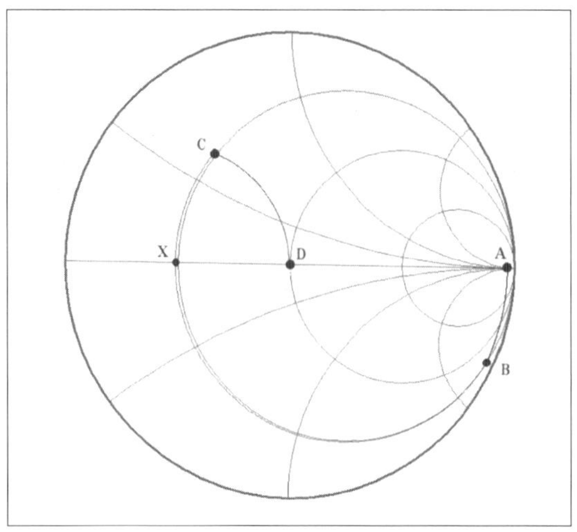


**図2-17　3200－j0Ωからのπマッチによる整合はA→B→C→Dとなり，途中で16.24±j0Ω(X)を通る**

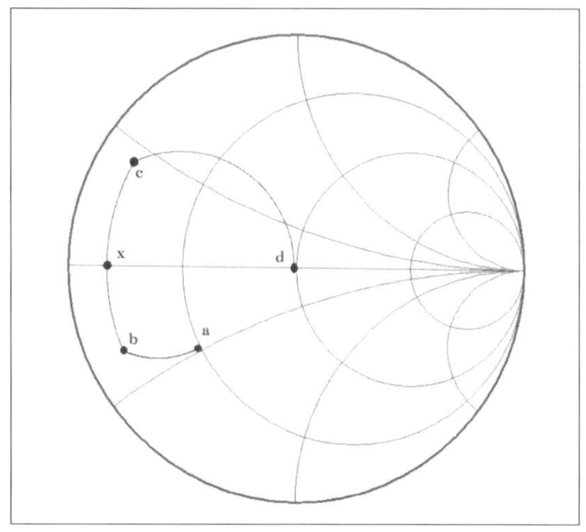


**図2-18　16－j16Ωからのπマッチによる整合はa→b→c→dとなり，途中で4.6±j0Ω(X)を通る**

などには逆立ちしても接続できない"との記述が見られます．インピーダンスの変換比が大きい場合はリンクコイル式が有利という考え方があったのでしょう．

一方，メーカー製送信機はそのほとんどがπマッチでした．コイルの結合度に頼らないので再現性が高いこと，小型化しやすいこと，整合範囲が広いことなどがその理由だと思われます．また，電波障害防止のフィルタを入れる場合もインピーダンス管理がしやすいπマッチの方が相性が良かったようです．

π回路の回路を**図2-16**に示します．π回路は並列$C$，直列$L$と直列$L$，並列$C$で構成されていて，一旦(いったん)低いインピーダンスに変換してから元に戻しています．具体的なインピーダンス遷移は**図2-17**，**図2-18**のとおりで，スミスチャートの左下から左上，つまり低抵抗域でインピーダンスを変化させていることがわかります．

適切に設計された回路の場合，πマッチは出力最大に調整すれば良いとされています．実際は最大出力点よりも少しLOADが軽い状態が最良なのですが[注10]，市販のリグの場合，LOADを重くしすぎなければ最大出力に合わせても致命的なトラブルにはなりません．

なお，SSB時代の1976年頃に負帰還が掛かった真空管式終段回路を持つリグが発売されています．プレートの電圧を分圧して負帰還に利用していますが，この回路ではπ回路の離調時に負帰還量が増加して利得が下がりますので，π回路の調整では最大出力に合わせておけば大丈夫です[注11]．

## キャリア・コントロール

AM送信機にはキャリア・コントロール方式，もしくはキャリア・コントロール変調と書かれているものがあります．これはどういうものでしょうか．

普通のAM変調，すなわち変調トランスを使った終段変調では，変調信号で終段回路のプレート電圧を振り，高周波電流の強弱を作って振幅変調します．理想的な終段回路の場合，電源電圧の2倍の電圧を掛ければ振幅は倍，ゼロにすれば振幅はなくなりますので，電源に直列に変調トランスを入れて電圧を2倍～ゼロに変化させれば良いわけです．

注10）プレート部の最良調整点が純抵抗点でないことが主因．
注11）トリオのリニア・アンプ TL-922の説明書では，最大出力調整後にLOADを1目盛り軽くしてPLATEを再調整することを勧めているが，これはこのアンプの負帰還がプレートからではではないため．

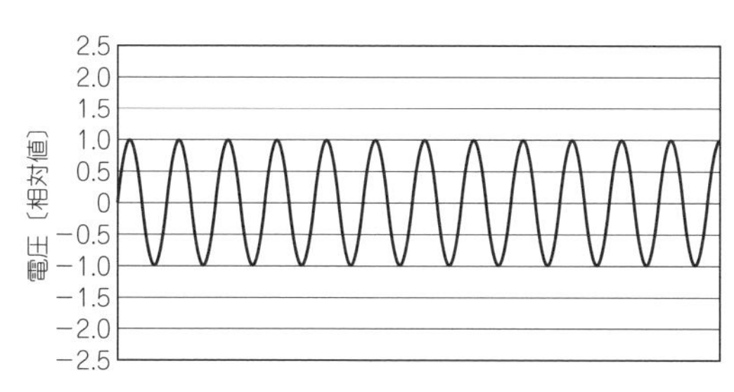


**図2-19　CWキャリア**

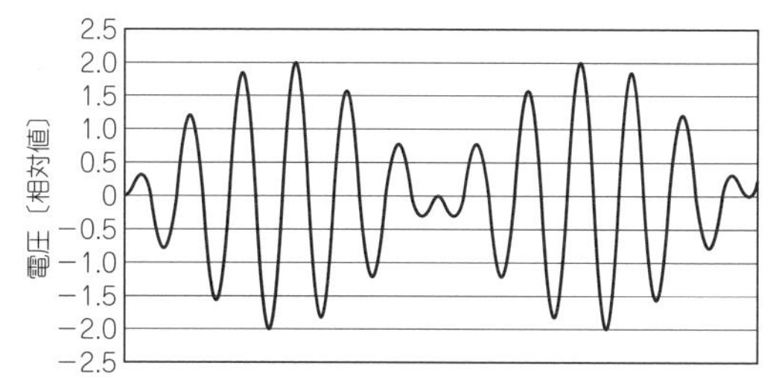


**図2-20　図19を終段変調したもの**
変調器の電圧が重畳(ちょうじょう)されるので電圧振幅が倍になる

インピーダンスが一定の場合，電圧を倍にすると電流も倍になりますから，ピークでの電力は4倍になります．CW出力が10Wなら，無変調AM出力も10W，100%変調のAMのピーク電力は40Wとなります(**図2-19**，**図2-20**)．

一方，これとは逆の手法もあります．CWでのキャリアを最大値として電圧を変化させる方法です．CW出力が10Wなら100%変調のAMのピーク電力も10Wになるようにすれば良いわけです(**図2-21**)．このとき無変調のキャリア出力は2.5Wとなります．これがキャリア・コントロール変調で，CW送信機のファイナルのグリッド電圧を変えることで変調を掛けられますから変調器の出力は少なくて済みます．また変調トランスも要りません．

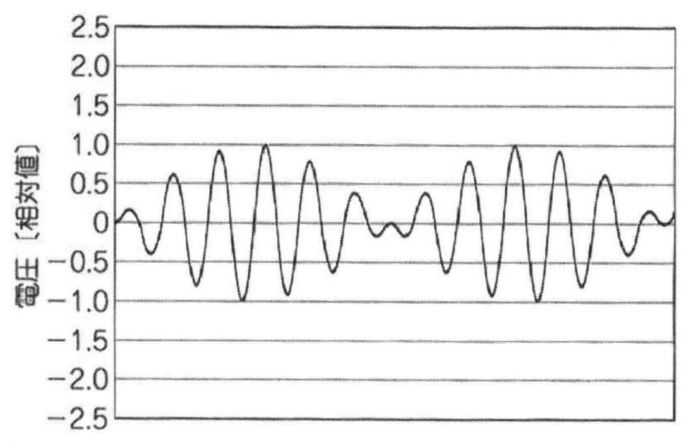


**▶図2-21　キャリア・コントロール変調したもの**
電圧を抑えて変調するので最大振幅がCWと同じになる

キャリア・コントロール変調はシンプルなリグに適した方式なのですが，JELECTRO の送信機のよう

JELECTRO　QRP-40

•電源　90，100，117V　50～60 c/s　AC
•出力　(28Mcバンド50Ωダミー負荷)　CW　35W
AM　28W (無変調時のキャリヤーパワーは 9.5W)
•重量　9kg，大きさ　330×215×180m/m
現金価格　¥ 16,500

オールバンド送信機の決定版
1，2級•ノビス級ハムに最適　電源変調器内臓
▽ピーク時にはプレート変調を上回る新しい変調方式を採用し，高•低調波スプリアス皆無を期した新設計
▽クリスタル•VFOを切換えて使用可能
▽どんなマイクでも使えるカスコード型スピーチアンプ
▽トラブルを避けるためオールメタルキャビネット。
▽どんなアンテナも使えるパイマッチ出力回路
▽Quick QSY可能
▽TVI，BCI完全シールド
▽無変調時のキャリアー出力　9.5W
•バンド　3.5Mc (80m),7Mc (40m),14Mc (20m)
21Mc (15m),28Mc (10m)　の5バンド
•使用真空管
6CL6　発振　6BQ6　終段
12AX7　カスコードスピーチアンプ
12AU7　キャリヤーコントロール変調管
5U4又は5R4　整流管

JELECTRO QRP-40

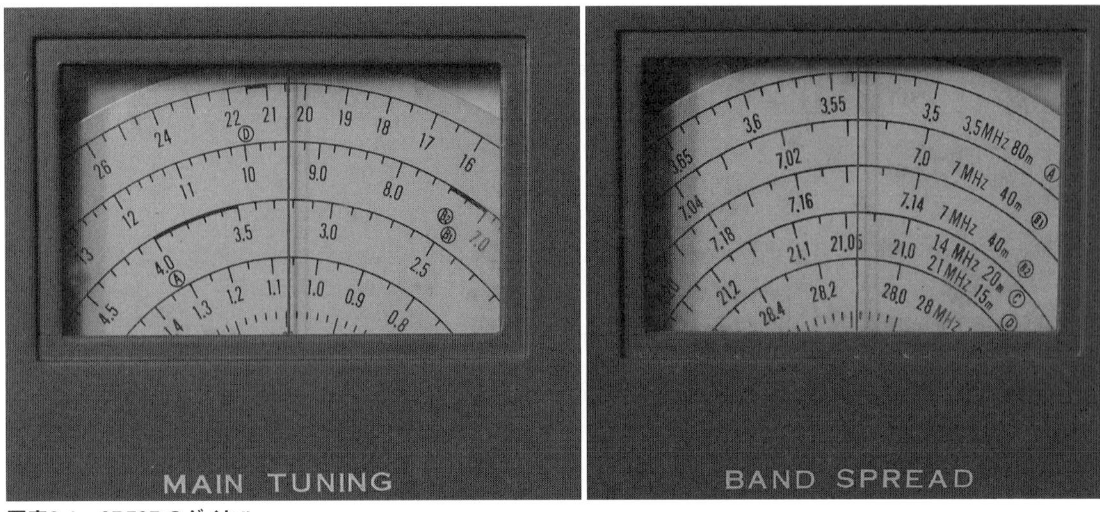


**写真2-1　9R59Dのダイヤル**
左のメイン・ダイヤルⒶやⒹに合わせると，右のスプレッド・ダイヤルが周波数直読になる

にそれなりのパワーがあるリグでも採用されています．同社のQRP-40(1959年)の場合，CW 35W，AM 28WとPRされていましたが，広告には小さく“無変調時のキャリア出力は9.5W”と記述されていました．通常AM送信機の電力は平均電力，もしくは搬送波電力で表記されますが，この広告ではピーク電力表示がなされていたのです．このリグの場合，ピークが無変調の4倍ではない(伸びが悪い？)ことにも着目すべきです．

## バンドスプレッド

前述のようにAM時代の受信機はトリオの9R-59シリーズに収束していきました．当時最新鋭の回路が使われていたこと，もともとコイル・メーカーだったためかRFやIFの共振回路の出来が良かったこと，キットの再現性が良かったことなどが挙げられると思いますが，もう1つ考えられることとしてバンドスプレッドの作りの良さがあります．

当時の短波帯の受信機は普通短波帯全部を3ないしは4バンドでカバーしていました．高周波同調は連動していましたからダイヤル1つで短波帯の広い範囲を受信することが可能で，この点ではとても便利なものでしたが，アマチュアバンドのような狭い範囲を細かく受信する際には周波数読み取りなどに難が生じてしまいます．

そこで当時の通信型受信機のほとんどはバンドスプレッドを用意していました．メイン・バリコンに並列な小容量のバリコンを用意して，これで同調を取れば微調整ができるというわけです．

このスプレッド・ダイヤルには目盛りがない，もしくは100分率の目盛りだけがあるのが普通でしたが，トリオは9R-59でスプレッド・ダイヤルにも周波数目盛りを付けたのです(**写真2-1**)．メイン・ダイヤルを特定の場所にセットするとスプレッド・ダイヤルが5kHz直読(低いバンドの場合)になるというのは画期的で，9R-59シリーズの快進撃の力となっていたものと思われます．

実際，同社の製品でもバンドスプレッド目盛りを持たないもの(たとえばJR-200，1964年)にはここまでの人気はありませんでした．

## Column 受信機利得論争

AM時代の受信機は最終的には高1中2と呼ばれる高周波増幅1段，中間周波増幅2段のものになりました．この回路構成ではアンテナ入り口から検波段までの利得は100dB前後になります．

初期の頃の受信機は5球スーパーがベースです．これは高0中1ですから，利得は不足と思いきや，きちんと設計されていれば案外利得は不足しません．受信限界を10μVとして，感度の基準値である50mWの低周波出力を得るには96dBが必要なのですが，検波段，低周波増幅段にも利得はありますし，真空管回路では高周波入力部の同調回路によるステップアップ(電圧増)も見込めます．2極管検波には閾値がありませんから，検波以前の回路利得が低くても何とかなりますし，回路，部品が良くなっていくと1μVの感度も得られるようになってきました．このため，三田無線研究所のような高性能タイプの受信機を作るメーカーでも高周波増幅なし中間周波数増幅1段(中1)という回路構成を取っていますし，同社は総合利得が120dBあるとPRしていました．

当時いろいろなメーカーがAM用の通信型受信機を作っていました．三田無線研究所と同様の回路構成を取るメーカーも結構ありましたが，営業的戦略もあったのでしょう．逆にいくつかの会社はコスト的に不利なことを承知で高1中2の受信機を販売していました．

回路構成は全然違っても受信感度はほぼ同じ，回路がシンプルなほうが安定した性能が得られるというPRも中1組(!?)からなされました．利得がギリギリという批判に対しては，IF段に軽く再生を掛けるといった手法も取られています．

**写真2-B　受信用メカニカル・フィルタ**(9R-59D)
2つの部品で1組

しかしアマチュア無線局が増えてきたあたりから風向きが変わります．選択度が重視されるようになると，IFトランスの数は多いほうが好ましいと考えるのは当然のことです．さらにQマルチやメカニカル・フィルタ(**写真2-B**)が使われるようになると，完全に勝負が付きます．Qマルチは**図2-A**のように$Q$を高くした並列共振回路を並列に入れるものです．当然ここでロスが生じます．またメカニカル・フィルタも結構な通過帯域減衰がありますから，利得がギリギリではこのフィルタは使えなかったのです．

筆者が考えるに，もう1つ高1中2が有利な点があったと思われます．それはAVC(AGC)の問題です．検波段までの利得が少ない受信回路ではAVCの電圧が十分得られません．また周波数変換用の発振回路にはAVCを掛けることができませんから，IF増幅1段の受信機ではそのIF増幅以外にAVCを掛けることができません．Sメータ用の信号を得るのにも工夫が必要になります．

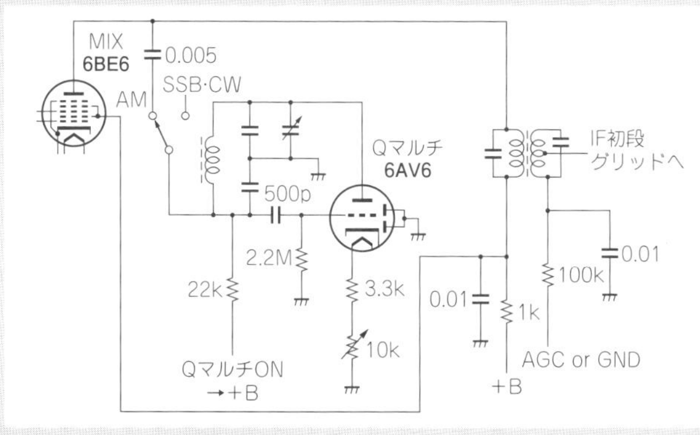

**図2-A　トリオ 9R59のQマルチ**

局数が多くなると強い局・弱い局が入り乱れます．そういう状態でも受信音量を一定にしたい，さらにメータで信号強度を見たいという要求に応えられるのは高1中2の回路構成(**図2-4**)でしたので，最終的にAM時代の受信機は高1中2に収束していきました．

# 第3章 SSBの時代がやってきた

**本章では主として1970年代半(なか)ばまでのSSB機の基礎的な技術を紹介します．AM時代を経てある程度回路技術が固まってから開発されたため，初期のものでも一定の水準に達していました．**

## SSBとは

SSBの基本的な原理についておさらいします．

無変調の信号(搬送波またはキャリア)の強弱を何らかの方法で変えて，音声信号に合った振幅変化を作り出すとAM信号になります．この信号を周波数的にみると，搬送波の上下に変調成分に応じた側波帯を生じていることがわかります(**図3-1**中央)．

強弱を加えただけなのになぜ側波帯などというものが生じているのか，疑問としてはごもっともです．交流信号をベクトルの円運動で表したときに，そこに音声信号が加わるので，先端に正負両方向の回転のベクトルが接続される形になって，回転方向が同じ要素は上側波帯，回転方向が逆の要素が下側波帯を作り出す…と書くと，もっと混乱するでしょうか．

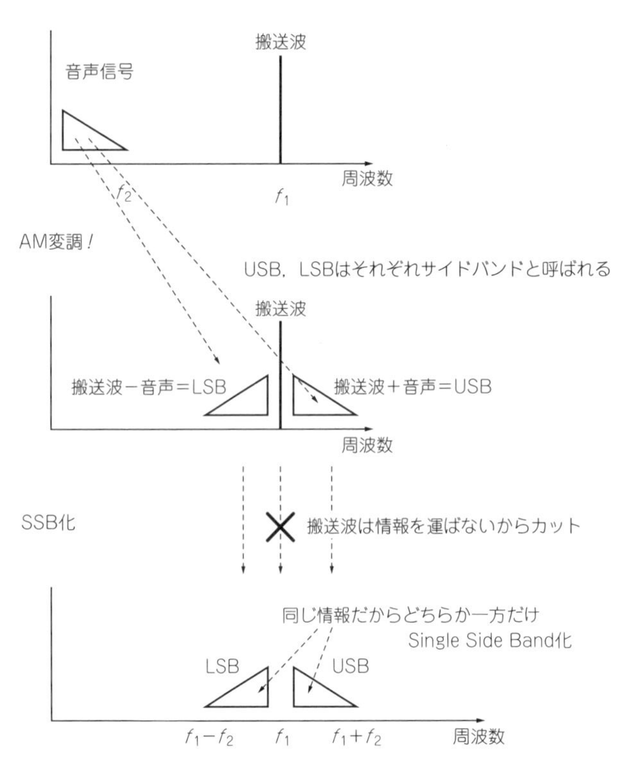


**図3-1　AMからSSBへ**

要は，搬送波に音声信号を加除した信号が生じているという現象です．周波数変換で，$f_1$という周波数の信号と$f_2$という周波数の信号を合成すると$f_1 \pm f_2$ができあがりますが，これと同様のことが起きています．違いがあるとするとAM変調では積極的に元の搬送波(元の$f_1$)も残すようにしていることでしょう．

そこでAM変調をする際に元の搬送波を残さないように，言い換えると搬送波を変調過程で打ち消してしまうようにすると抑圧搬送波両側波帯と呼ばれるLSB(下側搬送波)とUSB(上側搬送波)だけの信号ができあがります．この回路を平衡変調回路と呼んでいます．原理的回路を**図3-2**に示します．搬送波がダイオードを１組2つしか通らないように見えますが，極性が入れ替わるともう1組のダイオードを通ります．多くの教科

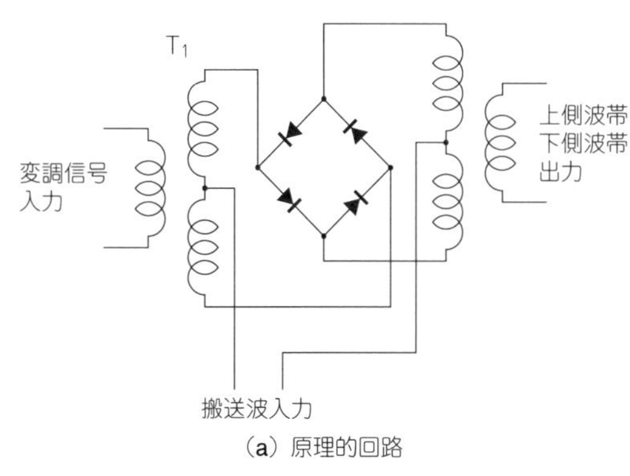


（a）原理的回路



（b）変調信号がないとき

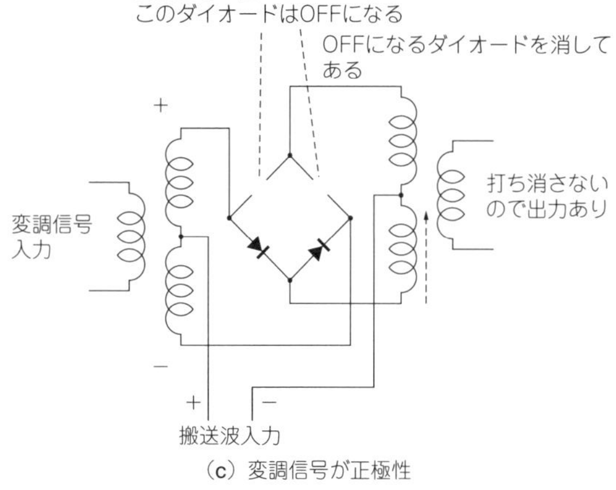


（c）変調信号が正極性

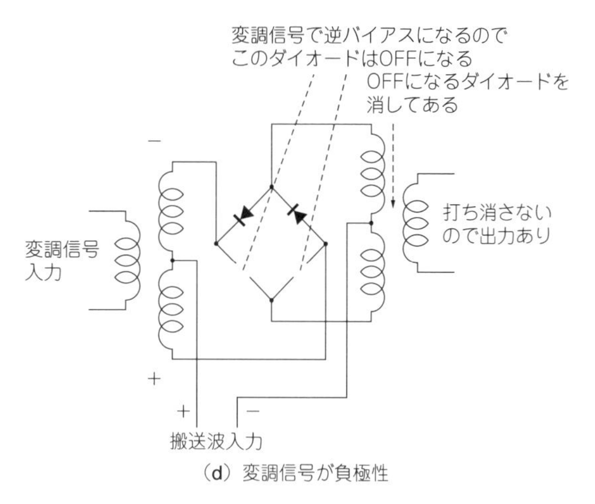


（d）変調信号が負極性

**図3-2　平衡変調の動作**

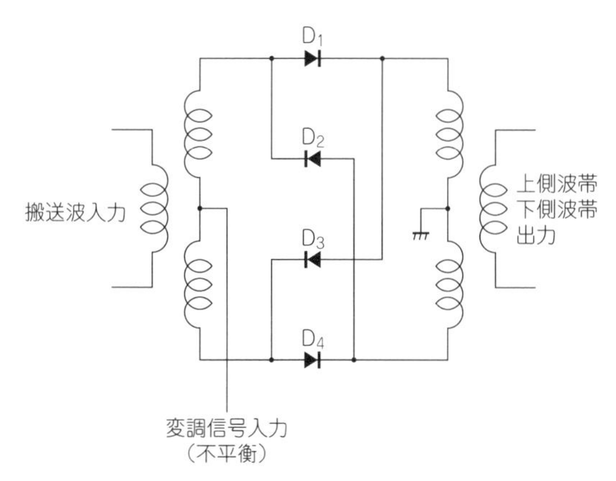


変調信号がないと，$D_1$～$D_4$はOFF，もしくは搬送波で$D_1$，$D_3$または$D_2$，$D_4$がONになり出力側に搬送波がいかない．
変調信号がプラスだと$D_1$，$D_4$がON．
変調信号がマイナスだと$D_2$，$D_3$がON．

（a）平衡変調の実用回路1

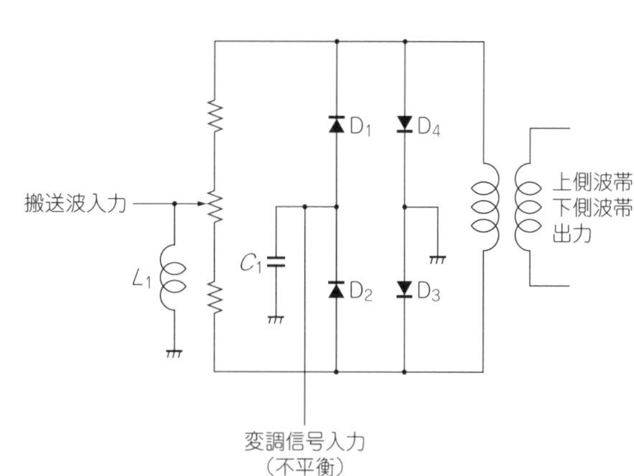


変調信号がないと，トランスに電位差がなく出力側は出ない．
変調信号がプラスだと$D_1$，$D_4$がONで上側がGNDに落ちる．
変調信号がマイナスだと$D_2$，$D_3$がONで下側がGNDに落ちる．

（b）平衡変調の実用回路2

**図3-3　平衡変調の実用回路**

書的資料ではこの回路で説明していますが，このままでは$T_1$に低周波を通す必要があり実用化には難があります．そこでこれを改善した実用回路を**図3-3**に示します．

この2つの信号は搬送波を挟んで周波数的には左右逆向きですが，同じ情報を運んでいます．つまり片

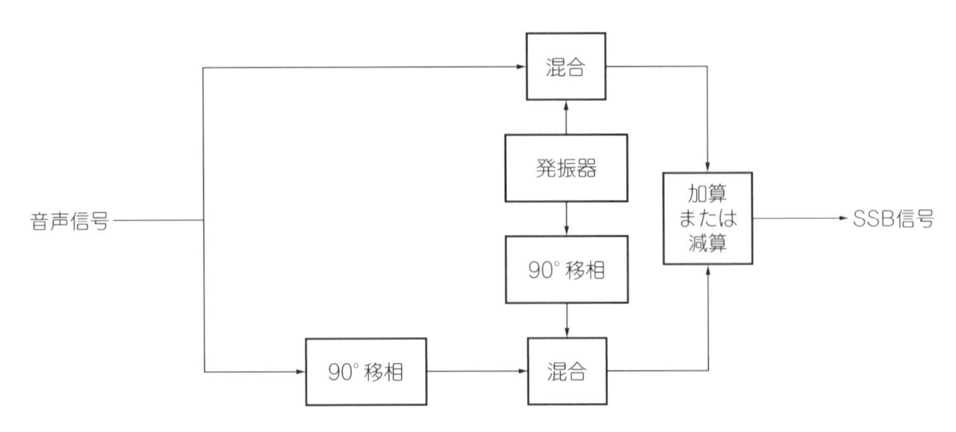


**図3-4　PSN法でのSSB生成**

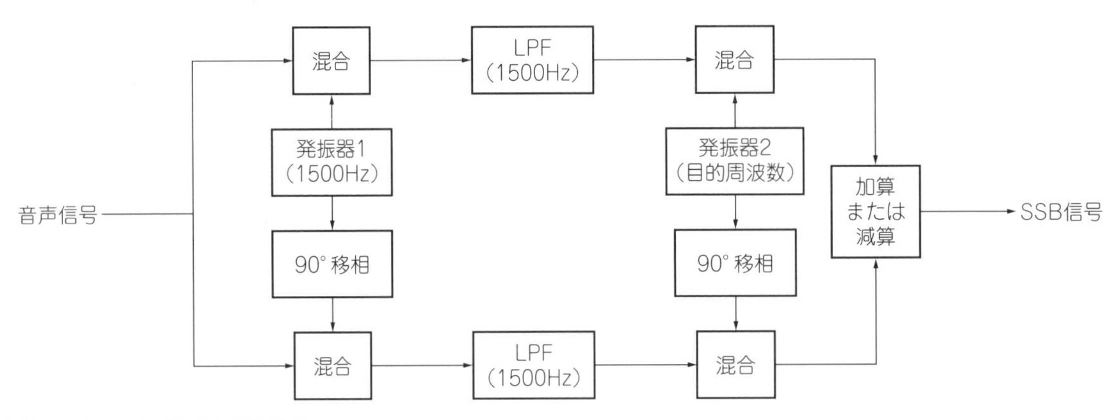


**図3-5　ウェーバー法でのSSB生成**

方だけ伝送すれば情報伝達が可能です．そこで狭帯域のフィルタで片方だけにします．これがSingle Side Band，つまりSSBの信号です．

フィルタ以外にも位相差を利用して片方のサイドバンドを打ち消すPSN法(**図3-4**)やウェーバー法(第三の方法：**図3-5**)がありますが，DSP出現以前の市販のリグにはほとんど応用例はなく，SSBを発生させるにはフィルタ法という時代が長く続きました．

## SSB機はトランシーバ

SSB機の基本的な構成の例を**図3-6**に示します．図の中央にSSBフィルタがありますが，これは高価な部

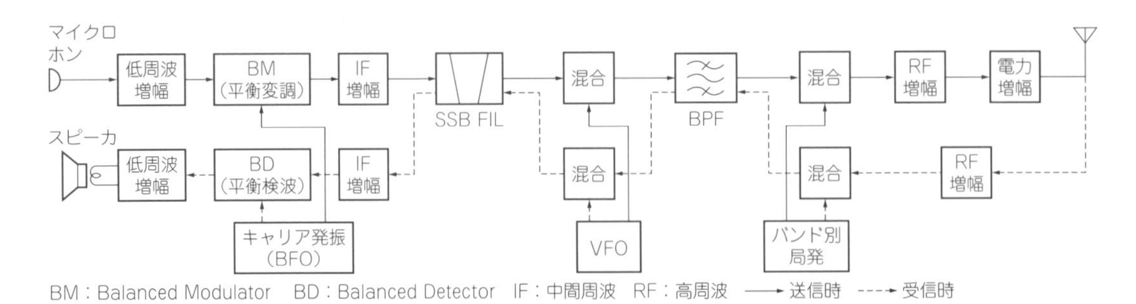


**図3-6　SSB機の全体構成**

**表3-1　1975年11月の八重洲無線の主要リグ**

| 型番 | 種別 | 価格 | 特徴 |
|---|---|---|---|
| FT-101E | トランシーバ | 176,000円 | 100W出力 フルオプション型 |
| FT-101ES | トランシーバ | 129,800円 | 10W出力　ノーオプション型　プラス7,000円で100W出力機にできる |
| FTDX401 | トランシーバ | 139,000円 | 200W出力　標準的な付属回路を装備 |
| FT-501 | トランシーバ | 183,000円 | 200W出力　周波数はデジタル表示 |
| FL-101 | 送信機 | 135,000円 | 100W出力　スピーチプロセッサを内蔵すると147,000円 |
| FL-101S | 送信機 | 125,000円 | 10W出力　ノーオプション型　プラス7,000円で100W出力機にできる |
| FR-101S | 受信機 | 109,800円 | ノーオプション型　HFハムバンド以外の受信はオプション |
| FR-101D | 受信機 | 148,000円 | デラックス型　HFハムバンド以外に12バンドとFMモードが受信可能 |
| FR-101(S)DIGITAL | 受信機 | 145,000円 | FR-101Sに周波数のデジタル表示を付加 |
| FR-101(D)DIGITAL | 受信機 | 180,000円 | FR-101Dに周波数のデジタル表示を付加 |

品ですので送受信共用としています．この図のように信号系統を横一列に書いてみると送信と受信が見事に逆順になることがわかります．これはAM時代のリグと違って同じ発振器からの信号を混合しているためです．そこで送信機，受信機を同じ筐体(きょうたい)に入れてしまえばもっと便利になります．1つの操作で送受信周波数を連動させられるようにもなり，これをトランシーブ(操作)と呼んでいます．意外なようですが1960年代のVFO式のAM機，FM機ではトランシーブ・タイプのトランシーバは稀(まれ)な存在でした．

いろいろなものが共用できるため，SSB機の場合，送信機・受信機に分けるよりも送受信機(トランシーバ)としたほうがコスト的に有利になります．送信機と受信機のセット価格は同じクラスのトランシーバの倍！，ちょっと不思議ではありますが，これが当たり前になりました(**表3-1**)注1．

## この時代は周波数構成が命

3kHz(実際は2.1～2.7kHz)帯域のフィルタを利用してSSB信号を作るわけですが，フィルタの帯域が狭く

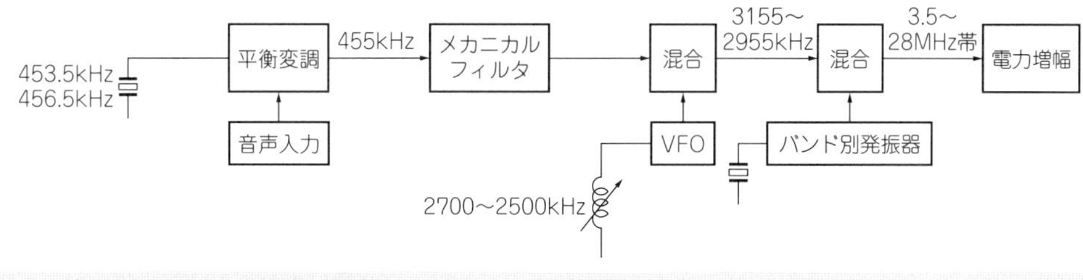


注）このリグは455kHzのIFを直接バンド展開しているためVFOの可変範囲を広くできず，ハイバンドはフルカバーできていない．
しかし回路は簡潔でVFOの周波数が低く安定度は高くなる．

(a) ダブルコンバージョンのリグの例 KWM-2(A)

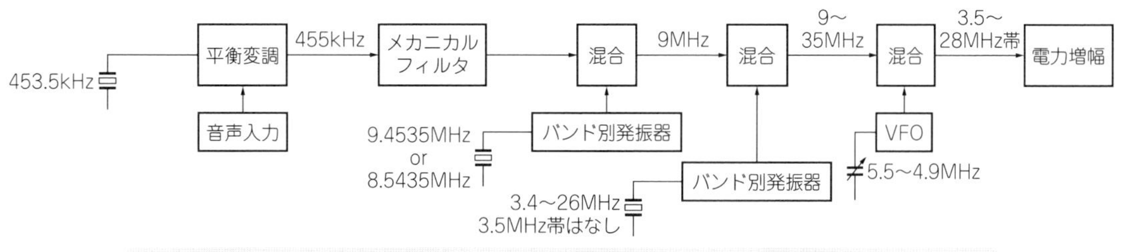


注）このリグは最初の混合でUSBをLSBに変換することができるようになっている．
VFO混合を最後にしているため，それ以前ではバンド・スイッチで切り替える固定同調が使える．

(b) トリプルコンバージョンのリグの例 FLDX400

**図3-7　メカニカル・フィルタを使ったリグの例**

注1）八重洲無線のFL-50(B)／FR-50(B)(1966年)やトリオのTX-310／JR-310(1968年)のように，1組でトランシーバとほぼ同じ価格になるリグもあったが，これらのリグの受信部のフィルタはとても甘く，送信機は受信機のVFOを利用することでコストダウンしている．どちらも10W機だけで100W機がなかったことから，SWL→初級ハムというステップアップを想定していたのかもしれない．

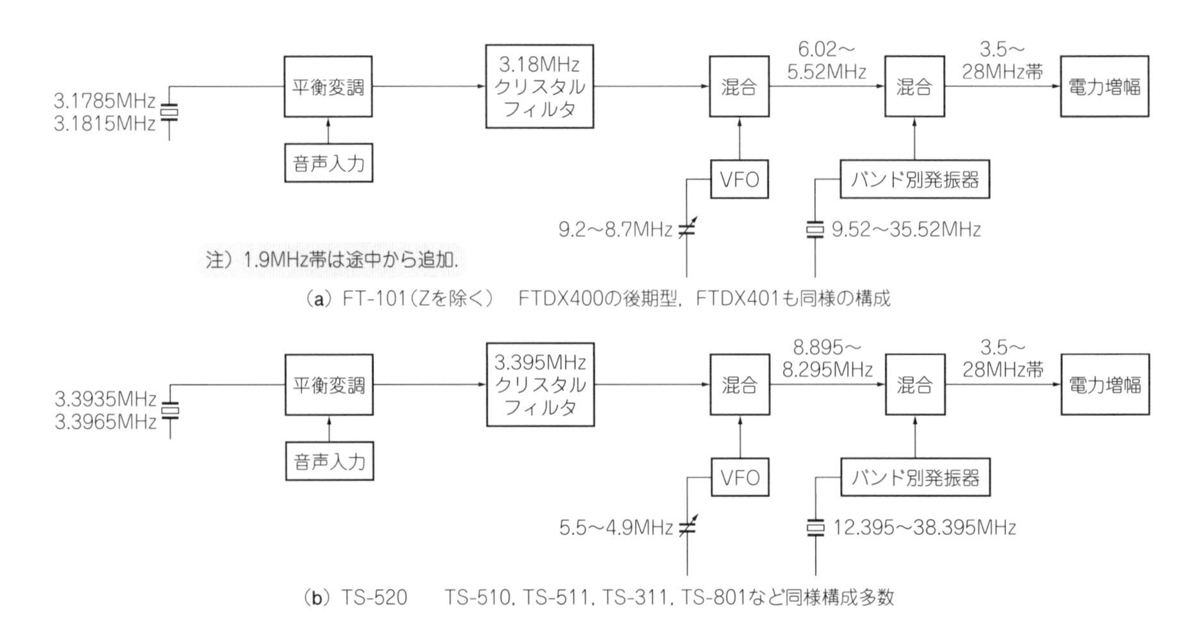


**図3-8　クリスタル・フィルタを使ったリグの例**（送信で解説）

周波数の可変は困難で，SSBを発生させる周波数はどうしても固定となります．つまり特定の周波数でSSB信号を作ってから送信周波数に変換して送信するわけです．

狭帯域なフィルタとしてはメカニカル・フィルタとクリスタル・フィルタがあります．メカニカル・フィルタ（メカフィル）は機械的な振動を伴うので高い周波数が苦手で，固定周波数として455kHzが使われます．この周波数は第二次世界大戦直後からの受信機の中間周波数で，周波数が低い上に他の通信からの妨害もなく使いやすい周波数です．その例を**図3-7**に示します．米国コリンズ社（1959年）のKWM-2はバンド幅を狭くすることでダブルスーパーとしていますが，八重洲無線の1960年代前半のリグはトリプルスーパ

**SSB最初のシングルコンバージョン5バンド機．八重洲無線 FT-50**

5.1724MHz
平衡変調
音声入力
5.1739MHz クリスタル フィルタ
混合
3.5～28MHz帯
電力増幅
VFO
8.67～24.52MHz

（a）一般的なシングルコンバージョンの例　FT-50
FL-50, FL-50B, FT-75, FT-75Bが同様の構成

9.0015MHz
8.9985MHz
平衡変調
音声入力
9MHz クリスタル フィルタ
混合
3.5～28MHz帯
電力増幅
VFO
5.5～5.0MHz
混合
5.0～39MHz
バンド別 発振器
11～44MHz
3.5, 14MHz帯 はなし

注）FT-200, FT-501は逆ダイヤルがある．他のリグは局発を増やし，周波数を変えて逆ダイヤルを解消している．

（b）プリミクス・シングルコンバージョンの例　FT-200
FT-501, FT-201, FT-7（B）,FT-301, FT-101Zが類似の構成

**図3-9　シングルコンバージョンの例**（送信で解説）

ーでバンド幅を広く取り，455kHzから持ち上げるところでLSB，USBの変換もしています．

クリスタル・フィルタを使用する場合はもっと高い周波数でSSB信号を作ることができます．後に再度触れますが，ダブルスーパーの場合，3MHz台でSSBを作り出し，5MHz台もしくは9MHz付近に周波数変換をしてから目的周波数を作っていました．5MHz台を第2中間周波数にする場合，VFOは9MHz付近になります．1960年代後半の八重洲無線のリグにこの例が多く見られます．また9MHz台を第2中間周波数にする場合，VFOは5MHz台となります．1968年以後のトリオのリグによく見られた構成です．

その例を**図3-8**に示します．どの回路も一長一短がありますが，500kHzないしは600kHz，つまりバンド内をカバーする周波数可変の信号を作り出し，これを改めて送信バンドに変換するものはコリンズタイプと呼んでいます．1975年ぐらいまではこれが最良とされていました．

シングルコンバージョンのリグもありました［**図3-9**（**a**）］．5MHz台ないしは9MHzのフィルタでSSBを生成してから一気に送信周波数に変換するものです．初期のリグ，八重洲無線のFT-50や井上電機製作所（現

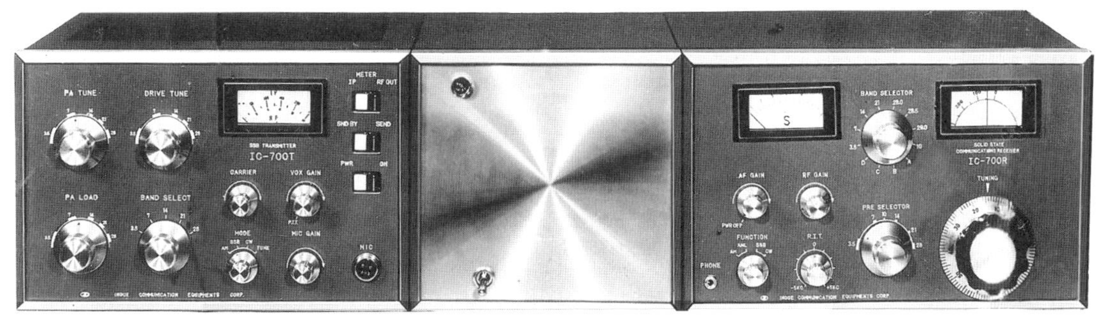


**同じく初期のSSB機．井上電機製作所 IC-700T（R）**

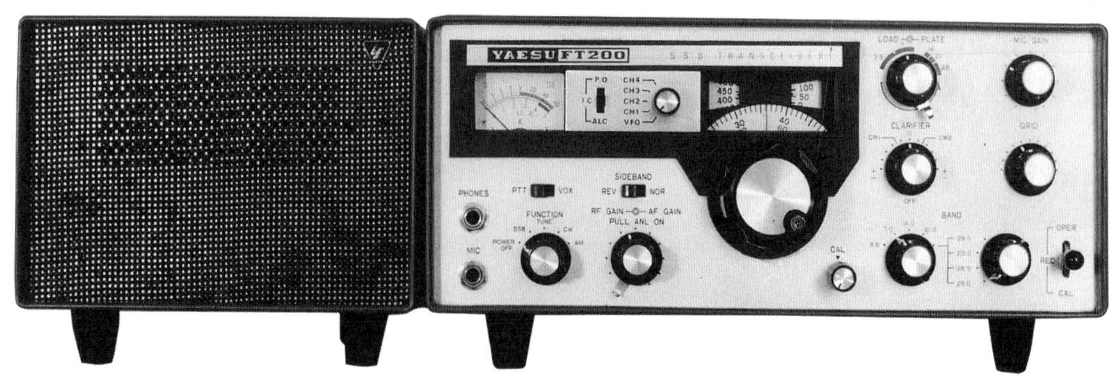


最初のプリミクス5バンド機．八重洲無線 FT-200

**写真3-1　FT-200の逆ダイヤル**
黒目盛（ダイヤルの上側，スケールの左側）と赤目盛（ダイヤルの下側，スケールの右側）で向きが逆になる

アイコム）のIC-700T（R）（いずれも1967年）などは周波数がバンドによって変わるちょっと複雑なVFOを使用しています．この構成は米国のSWAN社，その流れを汲むATLAS社が得意としていました．

一方，プリミクス機と呼ばれるものもありました［**図3-9**(**b**)］．VFOの周波数は1つにしておいて，バンド別に局発を用意し，これとVFOを事前に混合（プリミクス）するものです．VFOの安定度は高くなり周波数の読み取り機構も作りやすくなります．またシングルコンバージョン同様に信号系の周波数変換を一度に抑えていますので，信号ミキサに起因する歪の発生も最小になります．このプリミクスには欠点もあります．局発に用意したミキサで新たなスプリアスを含んだ局発信号を作り出してしまうことがあるのです．

このプリミクスは古い資料にはヘテロダインVFOと書かれています．米国DRAKE社が1963年に発売したTR-3で初めてプリミクスという名称を用いたようです．日本では八重洲無線が得意としていましたし，DRAKE社のTR-4，GALAXY社のGALAXY-V，米国NATIONALのNCX-200など，米国製SSBトランシーバでも多用された回路です．このプリミクスタイプでは，フィルタを9MHz，VFOを5～5.5MHzとすると，3.5MHz帯と14MHz帯のプリミクス局発が不要になります．中間周波数とVFOを足せば14MHz帯，引けば3.5MHz帯となるためです．とはいえ，VFOを足す場合と引く場合の両方があるとダイヤルを回した時の周波数変化が逆方向になります（逆ダイヤル）ので多少使いずらくなってしまいます．八重洲無線のリグで解説すると，FT-200（1968年）では**写真3-1**のように逆ダイヤルとなっています．一方，FT-501（1974年）にも逆ダイヤルがありますが，このリグはデジタル表示も持っています．これ以後のリグ，たとえばFT-301（1976年）では局発水晶を増やして逆ダイヤルを解消しています．

なお逆ダイヤルの不都合はダイヤルの回転方向だけではありません．バンドによってバンドエッジの位置が変わってしまうこと，こちらも大きな問題です．14.000MHzでCW運用をした後で3.500MHzでCW運用をしようとすると，500kHz分ダイヤルを回す必要がありました．

## 注目の回路　VFO

冒頭に記したように，真空管式の機器の回路はAM時代にほぼ固まっています．このためSSB機器はその延長線で作られました．バランスドモジュレータ(Balanced Modulator)のようにSSBでしか使用しない回路もありますが，これは技術の優劣を問うほどのものではありません．

しかしメインの発振器であるVFO(Variable Frequency Oscillator：周波数可変発振器)だけは違います．数キロヘルツずれても交信が可能なAMと，100Hz離調したら音調が変わるSSBでは要求性能が全く違ったのです．このため，VFOはSSB機器の心臓部とまで言われるようになりました．

変調音を損なわないようにするためには純度の高い信号を発振させることも必要です．360度位相が回った信号を増幅回路の出力から入力に安定して戻してやることで高い純度の信号が得られます．

自励式発振器の回路は大きく分けるとハートレー回路とコルピッツ回路に大別されます．ハートレーはコイル分割，コルピッツはコンデンサ分割で増幅器の出力を戻しますが，これは正しいレベル，正しい位相で出力を戻すためのものです．この位相の周波数で発振し，増幅素子を含むループ全体の増幅率が1のときに安定な発振となります．増幅率が1というのはちょっと変な感じがするかもしれません．しかし，1を超えると発振信号がどんどん暴走して大きくなってしまうこと，1を割り込むと発振できないことはご理解いただけることと思います．出力が飽和したり回路中に振幅を制限する素子があったりすると自然と増幅率は1となりますが，この制限のしかたで純度は大きく変わります．

実際のVFOでは，変形コルピッツと呼ばれる，コルピッツ回路を変化させたものが使われています．というのは，コイルにタップが必要なハートレーも2連バリコンを必要とするコルピッツもそのままでは使いにくいからです(**図3-10**)．コルピッツを変形させて中点をアースに落とせるようにすると2連バリコンで作りやすくなり，可変範囲が狭くなるために周波数の直線化もやりやすくなります[注2]．当時はバリコンの羽

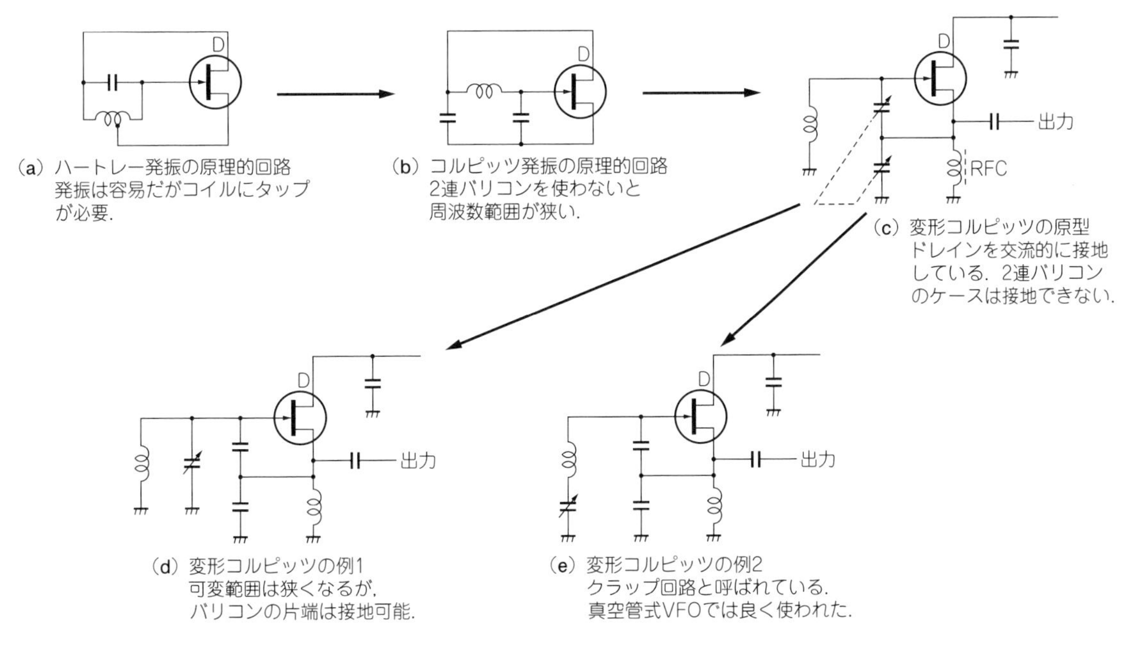

D
出力
RFC
(a) ハートレー発振の原理的回路
発振は容易だがコイルにタップが必要．
(b) コルピッツ発振の原理的回路
2連バリコンを使わないと周波数範囲が狭い．
(c) 変形コルピッツの原型
ドレインを交流的に接地している．2連バリコンのケースは接地できない．
(d) 変形コルピッツの例1
可変範囲は狭くなるが，バリコンの片端は接地可能．
(e) 変形コルピッツの例2
クラップ回路と呼ばれている．真空管式VFOでは良く使われた．


**図3-10　いろろなVFO回路**

注2) 普通に作ると，バリコン式AMラジオのダイヤルのように上が詰まってしまう．

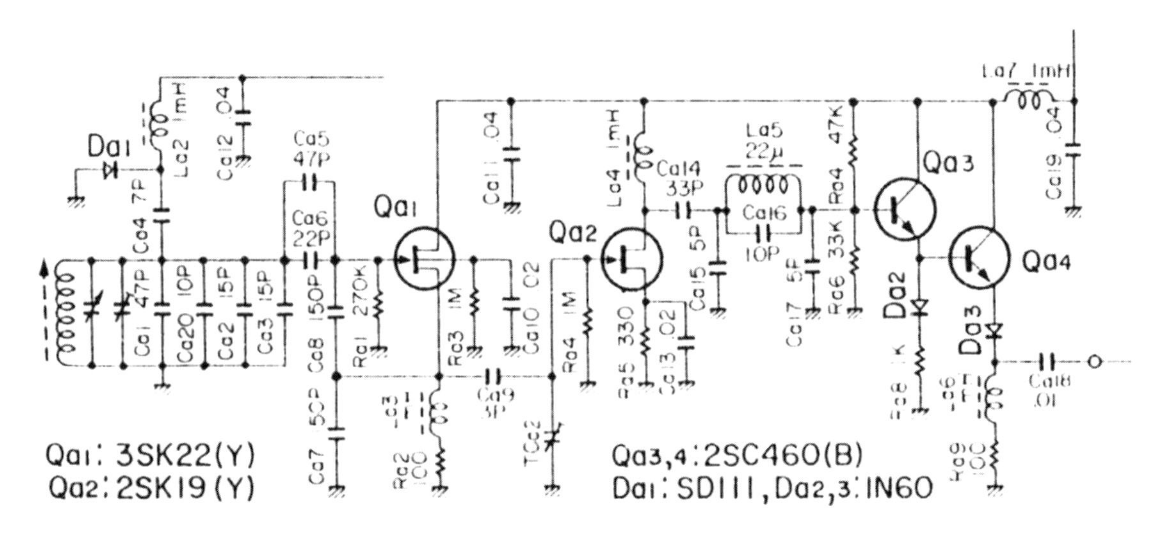


**図3-11　トリオ TS-511シリーズのVFO回路.** 取扱説明書より転載

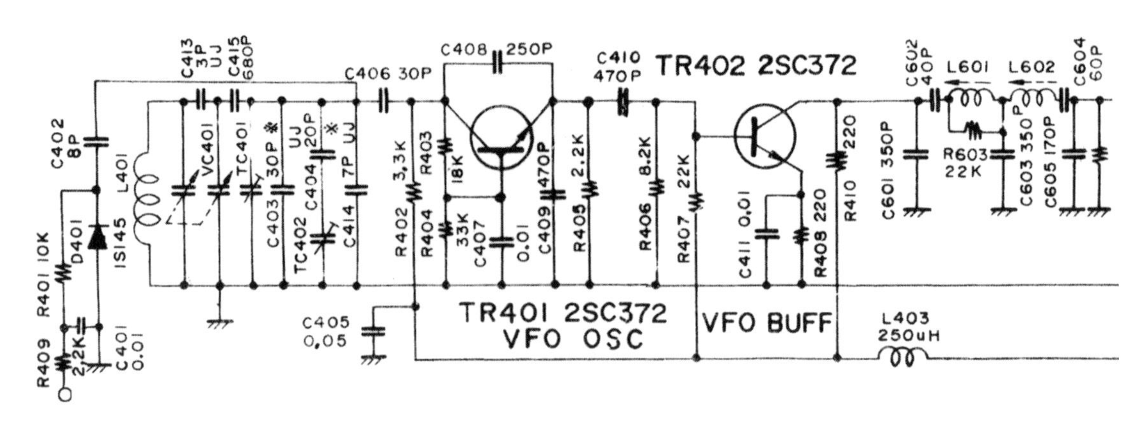


**図3-12　八重洲無線 FT-200**（初期型）**のVFO回路.** 取扱説明書より転載

根を職人が曲げて，周波数変化を直線的にしたうえで，ギアで回転数を落として周波数表示をしていました．この変形コルピッツはバンドエッジでは発振条件が少々変化してしまいます．そこで，変形コルピッツのコイル側を変化させる回路が考え出されました．これがクラップと呼ばれるものです．コルピッツではコイルはひとつだけですから，それと並列にバリコンを入れることで等価的にコイルのインダクタンスを変えて周波数を変化させるのです．コンデンサによる分圧の状態が変化しないので安定した発振が得られやすいという特徴があります．AM時代の送信用VFOにはよく使われましたし，自作例も多いようです．

トリオのTS-511（1970年）のVFO回路を**図3-11**に示します．この回路は，トリオが2機種目のSSBトランシーバとなるTS-510を発表してからアナログVFOの時代が終わるまで使われた，同社自慢の回路です．途中で発振素子が変わっていますが，これは温度変化に敏感なCANケース入りの3SK22の在庫がなくなったためとのことで[注3]，設計に大きな変更があったためではありません．また**図3-12**は八重洲無線 FT-200の初期型（1968年）のVFOです．こちらは回路が少々複雑ですが，コイルとバリコンを別々に温度補償するために，温度補償コンデンサのうちのひとつをバリコンに並列に入れています．実はこの両社ではVFOの空気の密閉についての考え方が違っています（**写真3-2**）．八重洲無線では温度補償を厳密にしたうえで密閉しないようにし

注3）3SK22には第2ゲート電圧で温度特性を変えられるというメリットもある．詳しくは『高周波回路のトラブル対策』岩田光信著CQ出版社を参照．

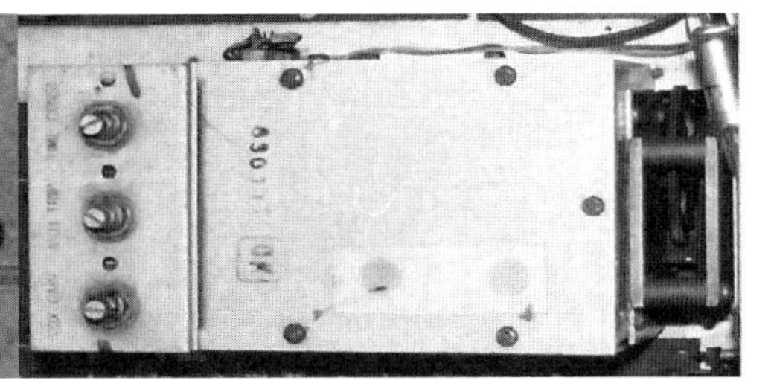

**写真3-2　社によってVFOの密閉の考え方が違う**
左の八重洲無線 FT-200は開放型，右のトリオ TS-511は密閉型．TS-511の写真に写っているつまみはVOX調整



ています．早く温度補償が効くようにしていたようです．二重温度補償に自信があったのでしょう．一方トリオでは完全に密閉して他からの影響を排し，ゆっくりと補償が掛かるようにしていました．SSBでは送受信周波数が少しでもずれると音がおかしくなります．そこでRIT(Receive Incremental Tuning)，もしくはCLARIFIER(明瞭にするという意味)という受信周波数の微調回路も使われるようになりました．

## ALC

AM機にはなく，SSB機にはほぼ100%装備されている付属回路がALC(Automatic Level Controller)です．AM変調ではマイク入力が過大だと過変調となりました．過変調では正側の振幅には限界があるのでこれ以上伸びないのに負側はクリップするようになります．短時間平均のパワーが減少しますから，音声のピークで出力計が負側に振れることになります．慣れたオペレーターであればこの過変調はすぐに分かり，マイク・ゲインを落として正常な電波に戻すこともできました．

## Column　SSBがもたらしたもの(ハムバンド専用受信機)

その昔，AM時代の受信機は短波帯をフルカバーしていました．ハムバンドではバンドスプレッドを使って周波数を読むようになっていて，読み取り精度はあまり良くありませんでしたが，短波放送を受信したりすることもできるようになっていました．

しかしSSB時代になると受信機もトランシーバも周波数範囲がハムバンドとその周辺だけになります．この理由はいろいろ考えられますが，細かいチューニングと読み取りを要求されダイヤル・メカニズムの減速比が増えたこと，VFOが高安定を要求されるようになって可変範囲が減ったことなどがあるかと思います．

そんな中でも海外放送やユーティリティ通信を受信できるようにした受信機が発売されています．**写真3-A**はFR-101(1974年)のバンド・スイッチですが，なんと21バンド，大変なことになっていることが分かるかと思います．実際はこれでもすべてをカバーしているわけではありません．500kHz幅のVFOで3～30MHzをカバーしようとしたら56バンドが必要なのですから．トリオのR-820(1978年)のようにハムバンドと主要放送バンドだけに絞った受信機もありましたが，これはやむを得なかったことと思われます．

**写真3-A　八重洲無線 FR-101のバンド・スイッチ**
ハムバンドは赤印字だが，本書の印刷の都合で白くしてある

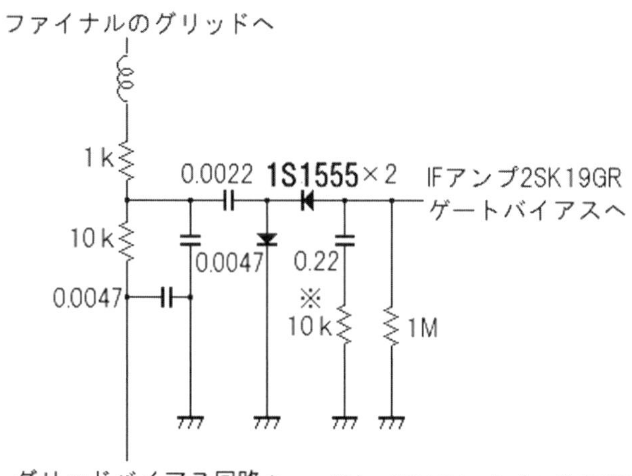


**図3-13　八重洲無線 FT-101のALC検出回路**

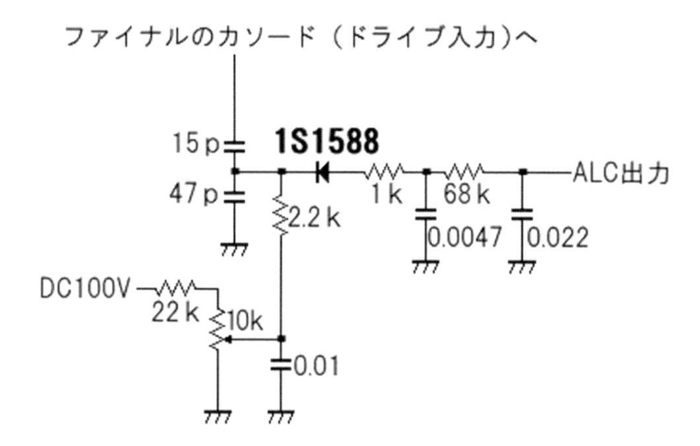


**図3-14　トリオ TL-922**(リニア・アンプ)**のALC検出回路**

ところがSSBではピークはクリップしますがそれだけです．このためパワー表示は減少せず，オペレーターは過大入力に気が付かないだけでなく，よりパワーが出ている良好な状態だと錯誤する場合も生じます．そこで装備されたのがALCで，終段のドライブが過大になると前段の増幅率を下げてドライブを軽くするものです．このALCをメータなどで監視できるようにすればオペレーターにもマイク・ゲインが過大であることがわかります．

ドライブを監視するというのは面倒そうですが，真空管の場合はグリッドの電流を見ることで簡単に監視できます．グリッドにはバイアスとしてマイナスの電圧(たとえば−10V)が掛かっています．ここにピーク電圧±10Vのドライブ信号を入れると，グリッドの電圧は0～−20Vで変化します．さらにドライブを増やしてピーク電圧±15Vにしてみると，グリッド電圧は0～−25Vで変化します．+5Vからではないことに注意してください．グリッドがカソードに対してプラスになると2極管と同じ電圧配置になり，グリッドから電流が流れてカソードと同電位になるのです．したがって，グリッドに電流が流れたらオーバードライブと判断するようにすればALCが構成できます．具体的には，グリッドのバイアス回路に抵抗を入れておいて，その両端に電圧が発生したら前段にそれを戻すようにすれば良いのです(**図3-13**)．グリッド電流が流れるまでは無反応，流れたらすぐにメータが振れるというのはとてもわかりやすく，多くのリグでこの回路が採用されました[注4]．

GG(グリッド接地)を使用するリニア・アンプなどではグリッド電流検出では不都合があります．この場合は回路入力，つまりエキサイタや前段からのドライブ電力を整流してALC電圧を得ています(**図3-14**)．

リニア・アンプのALC電圧はリニアからエキサイタ(親機)に戻されるものですが，その電圧は−4Vというのがひとつの基準となっています．これはエキサイタが真空管式でもトランジスタ式でも好都合な電圧です．マイナスの電圧というと変な感じがするかもしれませんが，ダイオードを逆向きにして整流すれば簡単にこの電圧は得られます．

注4）変化分だけを検出するようにすると，立ち上がり，立ち下がりではキャリアを抑えるが，連続キャリアでは抑圧しないようになるのでCWとの相性が良くなる

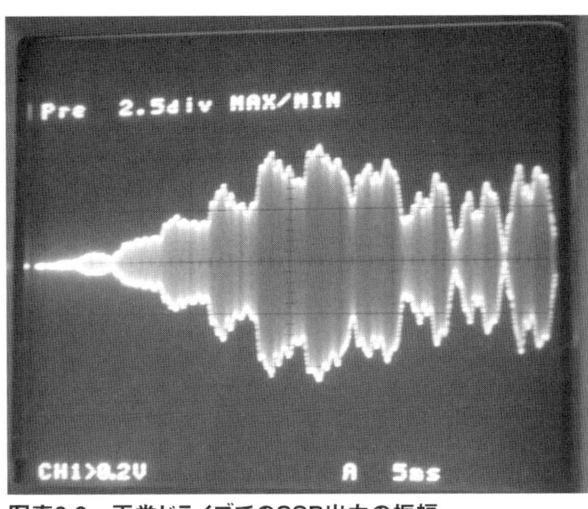


**写真3-3　正常ドライブでのSSB出力の振幅**
発声は「パ」，pep100W

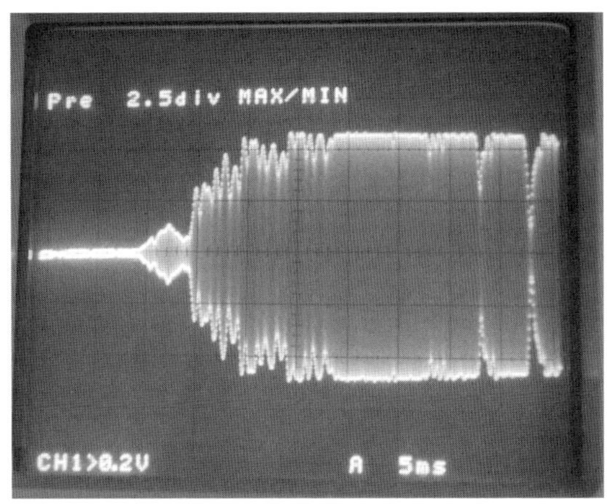


**写真3-4　写真3-3をオーバードライブにしたときの出力振幅**
ALCが押さえ込んでいるので，pep100Wは一緒だがピークはクリップしている

ALC電圧はIF増幅器に戻され，ドライブレベルを変化させます．ALCが軽く動作する状態であれば送信波に目立った劣化は生じません(**写真3-3**)が，オーバードライブすると必死にピークを抑えます(**写真3-4**)．この2つの写真ではピークレベル(pep出力)は一緒ですが，**写真3-4**では音にならないぐらいの歪が生じています．このため**写真3-5**のように多くのリグではメータ上にグリーンゾーン(許容範囲)が決まっていました．このALCは次項のAGC(Automatic Gain Controller)と一緒に各IF増幅器の利得を変化させるものですが，実はこの両者がどのIF増幅器をコントロールしているかはリグによって違っていて，リグの音や歪特性にも影響しています．

**写真3-5　ALCはグリーン・ゾーンまでで使う**(目盛3まで)
八重洲無線 FTDX400

## AGCとSメータ

RFゲインとAGCとSメータ，この三者はとても深い関係があります．RFゲインはRF段とIF段のうちのどこかの増幅率を下げる回路です．真空管式のIF回路ではグリッドにカソードより低い電圧を掛けることで増幅率が下げられます．そこでファイナルのブロッキング・バイアス(－80～－100V)を分圧してコントロール電圧を作り出して，VR(ボリューム)でバイアス点を変えることでRFゲインを変化させます．またAGCは信号強度に応じて回路の利得を変えて検波出力を一定にする回路です．検波段付近から信号を分岐させ，こちらもブロッキング・バイアスを利用してコントロール電圧を作り出すことで利得を変化させます(**図3-15**)．

どちらも受信回路の利得を下げる動作であり，それが手動だとRFゲイン(RF Gain Control)，自動だとAGC(Automatic Gain Control)ですから，コントロールされる信号回路側についてはこの両者は共用でき

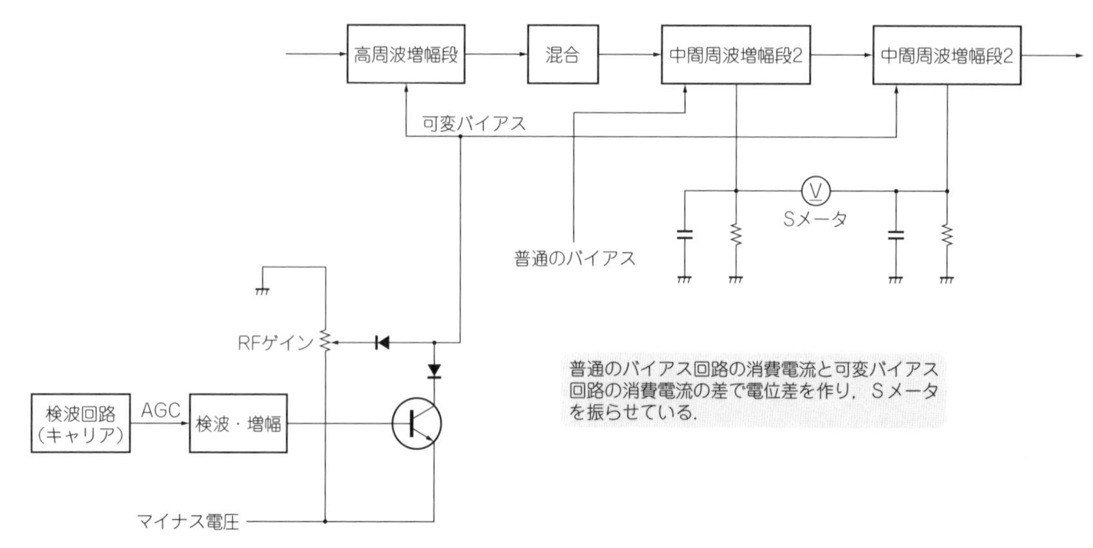


**図3-15 RFゲインとAGCとSメータ**

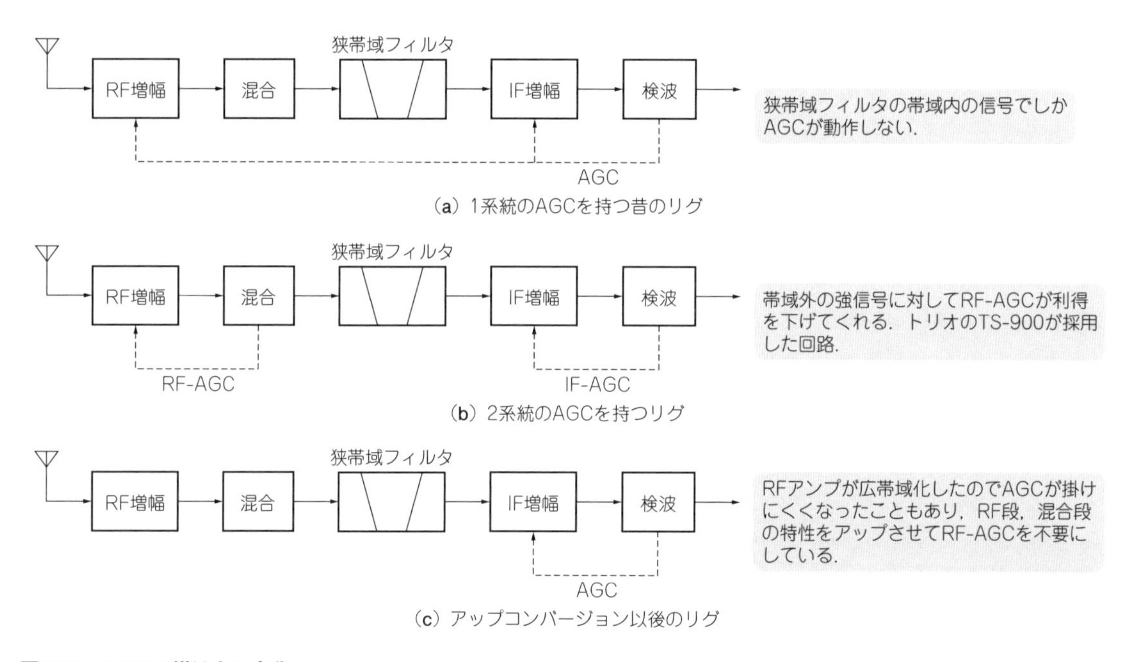


**図3-16 AGCの掛け方の変化**

るわけです.

こうして作り上げた可変バイアスでRF増幅やIF増幅の利得を下げますが，第2章にも書いたとおり，わざと利得を下げない増幅回路も1段残しておくことで簡単にSの表示が可能になります．近年のリグではRFゲインを絞るとSメータが振れるようになっていますが，これはこのようにRFゲインとAGCを共用設計しているためです.

RFゲインコントロールやAGCはRF増幅段とIF増幅段の両方の利得を変えています．RF段の利得を下げるのは途中の回路の飽和を防ぐためですが，AGC電圧を取り出す場所はIFの最終段なので，受信周波数の帯域外に強い信号があるとAGCが飽和を防ぐことができない場合があります．このためRF段のAGCをIFとは別に装備したリグもありましたが，2つのAGCの間で生じる競合対策が大変なこと，RF AGCの状態でSメータの表示が動いてしまう問題などがあり，ほとんどのリグでは受信RFアッテネータを装備することで強入力対策としていました．

受信段がゼネラルカバレッジになってからはRF段は飽和に強い設計としてIF段にだけAGCを掛けています．これは広帯域のRF増幅器ではAGCが掛けにくいためです(**図3-16**：第8章参照)．

## 主な付属回路は全部で4つ

ALCやAGCのような基礎的な回路は別として，1970年代前半までのSSB機の機能的な付属回路はだいたい4つです．受信側には2つ，ノイズブランカとマーカ(第5章参照)がありました．

AM時代にはANL(Automatic Noise Limiter)と呼ばれる雑音制限回路がありましたが，この回路の効果は限定的でした．そこでSSB時代になって使われるようになったのがノイズブランカ(Noise Blanker)で，国産機では八重洲無線のFT-101(1970年)に最初に搭載されました．この回路は瞬発的な雑音を感知したら回路の出力をOFFにしています．雑音を感じるというと難しそうですが，要はAGCの動作速度を音声の振幅変化に合わせておけば良いのです．AGCが抑えきれない高速の信号(＝雑音)が入ってきたら通常より高いレベルの信号が出現しますからこれで回路出力をOFFにするだけです．

帯域が狭く遅延があるSSBフィルタを通ってしまうと雑音の波形が鈍(なま)ってしまいます．信号レベルがある程度高い場所，そしてSSBフィルタを通る前で処理をしたいところですから，たいていの場合，リグで最初のミキサ(または2番目のミキサ)の後ろでノイズブランカ用信号を取り出し，SSBフィルタの直前でスイッチングをしています．

後に信号系のAGCとは別にノイズブランカ用のAGC付きアンプを持つようになりました(**図3-17**)．動作

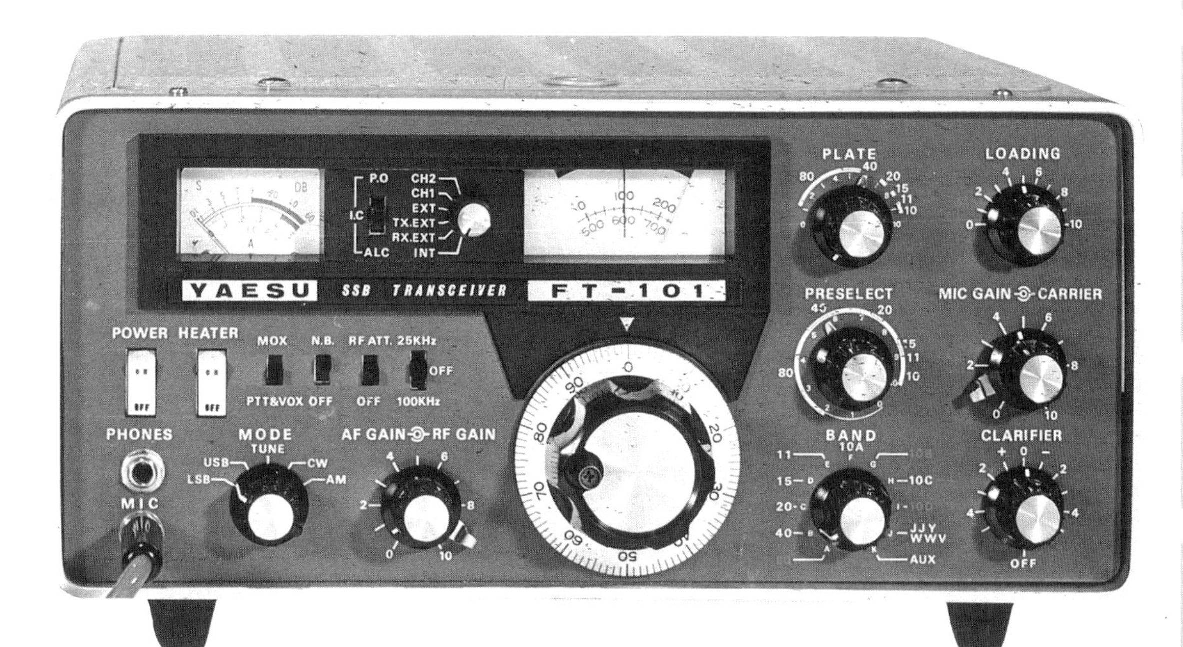


**八重洲無線 FT-101**

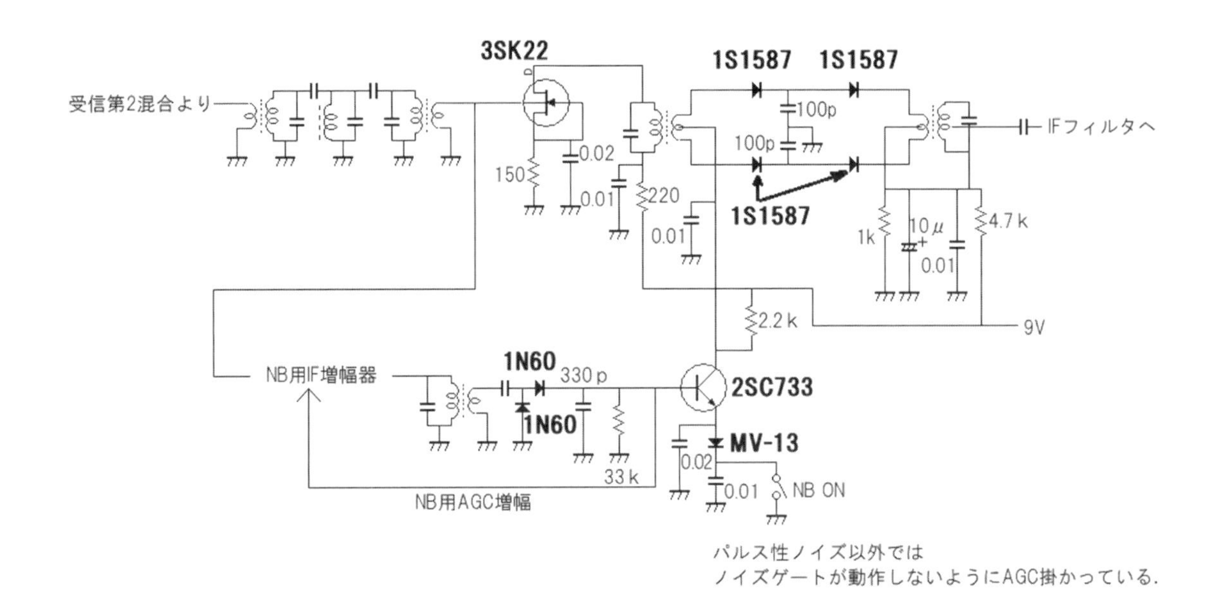


**図3-17　トリオ TS-520D(X)のノイズブランカ**

は基本的には変わっていませんが，入力信号がとても強力になってもノイズゲートが誤動作しないように工夫されています．

送信側の付属回路としてはVOXとサイドトーンが挙げられます．VOXは音声で送受信を切り替える装置で，キャリアのない，言い換えれば無音の時は送信側が何も送信しないSSBで一番生きる装備です．欠点はスピーカからの受信音で動作することがある，頭切れが生じる場合があることで，スピーカからの音に対しては早くから[注5]アンチトリップという相殺回路が設けられています．

サイドトーンはCW送信時にトーンを出す装置で，外付けも可能です．しかしサイドトーンをVOX回路

**トリオ TS-510**

注5）1967年発売のFT-50にはすでに装備されていた．

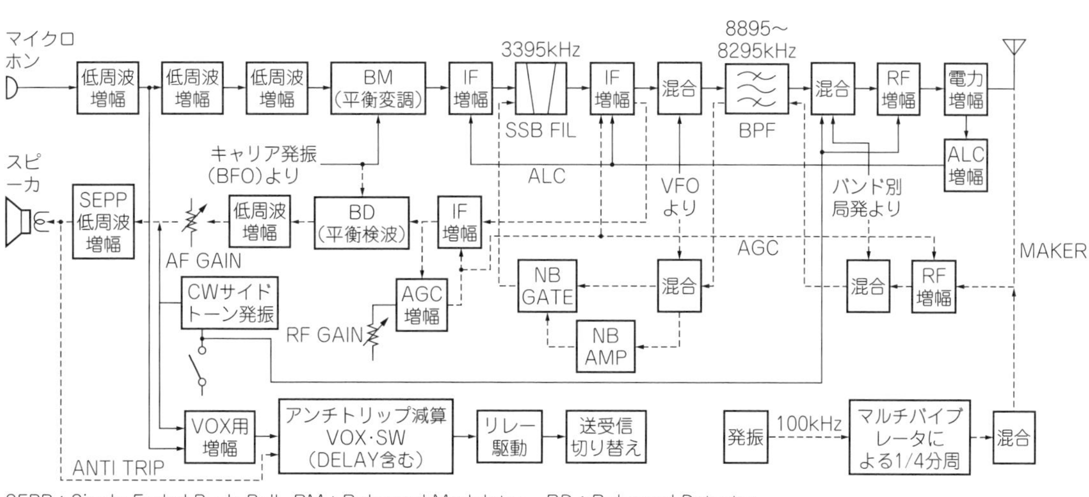


**図3-18　SSB機の全体構成の例**
トリオ TS-511系の例．NBのないタイプもある

にも注入することで送受信の自動切り換え（セミブレークイン動作）ができるので，VOXのあるSSB機に内蔵しておくと大きなメリットが生じます．トリオのTS-510やFT-200（いずれも1968年）などで採用された回路です．

これらを書き加えたSSB機の全体構成を**図3-18**に示します．SSB機の回路構成が複雑に感じられるのはこれらの付属回路も一因であることがわかると思います．

## SSBフィルタと平衡変調ビーム偏向管7360

フィルタ法でSSBを生成するには平衡変調器とフィルタが必要です．フィルタについて大雑把（おおざっぱ）にまとめると**表3-2**のような変せんをたどっていて，これはそのままSSB機の送信第1中間周波数の移り変わりでもあります．

当初，安価なタイプは2〜3MHzの水晶発振子を用いていました．米軍ジャンクを組み合わせて作っていた時代です．その後1960年代半ばになるとローコスト機は5MHz台のフィルタを使用するようになります．ローコストと言っても当時の物価を考えると十分高いものでしたが．そして最終的に9MHzになります．

**表3-2　SSB送信機のSSB生成フィルタの流れ**

| 年 代 | | 価 格 | 一般的素子数 | リップル | スカート | 総合性能 | 代表的リグ |
|---|---|---|---|---|---|---|---|
| 1960年頃 | 2.5MHz | 安い | クリスタル4素子 | 多い | 悪い | 悪い | 初期のSSBジェネレータ |
| | 455kHz | 普通 | メカニカルフィルタ | 普通 | 良い | 良い | FL-100，FL-200，FLDX400，TX-388S，KWM-2 |
| | 5MHz台 | 安価 | クリスタル6素子 | 普通 | 普通 | まあまあ | FT-50，FL-50(B)，FT-75(B) |
| 1965年頃 | 3MHz台 | 普通 | クリスタル6素子 | 多い | 良い | まあまあ | FT-100，FT-101(初期型)，TS-500(5素子) |
| | 9MHz付近 | 安価 | クリスタル6素子 | 良い | 悪い | まあまあ | FT-200 |
| 1970年頃 | 3MHz台 | 少し高い | クリスタル8素子 | 普通 | 良い | 良い | TS-510〜TS-520の間の各機種，FT-400系，FT-101B(E) |
| 1975年頃 | 9MHz付近 | 少し高い | クリスタル8素子 | 良い | まあまあ | 良い | IC-710，FT-501，FT-301以後各機種，TS-820以後各機種 |
| 1980年頃 | 455kHz | 高い | クリスタル8素子 | 普通 | とても良い | とても良い | TS-830以後各機種，JRC(日本無線)各機種 |

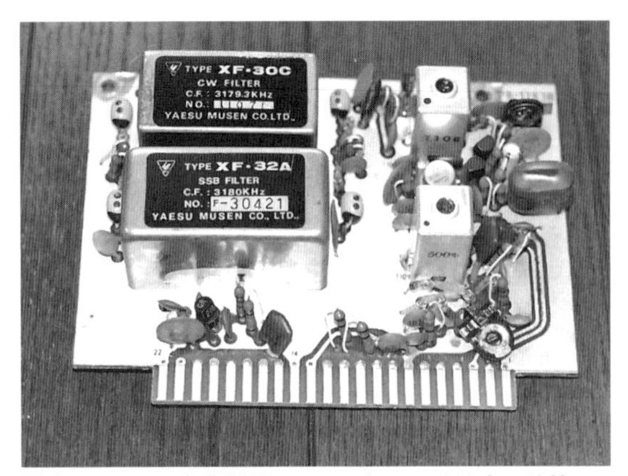


**写真3-6　1970年代後半の3MHz台フィルタは良い特性**
八重洲無線 FT-101B

**写真3-7　ダブル・フィルタの例**
日本無線 JST-245．右は9.455MHz，左は455kHz

**写真3-8　トリオの3本指針表示の様子**

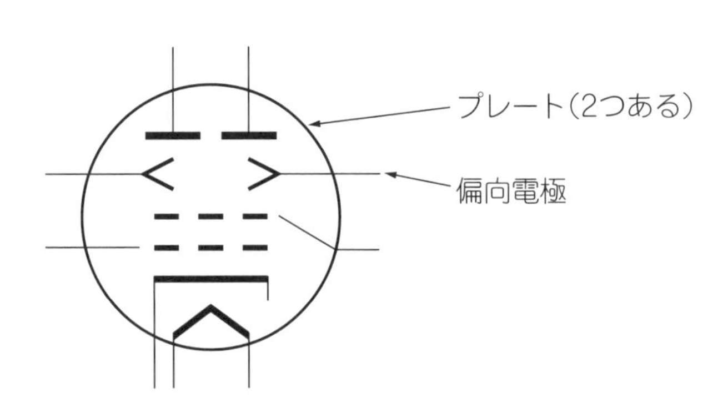


**図3-19　ビーム偏向管7360の回路記号**

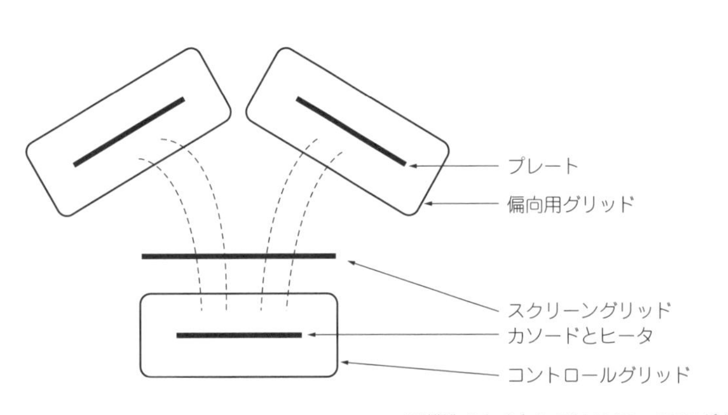


同構造のものとしては6AR8，6JH8がある．

参考：『現代 新・真空管技術辞典』
誠文堂新光社　海老澤 徹 著

**図3-20　ビーム偏向管7360の構造**

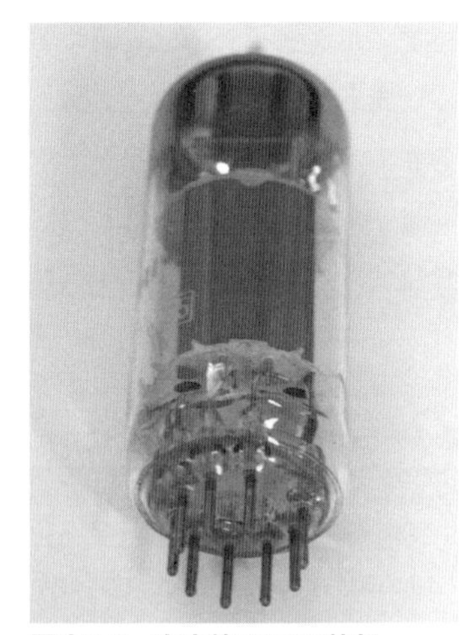

**写真3-9　真空管7360の基部**
ボタンステム(基部)と電極の間に板状の配線がある

HF機では送信周波数のひとつ前のIFはアマチュアバンドからできるだけ離す必要があり，5MHz付近より高い周波数にする場合は9MHz付近が適当となります．

もっと素子数の多い，高級なタイプは当初3MHz台から始まりました(**写真3-6**)．3.5MHz帯に近いのですが，ダブルコンバージョンでもう一度周波数変換されるので問題ありません．良好なフィルタ特性が得られる3.2MHz付近でSSBを生成し，5MHzもしくは9MHz付近を経て送信周波数に変換していました．

その後，1975年頃より9MHz付近でも良好なフィルタが作られるようになり，高級機もこの周波数を使用するようになります．中にはこれでもまだスカートが甘いということで，フィルタの2段重ねをするリグ(**写真3-7**)も現れていますが，これにはフィルタの重ね合わせを変えて受信帯域を可変する(PBTもしくはWIDTH)という目的もありました．また八重洲無線ではSSBの音の悪さには群遅延特性も関係していると考え，FT-1000MP(1995年)でこの特性に優れた米国コリンズ社製メカニカル・フィルタを採用しています．SSB用は標準実装，CW用はオプションでした．

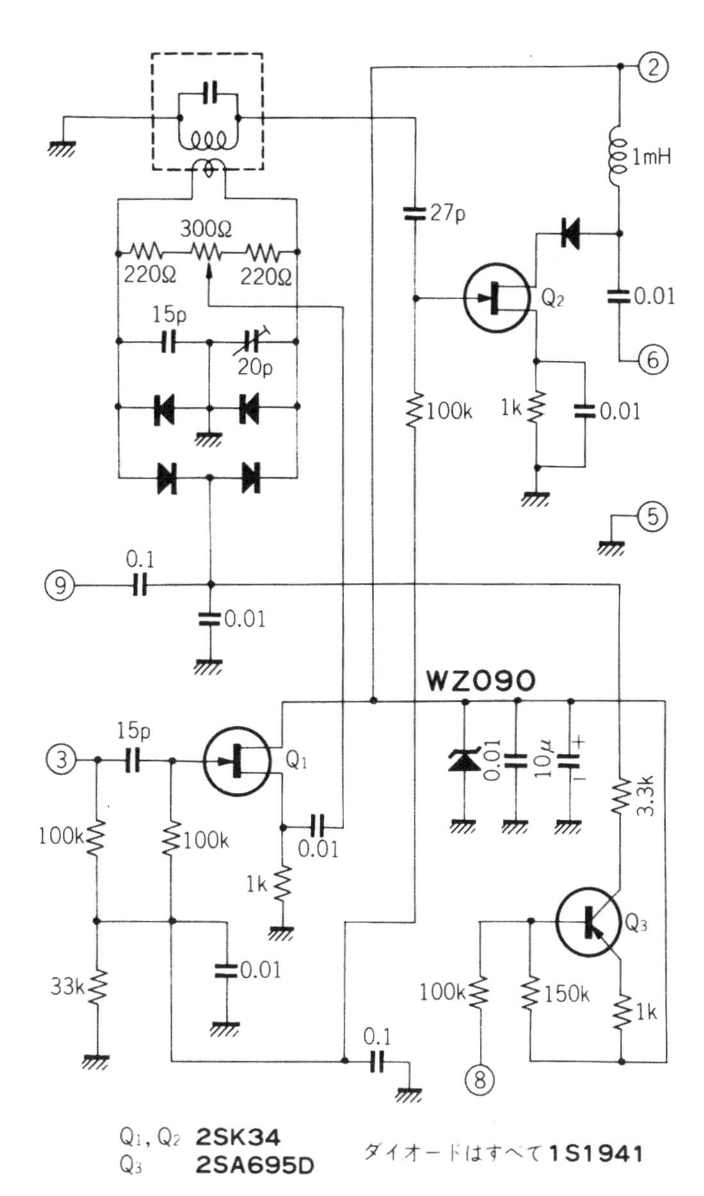


**図3-21　7360代替回路**
HAM Journal No.18(1979年)ハムコンサルタントより．本体側にも改造が必要なことに注意

フィルタは高価ですから，LSBとUSBで兼用とします．そうするとキャリア周波数が2種類必要となります．ところがアマチュア無線機では慣例的にキャリア周波数を送信周波数としています．VFOやバンド別局発の周波数をLSB，USBで変えることはありませんからLSB，USBを切り替えると周波数がずれてしまうという問題がありました．これについて，トリオのリグでは1968年発売のTS-510以後，ダイヤルの指針を3本にするという工夫で周波数ずれに対応しています(**写真3-8**)．

アナログ変調時代の平衡変調器についてはほとんど変化はありません．多くのリグでは**図3-3**のようなダイオード4本によるダブルバランスド・ミキサが使われていました．でもひとつだけ興味深い存在がありました．それはビーム偏向管7360を使用した平衡変調器です．**図3-19**の7360の記号をご覧いただくとどういう真空管なのかは一目瞭然だと思います．カソードとグリッドは共通，プレートは2つ．2つのプレートは別々の偏向電極でカバーされています(**図3-20**)．2つのプレートに流れる電流を偏向電極で変えることができる仕組みです．プレートと偏向電極部分の構造は複雑なので，プレートは電極からピンまで，横に入れた導体板で移動させています(**写真3-9**).

この球はもともとはFM放送のマルチプレックス(ステレオ信号検波)用でしたが，FMチューナの半導体化が早かったために，主として平衡変調用や平衡混合用で使われていました．この球をよく使用したのは八重洲無線ですが，トリオもTS-500(1966年)で使用しています．キャリア発振器からの結合容量を1pFと小さくし，音声と電極を分けることで変調音によるキャリアの引っ張りを軽減し，7360に利得があることからすぐにSSBフィルタに入れる，シンプルな回路としていました．同社の次のリグ，TS-510ではオーソドックスな回路となりましたが，キャリアにバッファを入れたうえで平衡変調後にも増幅段を設けていますので回路が2段増えています．

増幅段が増えるというのは無駄なようにも思えるかもしれません．しかし意外なメリットがあります．それはALCの問題です．フィルタを良い特性で使うためには入出力，特に受け側のインピーダンス整合が重要です．そしてフィルタは送受信共用です．そこでフィルタの次の増幅段を送受信共用としてフィルタの直後で切り替えないという手法が取られるのですが，そうすると7360を使用した場合，送信系の独立したIFアンプがなくなりALCを掛ける増幅段に困ってしまうのです．このため7360を採用している八重洲無線のFT-200，FT-400系ではフィルタの次のIFアンプにAGC・ALCの両方を切り替えて掛けています．

7360は1970年代半ばに生産が止まっています．そこでその後OEM輸出されたTEMPO ONE(FT-200)には互換回路(**図3-21**)が入っています．この回路を使用するためには接続部にも改造が必要ですのでご注意ください．

## カウンタ式デジタル表示の問題

アナログ式周波数表示の時代．周波数が数字で表示されたらと夢のよう！，という話は古くからありました．米国ではSIGNAL ONE社のCX-7(1969年)があり，日本ではフロンティアエレクトリックのDigital-500(1970年)が最初のリグになります．

方法は意外と簡単です．順へテロダインの場合はそのまま，逆へテロダインの場合は一旦(いったん)，周波数変換をしておいたうえで，アナログ発振のVFOの周波数をBCD式カウンタでカウントして500kHz以下を表示

**フロンティアエレクトリックDIGITAL500はニキシー管表示**
CQ ham radio 1974年2月号 p.256　より

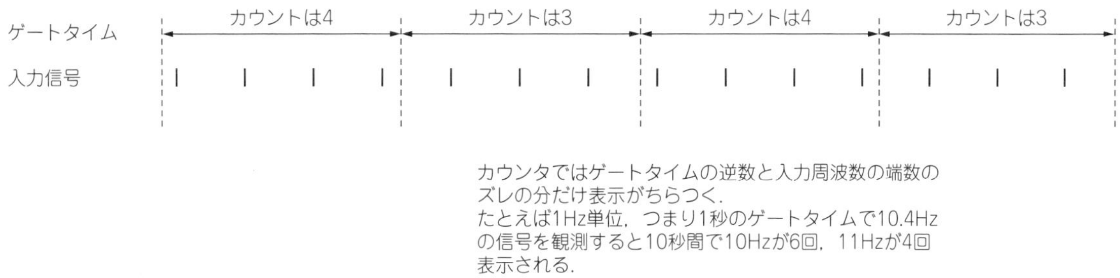

ゲートタイム　カウントは4　カウントは3　カウントは4　カウントは3
入力信号

カウンタではゲートタイムの逆数と入力周波数の端数のズレの分だけ表示がちらつく．
たとえば1Hz単位，つまり1秒のゲートタイムで10.4Hzの信号を観測すると10秒間で10Hzが6回，11Hzが4回表示される．

**図3-22　周波数が一定でもカウンタはちらつく**

します．バンド・スイッチの接点でMHzオーダーの表示を作り出します．バンドが500kHzから始まる場合は100kHzオーダーに5を足します．

VFOの周波数が標準的なロジックIC（TTL）の範囲内だったため，これを並べることでカウンタは作れましたが通信機ならではの問題もありました．周波数を急に変えた場合を考えるとカウンタのゲート・タイムを短時間にしておかないと表示が追いつきません．また最下位は常にチラつきます（**図3-22**）．そして初期の表示はニキシー管．これは数字の形の発光素子を縦長のガラス管内に10個並べたもので，表示している数字によって奥行きに差が出てしまうという欠点もありました．フロンティアエレクトリックが先進機能としてデジタル表示を採用した際に他社は追従していませんが，これは技術力の問題というよりは商品性を気にしたのではないかと思われます．

次にデジタル表示を採用したのは八重洲無線のFT-501（1974年）です．アナログ・ダイヤルを併用することでQSY（数キロヘルツの移動）をしやすくし，表示より1つ下（10Hz）までカウントすることで最下位のちらつきを抑えました．表示機は蛍光表示管，凸凹はありません．

ところで当時のデジタル表示にはひとつ致命的な問題がありました．それはキャリア周波数（IF周波数）の切り替えに対応できなかったことです．前にも触れたように普通の1フィルタ方式ではUSB，LSBのキャリア周波数が変わってしまうのです．

そこでDigital-500でもFT-501でもキャリア周波数は固定にしてUSB，LSBでフィルタを切り替える方式を取っています．SSB機で最も高価な部品が2つ必要になってしまうのですが，実際はその中間に中心周波数をもつCWフィルタも必要になります．

後にHF機の局発にPLLが使用されるようになると．PLL内で補正が行えるようになり．周波数カウンタのキャリア周波数問題も解決しています．このためPLLが採用され始めた頃からデジタル周波数表示も普及していき，デジタルVFOが使われるようになるとデジタル周波数表示が当たり前になりました．

## SSB機の泣きどころ

SSB機にはSSB機ならではの泣きどころもあります．回路が複雑とか，歪を生じやすいというのもあるのですが，古くなってくると受信音がガサガサしだすのはSSBトランシーバならではの欠点です．

真空管ファイナルを搭載したSSB機にはすべて3つの調整つまみがあります．このうちのPLATEとLOADは送信出力段のπマッチを操作するためのものですが，もうひとつのDRIVE（PRECERECT），これが厄介（やっかい）です．

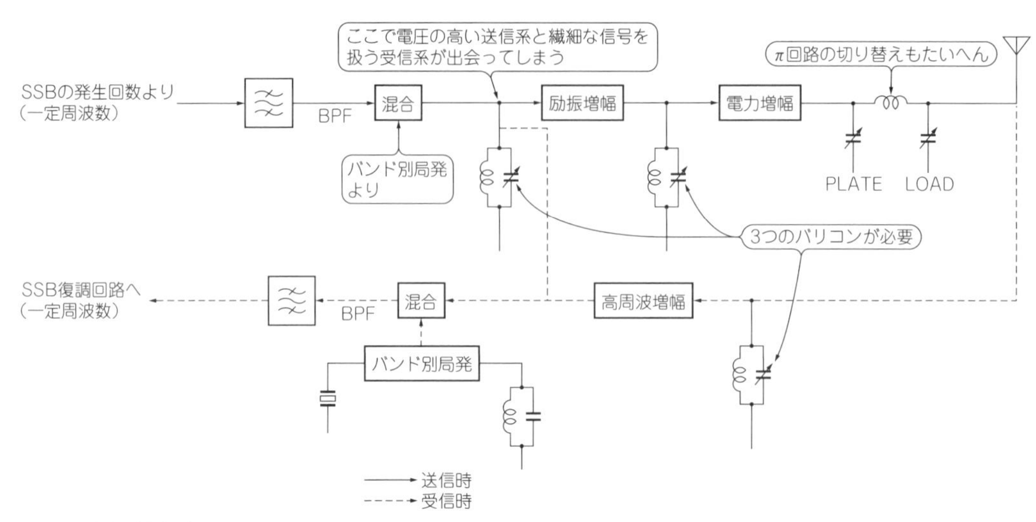


図3-23　SSB機の泣き所

**図3-23**をご覧ください．送信ドライバと受信RFアンプ，両方の入出力に同調回路が入っています．これらをいちいち調整してたのでは大変なのでバリコンを連動させいますが，ここで問題が生じるのです．まず，パワーアンプへの入力部は2次側のインピーダンスが低めです．また受信RFアンプの入力部も50Ωを昇圧していますので1次側のインピーダンスが低め，この2つは単独の同調回路としています．そしてレベル的に一番近い送信ドライブの入力と受信RFアンプの出力は共用するのが通例です注6．レベル的に近いといっても100dBほど違いますので，ちょっと回路リークが生じるだけでノイズが混入してしまいます．またそれぞれの回路

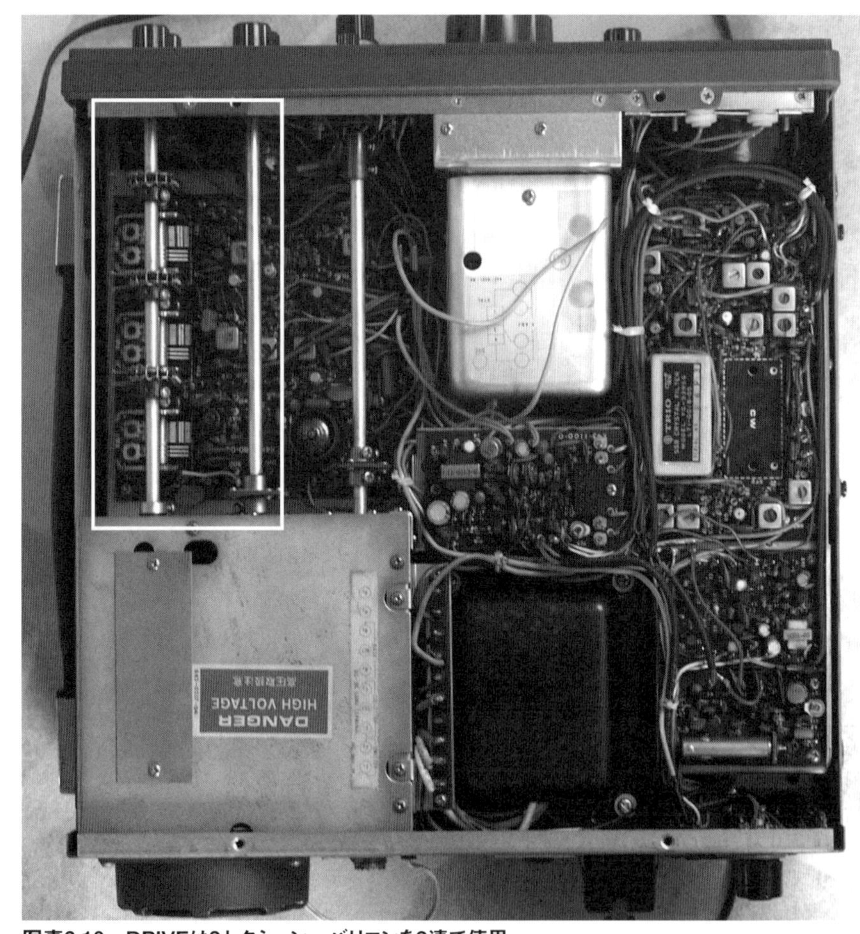


写真3-10　DRIVEは2セクション・バリコンを3連で使用
トリオ TS-520D

注6）接続される回路が違うので，別々にして機械的に連動させるとバリコンの位置によっては同調がずれてしまう可能性も考えられる．

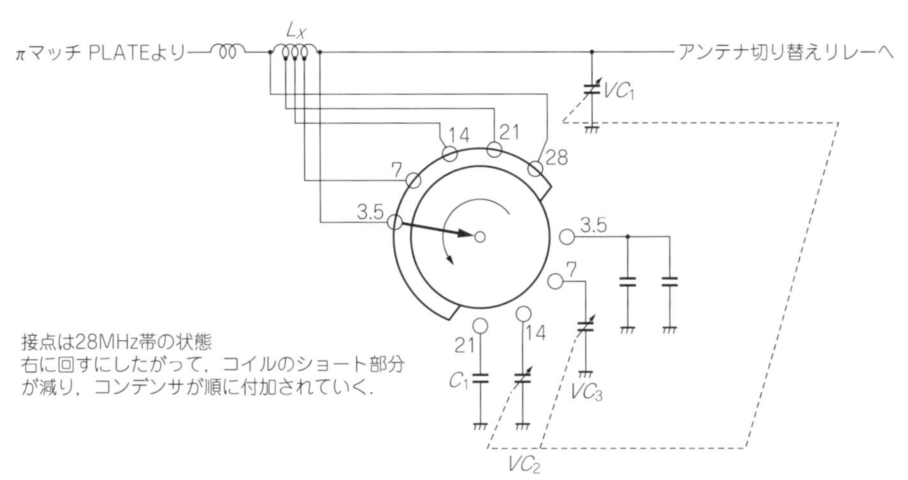


**図3-24　トリオ TS-511のπ回路**

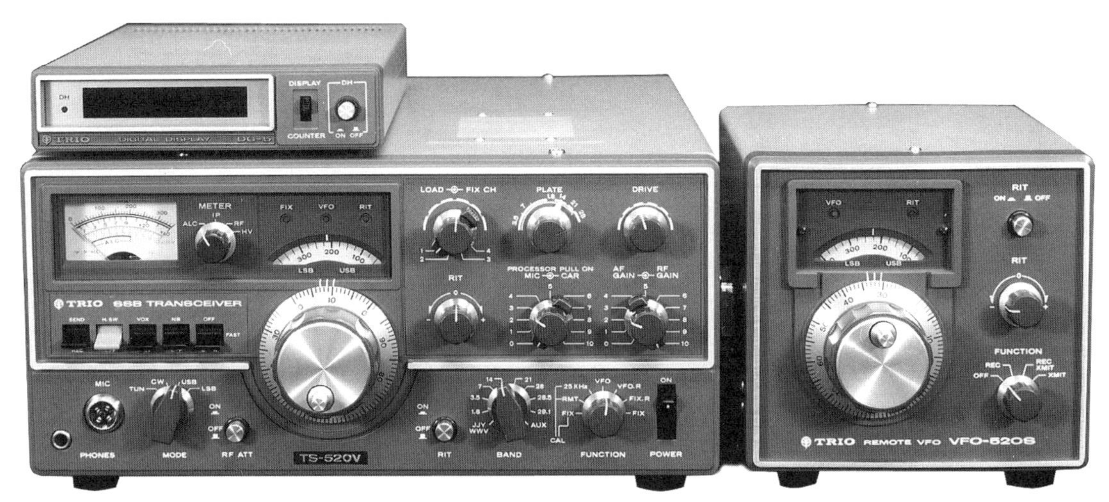


**トリオ TS-520**

同士が結合すると発振したりする場合もあります．このため，バリコン3つをメカニカルにチェーンなどで連動させるのもひとつのセオリーになっていました(**写真3-10**)．

それぞれの同調回路はコイル，コンデンサの両方を切り替えますので，バンド・スイッチを各1接点使用します．バンド別の局発も同様です．さらにPower AMP出力部のπマッチも切り替える必要があります．

**図3-24**をご覧ください．トリオのTS-511系(1970年)のπマッチ切り替え部のバンド・スイッチです．**図3-24**は28MHzの状態で，ここから周波数が低くなる方向，つまり左に回していくと，下側では$C_1$，$VC_2$，$VC_3$が新たに接続されます．上側を見ると，28MHzでは$L_X$はショート状態ですが，だんだんショートされない部分が出てきます．バリコン・コンデンサの切り替えとコイルの切り替え，そしてコイルの使わない部分をショートしてロスを減らすことを同時にひとつの接点で実現しているわけです．

これだけのことをやっても受信初段とドライバ出力も同調回路を共用しているTS-511のバンド・スイッチは7連，両者を共用せずPLATE同調の切り替えもあるTS-520(1973年)に至っては10連(**写真3-11**)のスイッチとなっています．高周波回路はバンド・スイッチに各部品がぶら下がっているような造りになっていますが，これは当時の全てのSSB機で見られた光景です．

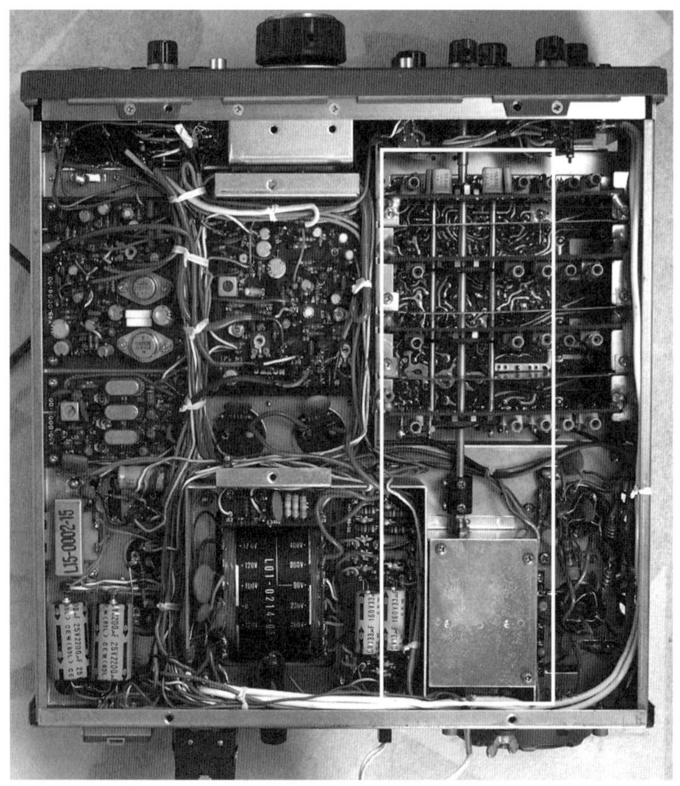
写真3-11　バンド・スイッチの軸は一直線
トリオTS-520D

## ダイレクトコンバージョン

1970年代の回路で，簡易にSSB，CWを受信する回路として忘れてはいけないのはダイレクトコンバージョン式受信機です．回路構成は**図3-25**のとおりで，SSBのスペクトラムが低周波信号を搬送波分だけシフトしたものであることに着目して，周波数変換で直接低周波に変換するものです．

周波数変換は2信号の和と差の信号，つまり$f_1 \pm f_2$の信号を作ります．これはダイレクトコンバージョンでも同じで，搬送波に相当する周波数の信号を混合するとUSBもLSBも同じように変換してしまいますので，2つの信号を受信することになります．イメージ混信を作り出してしまうのです．しかしスーパーヘテロダインより簡易な回路で再生式より安定した高感度な受信回路が得られますので，極限性能を要求しないのであれば十分な実用性があります．この回路を得意にしていたのはミズホ通信です．DC-7，DC-7Dおよび3バンドのCWトランシーバ DC-701(いずれも1975年)などがありました．

ダイレクトコンバージョンにはイメージ混信以外にももうひとつ欠点があります．AM検波問題です．

ミズホ通信 DC-7

**図3-25**を再度よくご覧ください．混合段を検波器に置き換えるとそのままストレート受信機に変身してしまいます．なのでいかに混合段でAM検波をさせないかが腕の見せ所でした．

ミズホ通信では高周波増幅を排して検波段のレベルを下げたうえ

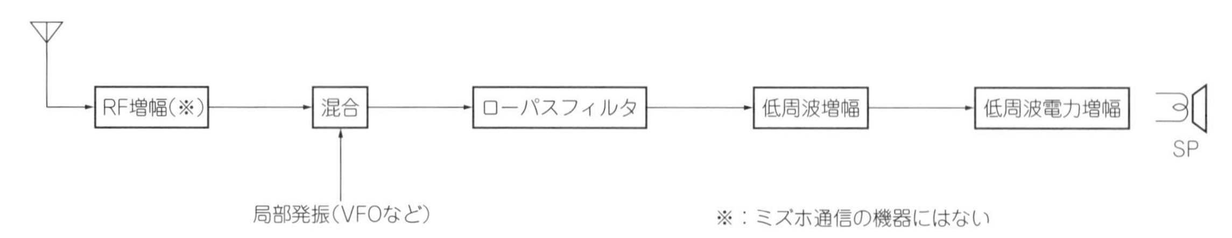

図3-25　ダイレクトコンバージョン受信機の構成

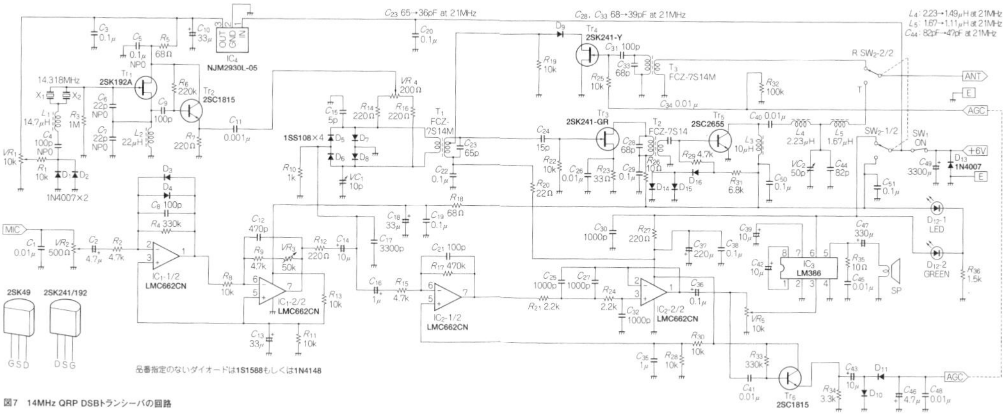

図7　14MHz QRP DSBトランシーバの回路

**図3-26　筆者が以前発表した14MHz帯用QRP-DSBトランシーバの回路**
別冊CQ ham radio 2009年3月号より
一部の定数とハムバンド・コイル，水晶発振子を変えると21MHz帯でも製作が可能．ただし，水晶発振子は基本波のものを使うこと．

でデュアルゲートFETを使用してAM検波を防いでいました．筆者が2009年に別冊CQ ham radioに発表したダイレクトコンバージョン受信部付きDSBトランシーバの回路を**図3-26**に示します．

バランスドミキサでAM検波を防いでいます．他にも工夫をすることで100mW出力の送信部付きでこの程度の回路規模に収まりました注7．

## Column　CWを軽視した？

SSBの黎明(れいめい)期の名機と言えば米国コリンズ社のKWM-2でしょう．1959年の発売，極めてコンパクトにまとめられた5バンド機で，SSB機としては現代でも十分通用するものです．一方，米国で最初に認められた日本製SSB機は1967年発売のFTDX400ではないかと思われます．

この両機には共通した特徴があります．それはSSB用に特化していることです．両機のファンには申し訳ありませんが，筆者にはCWモードがとても雑に作られているように思えます．

KWM-2では回路はSSBと共通で，低周波発振器からの信号をキーイングしてマイク・アンプに入れています．当初は1500Hz，後に1750Hzになりましたが，RITがないので受信時はこのトーンをそのまま聞くことになります．

FTDX400ではCWキャリアはAMキャリアと共通の扱いで背面にレベル設定VRがあります(**写真3-B**)．AMのキャリア・レベルはCWの1/4なのですが，自動切り替えではないのです．前期型はCWキーアップ時に漏れがあり，後期型はチャピリ(周波数＝音色の変動)があります．

**写真3-B　八重洲無線 FTDX400のキャリアVR．中央はAM，CW共用**

送受信でキャリア(BFO)周波数が同一なので，受信時の周波数をCLARIFIREでシフトさせる必要がありました．

SSBはAMよりよく飛ぶ，そしてCWより簡便に扱えるということで，両機共にCWを消えゆく技術と捉えていたように思われてなりません．もちろん結果は皆さんご承知のとおり，今でもCW交信は盛んに行われています．

注7）この回路は受信から送信に切り替えたときに一瞬キャリアが出てしまう．気になる場合はどこか途中段の立ち上がりを遅くした方が良い．

# 第4章 VHF通信の始まり

**本章では1970年代までのVHF機の移り変わりを，1978年の144MHz帯のFMナロー化の前まで解説します．手探りで少しずつ高い周波数に活動範囲を広げていった時代です．**

## VHFは50MHz帯から144MHz帯へ

1952年6月に戦後初めてアマチュア無線用の周波数が割り当てられましたが，このときすでに10GHzまでの周波数割り当てが決まっていました．最大出力は50Wです[注1]．もっとも430MHz帯だけは事情が異なります．144MHz帯が2MHz削減された1960年に435MHzがスポットで割り当てられ，1964年には10MHz幅のバンド指定となりました．

江角電波研究所の電池式のリグを除くと，当初はHF機の延長線上の50MHz帯AM機がほとんどでした．しかし福山電機研究所や井上電機製作所(現 アイコム)がトランジスタ化したリグを発表した1964年ぐらいから雰囲気が変わります．電池式のリグを持って山の上から電波を出したり，車に無線機を積んで走行中に交信するといったことが気軽にできるようになったのです．50MHz帯の移動運用の決定打は松下電器産業(現 パナソニック)のRJX-601(1973年：後述)の出現で，4MHzフルカバーのVFOを搭載したFM/AMの3W機が50MHz帯を席巻(せっけん)しました．

モービル運用が盛んになるのは1967年ぐらいからです．1969年には12チャネルを実装可能なリグが出始めます．その周波数が50MHz帯から144MHz帯に移り始めたのも同じ頃です．50MHz帯は飛びは良いのですがアンテナが長く，ルーフトップに取り付けると駐車場などの高さ制限に引っ掛かりやすくなるという事情もありました．V/UHF帯のチャネルプランの制定は1971年[注2]です．

1976年にFMナロー化の方針が示されるとさらに144MHz帯に集中するようになります．メイン・チャネルが変更になった144MHz帯にはたくさんのナロー化機が登場しますが，モービルハムが減っていた50MHz帯では1978年までの3年間に発売されたリグはわずか3シリーズ5機種でした．このタイミングでモービルハムは50MHz帯から144MHz帯へ移動してしまったと考えてよいようです．

## 超再生受信機の話

初期のVHFの受信機として最も使われたものは超再生式の受信機でしょう．第2章で紹介した再生式受信機を発展させたものですが，発明者はアームストロング氏，無線通信の初期に開発された回路です．この超再生受信機には2種類あります．

### ● 非飽和型超再生受信機

中波や短波の受信機で使われていた再生式の回路は，その再生量で感度が変わります．再生量，つまり入力側に戻す信号が少ないと感度は低く，再生量を多くすると感度は向上します．しかし何らかの原因で

注1）一時，無制限となっていた時期もある．
注2）JAIA，日本アマチュア無線工業会結成のきっかけは，チャネルプラン制定を受けての実装チャネルや表示チャネルの調整(P.66，表4-1参照)．144MHz帯はこれまでの実績，430MHz帯は120kHzステップで8chが決められている．

それ以上に再生量が増えると回路は発振してしまいます．つまり最高感度を維持するのが難しい，これが再生式回路の最大の欠点でした．

そこで回路に工夫をして，再生過多で発振してしまったら再生が止まるようにします．再生停止→低感度の再生→高感度の再生→発振→再生停止 を繰り返すようにするのです．クエンチング発振と呼んでいますが，この発振を利用すると利得は山形の変化を繰り返し目的信号は**図4-1**のような波形になります．AM変調は振幅量の変化で音声を伝えますが，この繰り返しのピークの点は入力信号の変化量そのものです．つまりピークを結ぶとAM検波した後の信号となるわけです．

このようにして断続的に生じる高感度状態で受信信号の検波信号を得ることができるのが超再生検波です．再生時に共振回路を通りますから周波数で利得が変わり，FM成分もAMに変換されて検波されます．AMとFMを同時に検波できるのも超再生検波の大きな特徴です．

この超再生検波では受信信号の振幅を出力しますから，受信信号は発振時にも飽和していないことが必要で，実際の回路は少々複雑になります．また再生の繰り返しは復調音声信号よりも十分早く，なおかつ受信周波数よりは十分ゆっくりである必要があり，発振波とその高調波による内部妨害も発生します．このため再生の繰り返しは音声に影響が出ない周波数の最小である20kHz(1周期50$\mu$秒)程度が適当で，HFローバンドの受信には向きません．

### ● 飽和型超再生受信機

再生による発振は飽和させ，受信信号そのものは飽和させないというのは結構厄介です．そこで飽和型の超再生が考え出されました．

再生が，停止→低感度の再生→高感度の再生→発振→発振停止 という動きは変わりませんが，発振時に出力側が飽和することを容認するようにします．回路が飽和するのですから出力は一定，普通に検波信号を取り出すことはできません．

実際の波形を**写真4-1**～**写真4-3**に示します．上は発振の様子，下は出力(コレクタ)波形です．どの写真でも時定数回路によってコレクタ電圧が上昇するとともにだんだん再生が盛んになり，再生がピークとなると発振することがわかります．発振すると消費電流が増加するのでコレクタ電圧が急落します．その電圧低下で発振が止まるとまたコレクタ電圧は上がり始めます．

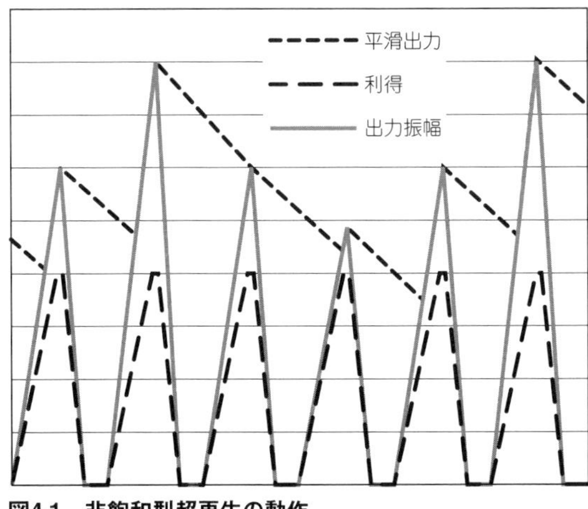

**図4-1　非飽和型超再生の動作**

この回路はどうやってAM検波をしているのでしょうか．その鍵は再生のスタート点にあります．何も外部入力がない場合は回路ノイズが増幅され，入力に戻り，また増幅され，入力に戻り…という動作で，これがコントロールできないレベルになると発振します．では入力がある場合はどうでしょう．入力があると再生動作のスタートはノイズではなく信号になります．そして信号レベルがコントロールできないレベルに達すると発振！ という動作になります．

信号の有無で変わるのは最初のトリガーだけですが，信号はノイズより強いので信号がトリガー

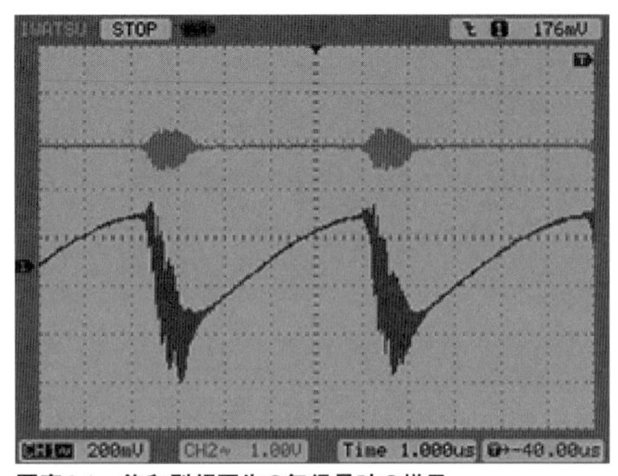

**写真4-1　飽和型超再生の無信号時の様子**
上が発振出力，下がコレクタ波形．コレクタ電圧が上がると発振し，発振が強くなると電圧が落ちて発振が止まっている

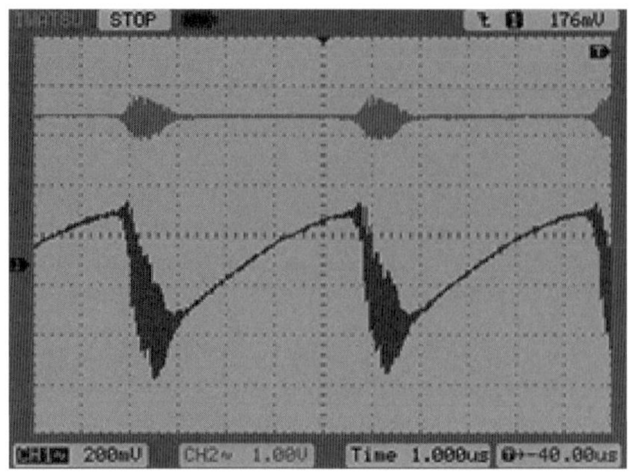

**写真4-2　飽和型超再生に弱い信号が入った時の様子**
写真4- 1より周期が短い

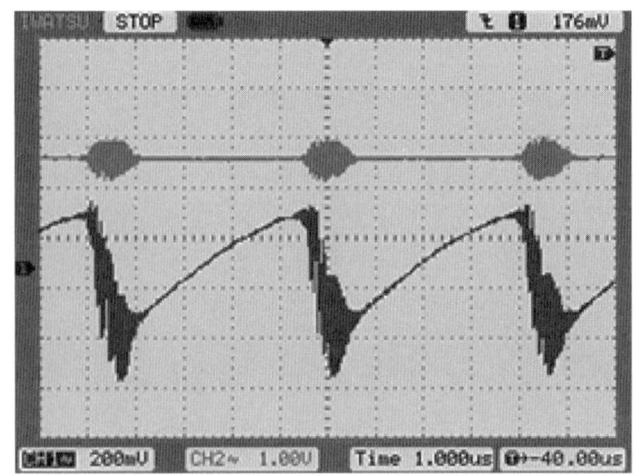

**写真4-3　飽和型超再生に強い信号が入った時の様子**
写真4-2より周期が短い

になる場合は一連の動作の最初の過程を省くことになります．たとえばノイズでは1万回ループしたら発振するのであれば，弱い信号では1000回，強い信号では100回，もっと強い信号では10回で発振に達します．つまり信号が強いと早く発振するようになるのです．そして回路が飽和すると利得が下がり発振が終わりますが，この条件は変わりません．ここで，早く発振を始めるということは周期が短くなることを意味します．**写真4-1**～**写真4-3**の例では，よく見ると信号がある場合に最大1割ほど周期が短くなっています．

この回路の消費電流が最大になるのは発振したとき，そしてその周期が短くなるのですから，入力信号が強くなると消費電流が増えることになります．

電源電流を監視することで入力の強度で変動する信号が得られる！ これはAM検波そのものであり，これを利用した受信機が飽和型超再生受信機ということになります．もちろん発振の過程では共振回路を通りますから，このタイプの超再生検波もFM成分をAMに変換して検波できます．

実際の回路例を**図4-2**に示します．これは江角電波研究所のRT-1(A)(1961年)に搭載された回路です．電源電圧をコントロールして発振を制御し，その消費電流の変化を低周波トランスで取り出しているのがわかります．

もうひとつ，EDN1994年8月18日号[注3]に掲載されたものをCQ ham radio誌の1995年6月号にてJA1ISN 西田 和明氏が紹介したものを**図4-3**に示します．電源を定電圧化することで安定させるとともに，回路をハイインピーダンス化することで副次放射を軽減しています．ヘッドホン(スピーカ)に直流が流れることには気を付けてください．

● **超再生受信機の長所，欠点**

超再生受信機の長所は簡単な回路で高い感度が得られることです．では，短所は何でしょうか．

まず最初に挙げられるのが，無信号時にシャー，もしくはザーという雑音があることです．無信号時は

注3) 2011年まで日本語版は郵送配布，今は電子版のみ．

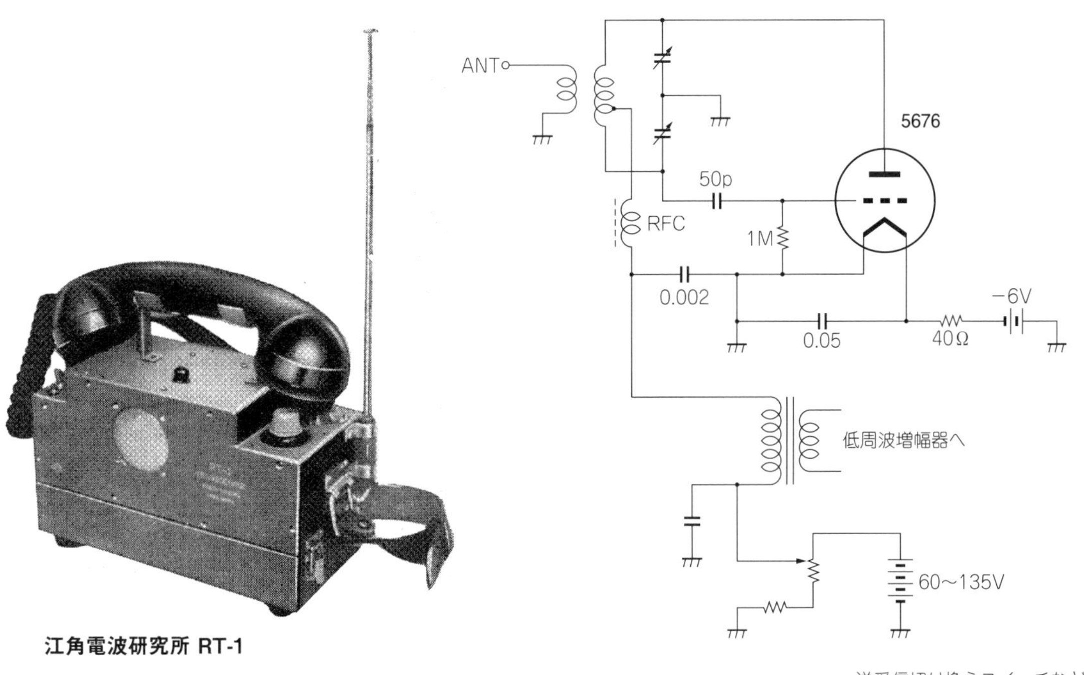


江角電波研究所 RT-1

送受信切り換えスイッチなどを省略

江角電波が広告で公開していた部分だけ定数を記入してある．

**▶図4-2　江角電波研究所のRT-1(A)搭載の超再生回路**
SAR-1型

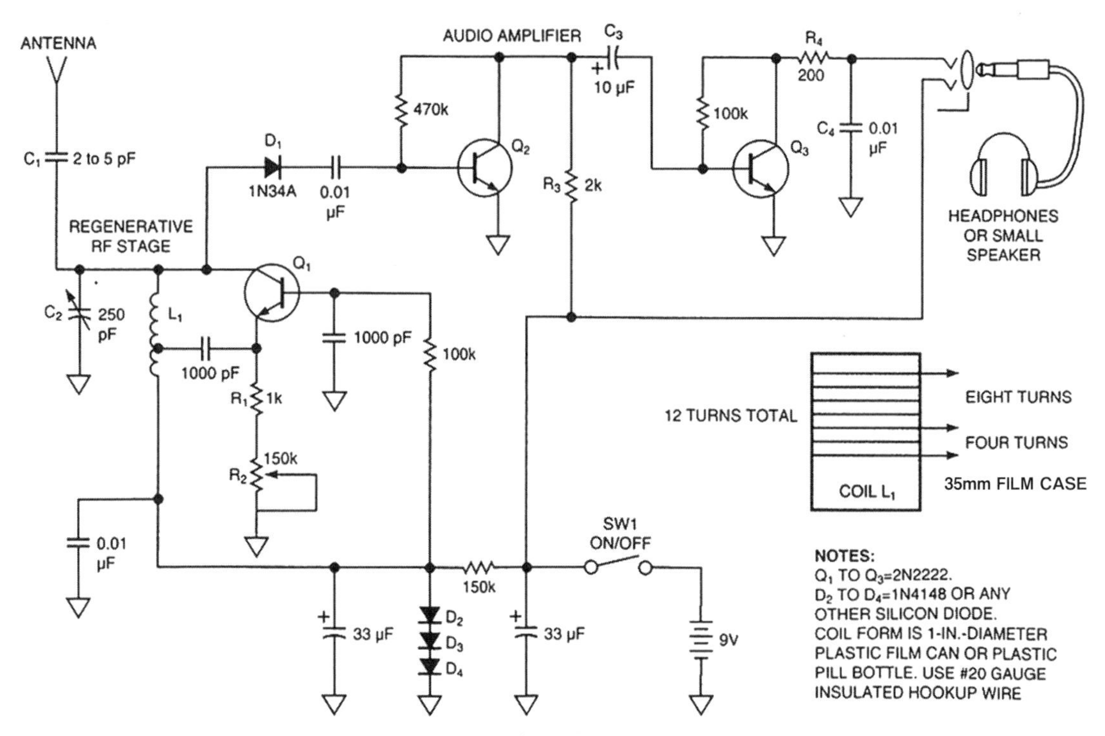


**図4-3　半導体式超再生回路の例　CQ ham radio 1995年6月号より**

雑音を増幅して回路が発振しているのですから，これはやむ得ません．

次の短所は選択度が悪いことです．再生検波の場合は目的周波数付近は鋭く，離調したところの強い信号が入り込んでしまうという感じでしたが，超再生ではもっと選択度が悪くなります．

しかし飽和型の超再生については感度以外にも長所があります．たとえばAGC的動作が期待できると言うのもそのひとつです．増幅回路を何段も通すとその増幅率は乗算となりますが，これと同じことがおきるのです．1μVが10μVになっても，10mVが100mVになっても変化比率は同じなので，復調出力の変化は同じとなります．また超再生は案外再現性の良い回路でもあります．このため古くはおもちゃのトランシーバ，近年は無線タグといった簡易な回路を要求されるところに超再生は使われています．

## ● アマチュア無線と超再生

簡単に高感度が得られ

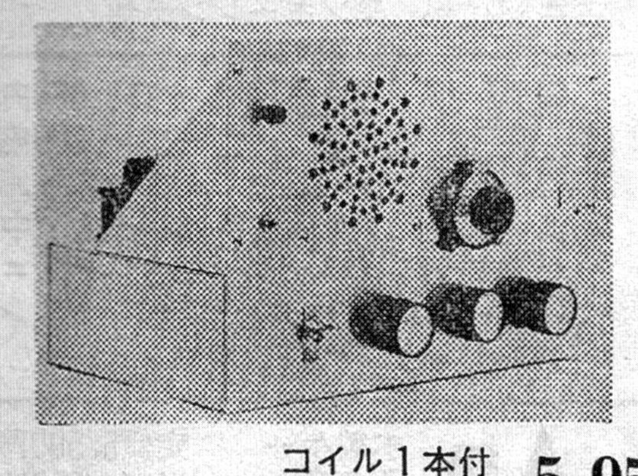
●中波・短波・超短波までFM放送も受信できる

ウルトラダイン受信機

この受信機1台で，中波・短波帯はオートダイン方式で，超短波帯は超再生方式で受信しますから，FMもAMと同じように高感度で受信できます．

コイル1本付組立キット　5,950円　荷造送料350円

◆専用コイル　Ⓐ～Ⓓ535KC～27MC　は0－V－2と共通．Ⓔ25～35MC，Ⓕ34～45MC，Ⓖ44～60MC，Ⓗ59～75MC，Ⓘ74～105MC，Ⓙ100～150MC．

各バンド1本につき　200円　荷造送料50円

**写真4-4**
**再生と超再生を切り替えて中波から150MHzまでをカバーした，科学教材社のウルトラダイン受信機**
初歩のラジオ誌
1972年2月号より引用

## Column 江角電波研究所

各社が真空管式の送信機を作っていた頃，唯一，可搬型のトランシーバを作っていたのが江角電波研究所です．最初の製品は1958年で，1960年のトヨムラの1球3石トランシーバを別にすれば，1962年頃の高橋通信機研究所のHTRV-50-Bまで他社製トランシーバはありませんでした．トランジスタ化でも先行しています．1964年に福山電機研究所がFM-50，FM-144シリーズを発表するまで独壇場でしたから．

江角電波研究所の持ち味は，その特化した設計と低電圧化技術にありました．送信は電池管，受信も電池管もしくはトランジスタ回路で電池式，あきらかに移動運用を意識したものとなっていました．

多くのリグでは受信について超再生とシングルスーパーを選択できました．混信のない山間部で使うなら超再生でも十分使えますが，都市部ではそうもいきません．いろいろなシーンでの利用を考慮していたようにも見えます．

ただ実はひとつ大きな欠点がありました．それは電源に複数の電池が必要なことです．

ヒータ用の1.5V（A電池），プレート用の67.5V（B電池）だけでなく，トランジスタを併用するようになってからはさらに6～12V[注4]も必要とするようになったのです．オールトランジスタのMR-3S（1963年，**写真4-A**）でも単2電池10本と

注4）C電池としたいところだが，戦前の設計例ではバイアス用の電池をC電池と称した．強いて言えばD電池．

るので，アマチュア無線機器でも超再生はいろいろと使われてきました．初期のVHF受信機は言うに及ばず，ミズホ通信のFBシリーズ(1973年)のような実用性を考慮したリグもありました．VHFリスニングの入門機として販売された科学教材社のウルトラダイン受信機(**写真4-4**)もハイバンドは超再生です．

超再生のクエンチング発振をうまく停止させると通常の発振回路とすることができます．このため超再生の受信回路をそのまま送信でも使うトランシーバを作ることが可能ですが，この場合は細かく補正しないと送受信周波数がずれます．

自作例では別々の同調回路を付けた例もあるようですが，おもちゃのトランシーバや光波無線の各機種のように送受信周波数ずれを容認しているものもありました．当時，自励式発振のおもちゃのトランシーバは数十メートル，水晶発振式のものは百メートル程度を最大到達距離としていたのですが，おそらくこれは自励式の周波数ズレが原因だと思われます．

一方，ミズホ通信のFBシリーズや江角電波研究所の各機種は送信は水晶発振もしくは外付けVFOでしたので，周波数ズレは起こり得ませんでした．

## 初期の受信回路

前述のように初期の受信回路は手軽に高感度が得られる超再生がほとんどですが，周波数選択度などの問題がありましたので，シングルスーパーヘテロダインのものも作られています．

**図4-4**は江角電波研究所のトランシーバRT-1S(1960年)に搭載されたSR-3型受信回路です．これは4.3MHzのシングルスーパーで高周波増幅付き，PNP型トランジスタを用いた中間周波数増幅が3段あります．発注時に45～55MHzのVFO式受信と水晶制御式受信のどちらかを選択するようになっていました．VFOの安定度には不安がありますが，フィルタは4.3MHzのIFTだけなので多少の周波数ズレは問題なかったものと思われます．とはいえ，IFTは4段ありましたから超再生よりは高い選択度が得られます．この回路はSAR-1型超再生受信部(**図4-2**)との置き換え用だったためでしょうか，AGCがありません．

6V積層型電池を使用していましたし，次のMR-4Sは単2電池12本，MR-4Sに別の受信部を組み込み5チャネル化したMR-5Sでは単2電池12本に6Vの積層型電池と，電池が増えることについてあまり気にしていなかったようにも思えます．

同社がもうひとつ気にしていなかったと思われることがあります．それは周波数の読み取りです．1966年のED-108でも受信VFOは100分率表示のバーニアダイヤルで周波数の直読はできませんでした．

相手が決まっているのなら問題ありませんが，アマチュア無線用としては明らかに他社機に見劣りをしてしまいます．同年末のED-45シリーズでやっと周波数の直読ができるようになりました．

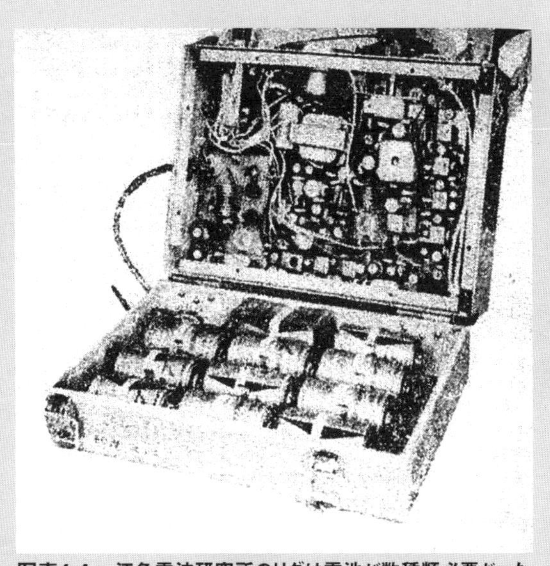

**写真4-A　江角電波研究所のリグは電池が数種類必要だった**

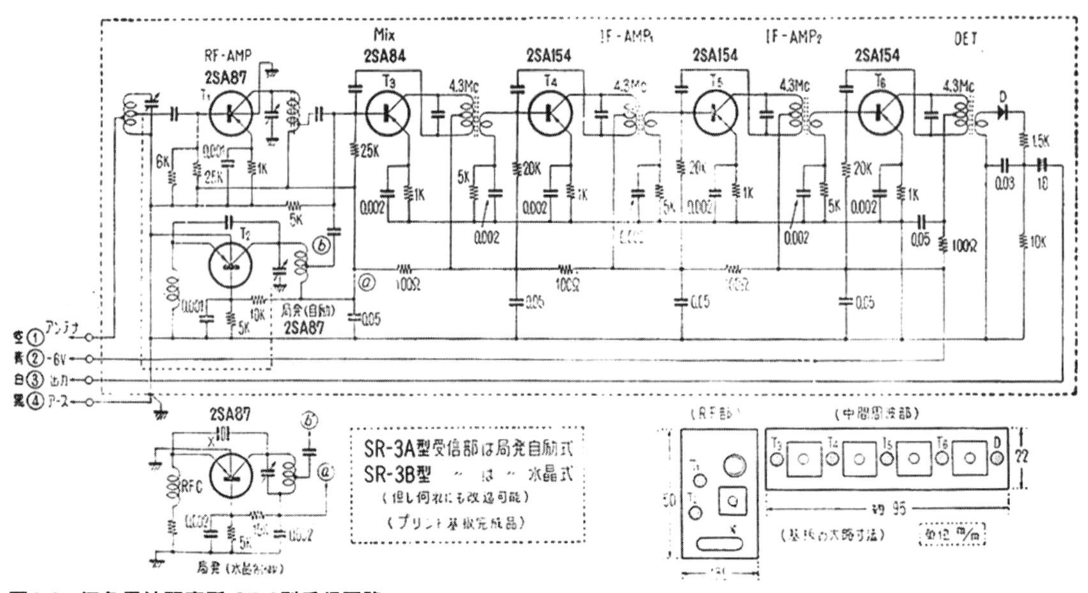


図4-4　江角電波研究所 SR-3型受信回路

## 3種類の受信回路

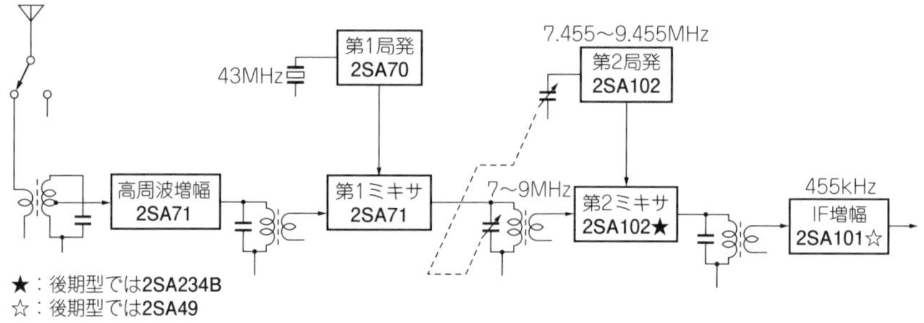

★：後期型では2SA234B
☆：後期型では2SA49

図4-5　トリオ TR-1000の構成

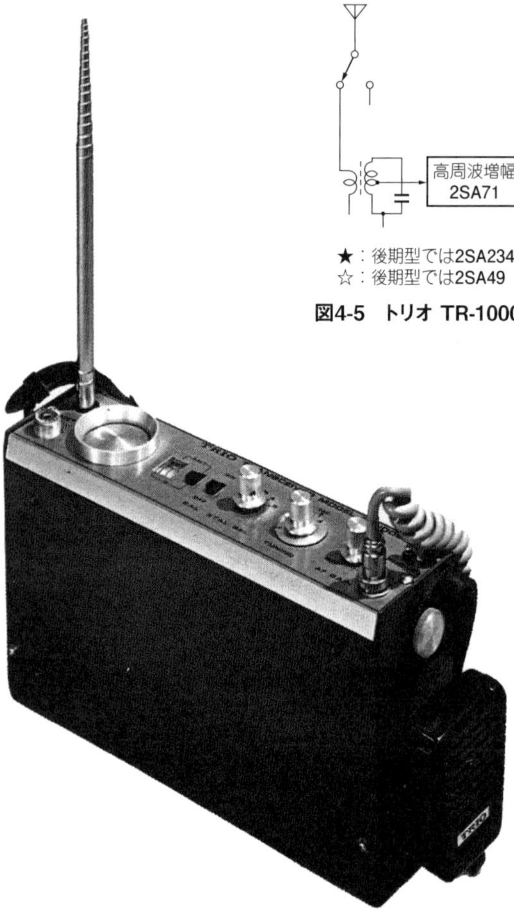

トリオ TR-1000

VHFの受信回路で超再生の次に現れたのはスーパーヘテロダイン方式です．これには3つの回路があります．ひとつはクリスタル・コンバータで低い周波数に落としてから親受信機的回路で復調するものです．湘南高周波研究所は山七商店経由で1960年頃にHam Kitシリーズのクリスタル・コンバータを発売していました．またこの回路の代表例と言えるのはトリオのTR-1000(**図4-5**，1966年)ではないかと思われます．とりあえず周波数を低くしてから信号処理をするので回路的には安定したものとなりますが，第1 IFが広くなるのでバンドが混雑するとノイジィになりやすいこと，第2 IFを低め(たとえば455kHz)に取るとイメージ妨害がバンド内に生じること，HF帯の飛び込みが生じる場合があるのが欠点となります．TR-1000の場合，受信周波数範囲を2MHz幅とし，

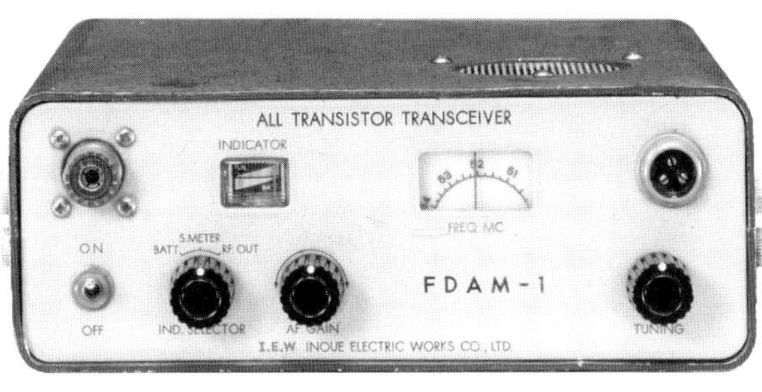


井上電機製作所
FDAM-1

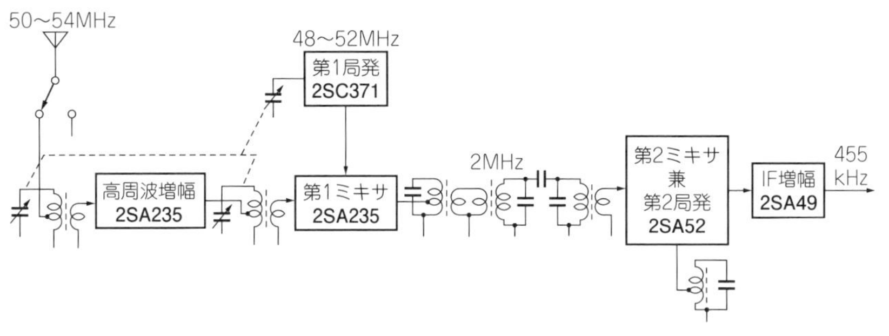


**図4-6　井上電機製作所 FDAM-2の受信系の周波数構成**

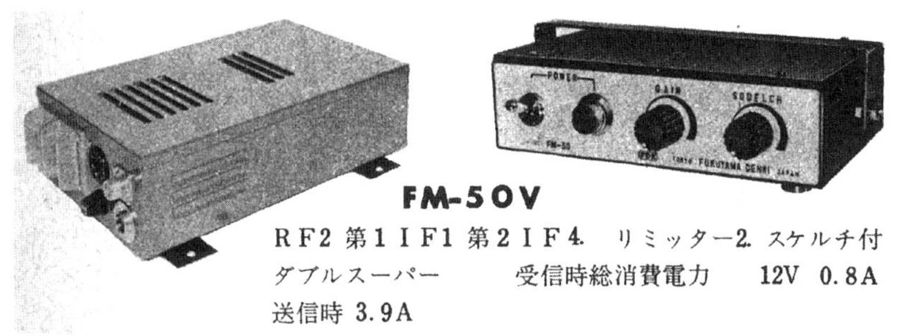

FM-50V
RF2 第1IF1 第2IF4. リミッター2. スケルチ付
ダブルスーパー　受信時総消費電力　12V 0.8A
送信時 3.9A


**福山電機製作所 FM-50V**

さらに第1 IFをVFO連動の同調型としてイメージ妨害を軽減しています．

逆に最初の局発にVFOを用意して，以後を固定周波数とするものもあり，その代表例は井上電機製作所のFDAM-1(1964年)，FDAM-2(**図4-6**，1966年)です．受信用VFOの周波数が高くなりますから安定度的には不利になりますが，VFOをRF同調と連動させたことでRFアンプを狭帯域化しつつ4MHzをカバーすることができています．

そして受信回路そのものを水晶制御としてチャネル方式で受信するようにしたものもあります．FDFMシリーズ(**図4-7**，

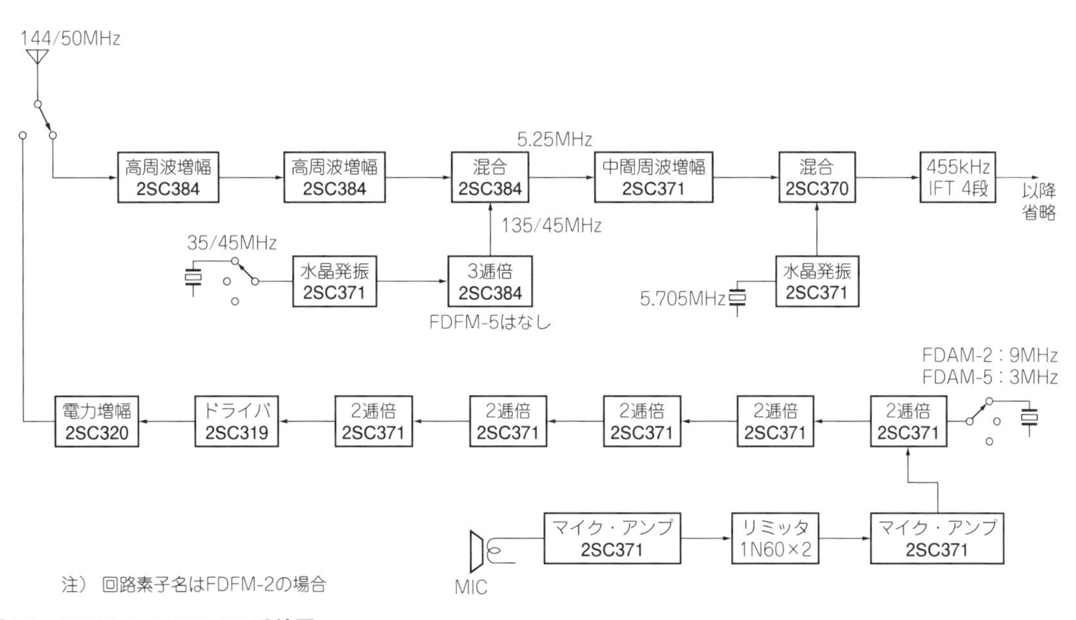


**図4-7　FDFM-2，FDFM-5の系統図**
FDFM-2は144MHz帯，FDFM-5は50MHz帯対応のリグ

1966年頃から）や福山電機製作所のFM-50シリーズなど，主にモービル機が該当します．

この頃のリグのチャネル・セレクタは周波数ではなく1～12といった，単純なセレクタ番号を表示していました．運用上これはわかりにくいので，1960年代終わりにトリオがチャネルを制定してチャネル表示を始めます．また1971年にはJARLがチャネルプランを制定してチャネル表示を始め，トリオのリグもこれに倣います（**表4-1**）．このためトリオのTR-2200のように製造時期によって「トリオ・チャンネル」だったり「JARLチャンネル」だったりするリグも現れました．

**表4-1　1971年にJARLが統一した実装（表示）チャネル**

| セレクタ番号 | 144MHz帯 | | 430MHz帯 | |
|---|---|---|---|---|
| | JARLチャネル番号 | 周波数(MHz) | JARLチャネル番号 | 周波数 |
| 1 | 1 | 144.36 | 16 | 431.64 |
| 2 | 2 | 144.40 | 19 | 431.76 |
| 3 | 4 | 144.48 | 22 | 431.88 |
| 4 | 7 | 144.60 | 25 | 432.00 |
| 5 | 10 | 144.72 | 28 | 432.12 |
| 6 | 12 | 144.80 | 31 | 432.24 |
| 7 | 17 | 145.00 | 34 | 432.36 |
| 8 | 25 | 145.32 | 37 | 432.48 |
| 9 | A | 任意 | A | 任意 |
| 10 | B | 任意 | B | 任意 |
| 11 | C | 任意 | C | 任意 |
| 12 | D | 任意 | D | 任意 |

表示はセレクタ番号，チャネル番号いずれでも可とする

## Column　ハムバンドの割り当て

昔の送信機は原発振を何倍かの周波数にして送信する逓倍式でした．このためアマチュア無線の周波数帯（ハムバンド）は基本的に高調波関係に合わせてあり，たとえば7MHz用発振器は内部で4倍高調波を作り出すことで28MHz帯の電波を発射することが可能になっていました．またこうした周波数割り当てをした理由のひとつには，高調波スプリアスが生じても他の通信に妨害を与えにくいということがあったようです．

これはV/UHFでも同じです．早くから実用化されていた50MHz付近はこのルールから外れていますが，144MHz帯の第3高調波は430MHz帯に入りますし，430MHz帯の第3高調波は1.2GHz帯とその隣接する周波数になります．

この高調波関係にある周波数を割り当てるという手法は共用アンテナが作りやすいなどのメリットもあるのですが，ひとつだけ大きなデメリットがあります．それはヘテロダイン型トランスバータでスプリアス問題が生じるのです．

たとえば**図4-A**のように435MHzから1295MHzに変換するアップバータを考えてみます．局発は860MHzとなります．この周波数構成で6次までのスプリアスを計算してみると4つほど問題になりそうなスプリアスが見つかりますが，その中で一番厄介なのが親機そのものの第3高調波です．局発に関係なく出るスプリアスであることも厄介さを増しています．実は同じ問題は50MHz帯から144MHz帯，144MHz帯から430MHz帯へ変換する際にも生じます．

もちろんこのことは以前からわかっていたのでしょうけれど，昔は運用局が少なかったこと，技術的にも一杯一杯だったので多少大目に見られていたのではないかと思います．新スプリアス規制に対応するため改めて測定し直してみて，規制に適合していないことが判明した例もあったのではないでしょうか．

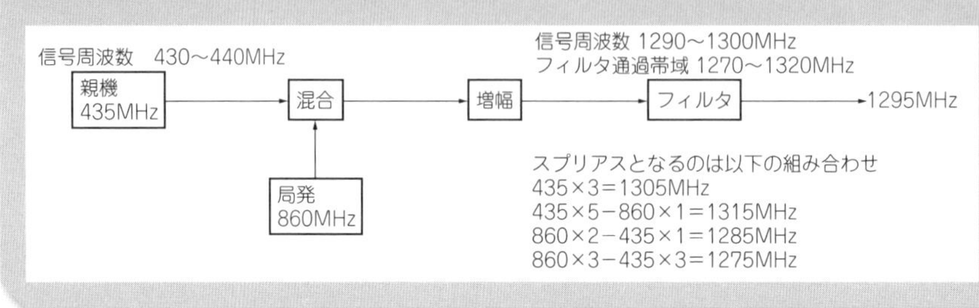


**図4-A　1.2GHzトランスバータのスプリアス例**

## 初期の送信回路

VHF帯の送信機に自励式発振器を使用すると周波数安定度の問題が生じます．このため，初期に見られたAM送信機は水晶発振子をオーバートーンで発振させて，さらに逓倍するという形になっていました．

三田無線研究所の50/144MHz送信機(1956年)は「日本アマチュア無線機名鑑　黎明期から最盛期まで」の表紙を飾った，50MHz帯，144MHz帯の日本で一番最初の市販送信機です．その構造と操作は以下のとおりです．**写真4-5**と対比してお読みください．

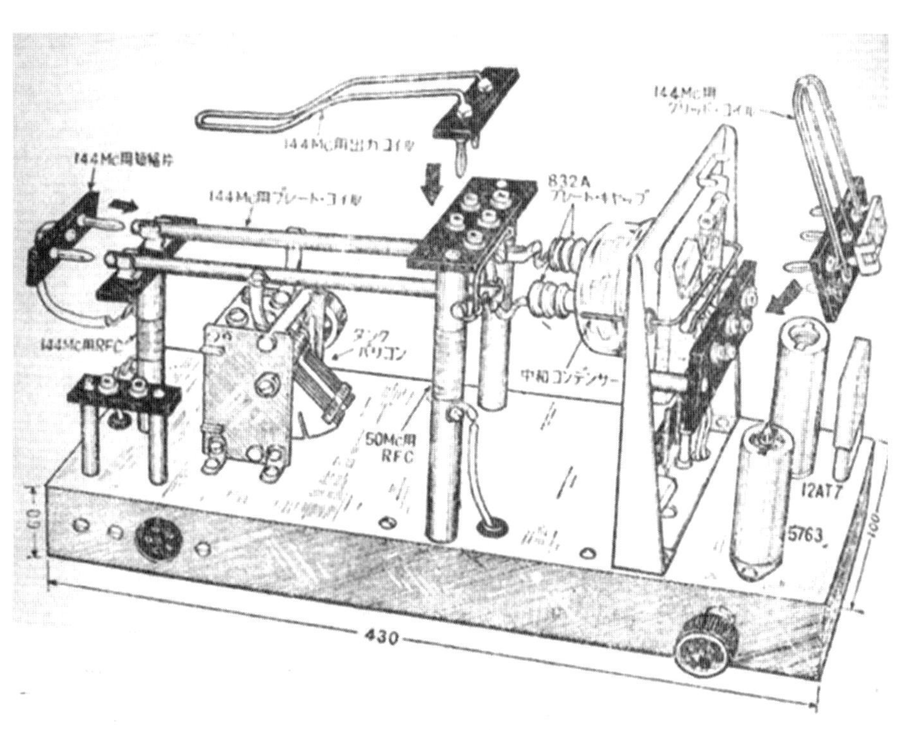


**写真4-5　三田無線研究所の50/144Mc送信機の構造**

**三田無線研究所 50/144MHz送信機**

右側に発振部と逓倍部があり，ファイナル832Aが右手前に横向きに付けられています．832Aはカソードとヒーターが共通の双5極管で，プッシュプル動作としつつ50MHz帯ではリンクコイル，144MHz帯は平行線で出力を取り出しています．真空管内の配線もこの平行線の一部とすることで高い周波数で安定した動作を得ていました．見かけは奇抜ですが回路は理にかなったものです．しかし信号の取り出し方をバンドごとに変えていたため，この送信機でバンドを切り替えるにはバンド・スイッチ(2連)を切り替えた後に3カ所のプラグを抜き差しする必要がありました.

## モービル機は水晶制御へ

1964年にモービル用のトランジスタ化FM機の先鞭(せんべん)をつけたのは福山電機研究所でした. それまでの, 可搬性を考慮しない真空管式とは想像もつかないカー・バッテリ動作可能なリグを発売しています. このリグはファイナルにだけ真空管を使っていました. これは6360というカソードだけが共通の双4極管で, メーカーからはICAS注5の連続定格で9.8W出力の動作例が示されていました. 福山電機に続いて多摩コミュニケーションなど複数社がモービル機を発売しますが, 10W機は真空管ファイナル, 1W機はトランジスタ・ファイナルという形が続きます.

その後1966年初めに極東電子が発表したFM50-10Aはオールトランジスタ化されていましたが, このリグはトランジスタで10Wを出すためにDC-DCコンバータを搭載していました. しかし同社は翌年にカー・

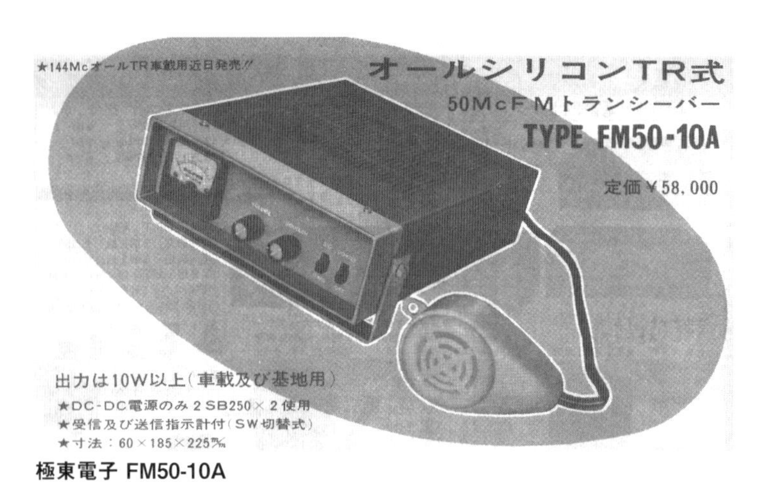

極東電子 FM50-10A

写真4-6　水晶制御のリグは送受信別々に発振子が必要だった
トリオ TR-2200

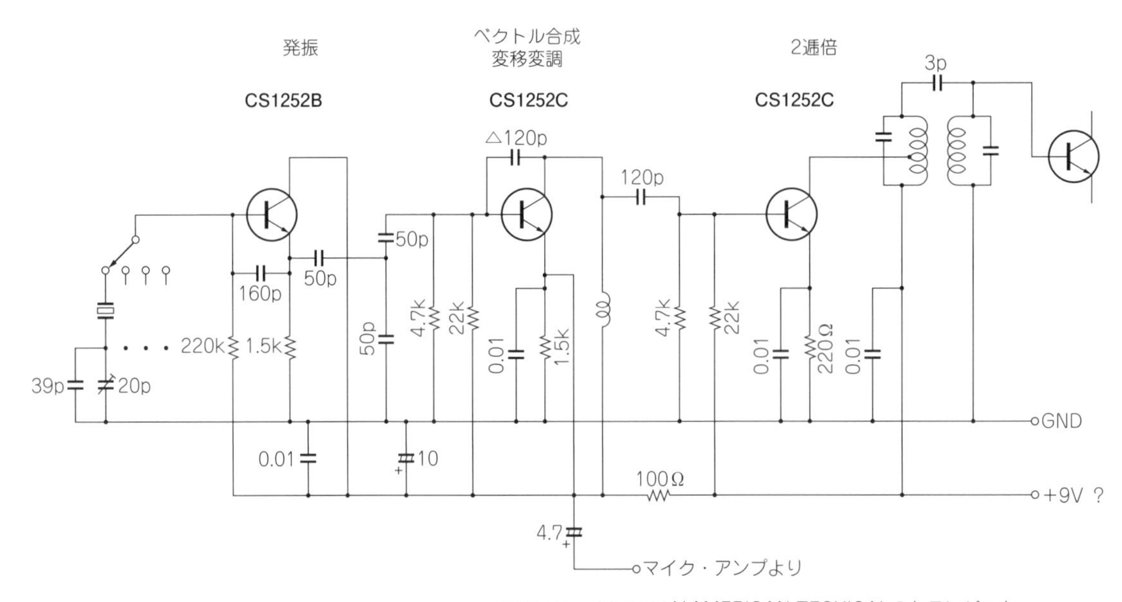

図4-8　スタンダード工業 SR-C145の変調部

注5) 高信頼を要求しない規格.

トリオ TR-5000

バッテリで直接動作できるオールトランジスタ10W機FM50-10Cを開発します．この1964年から1967年にかけては50MHz帯10Wモービル機の始まりの時期と言えるでしょう．

144MHz帯モービルも同じ頃に始まりました．1964年から1966年にかけて井上電機製作所と福山電機研究所が6360を使ったモービル機を発表し，1968年には各社から一斉にオールトランジスタ化10W機が発売されました．

初期のモービル用FM機は送受信別の水晶発振子を使用する1～3チャネルのリグです．このチャネル数は運用局数が増えるに従いだんだん増えていき，144MHz帯のリグの場合は1970年ごろに12ch機が一般的になります．ただし1chごとに送信・受信の水晶発振子が必要で(**写真4-6**)，1組1,000～1,500円でしたから，12chをフル実装するにはそれなりの財力が必要でした．

モービル運用でバンド内をサーチして相手局を探すということはないだろうという考え方で固定チャネル式を採用したものと思われますが，1968年発売のトリオ TR-5000(AM・FM機)のような送信水晶，受信VFOのリグもありました．このリグでは，どこかの周波数でCQを送信した後にバンド内全体で応答してくる局を探すという，当時のAMと同じ運用をすることが可能です．

水晶発振子での発振では普通は周波数は固定です．これではFM変調が掛かりませんから当初は並列にバリキャップを入れて周波数を変化させていました．その後，**図4-8**のようなベクトル合成変移変調が採用されています．この回路は遅延信号の信号振幅を変化させることでストレートに来た信号(**図4-8** △印の120pF)と遅延信号を合成したときの位相がずれることを利用して結果的に周波数もずらすというものです．バリキャップ法もベクトル合成変移変調も周波数はそんなに大きく変えられません．このため逓倍によって周波数偏移を大きくする手法が取られていました．

**図4-7**の井上電機製作所のFDFM-2，FDFM-5の系統図をよく見ると，144MHz帯のFDFM-2では9MHz帯の水晶発振子を使用しているのに50MHz帯のFDFM-5では3MHz帯の水晶発振子を使用しています．これは逓倍数を大きく取るための技です．後に144MHz帯では送信は12逓倍，受信は10.7MHzを引いた周波数をオーバートーン水晶の3逓倍でつくるのが定石となりました[注6]．

## ハンディ機のトランシーブ化

50MHz帯のAMハンディ機の変化をたどると面白いことがわかります．それはトランシーブ・トランシーバではなかった時代が長かったことです．

FDAM-1，FDAM-2だけでなく，ユニーク無線のURC-6，江角電波研究所のED-65，オリエンタル電子のOE-6Fなど，1966年頃に発表された移動用AM機のほとんどが送信は水晶発振，受信はVFOとなってい

注6）FDFM-2，FDFM-5はバリキャップによるFM変調だが，周波数偏移についての事情はベクトル合成変移変調のものと同じ．

**写真4-7　VFO内蔵機でも送受信別VFOが当たり前だった**
日進電子工業PANASKY mark6

ました．また，日新電子工業のPANASKY-mark6(**写真4-7**，1967年)やライカ電子製作所のA-610K(1967年)，三協電機商会のSC-62(1967年)，井上電機製作所のFDAM-3(1968年)などは送受信別VFOです．

変わっているのはトリオのTR-1100(1969年)，なんと送受信別々のVFOを多連バリコンで連動させていました．もちろんこれには事情があります．受信用のVFOは中間周波数の分だけ周波数をシフトさせる必要があり，このVFOを送信用に使うためには中間周波数の信号を混合してやらなければなりません．しかし中間周波数が低いと混合時にスプリアスが生じてし

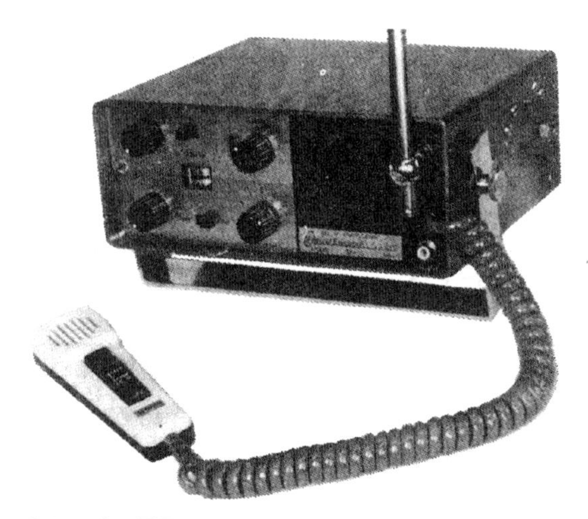

**オリエンタル電子 OE-6F**

**日進電子工業 PANASKY mark6**(SKYELITE6)

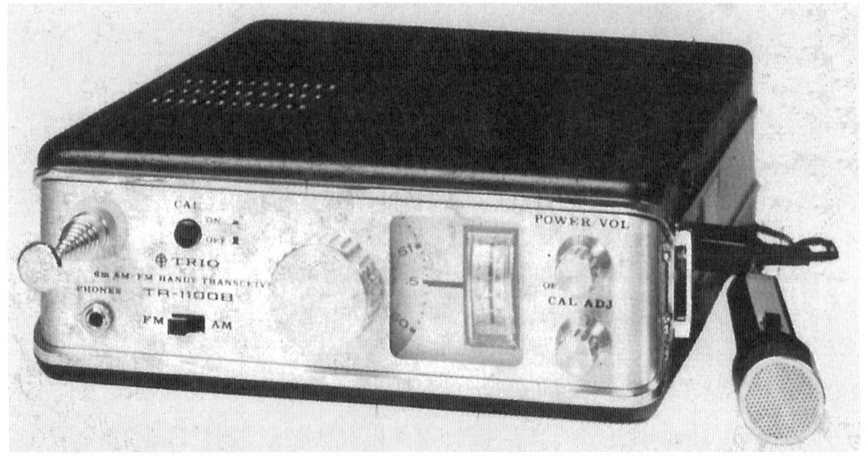


**トリオ TR-1100**

まうのです．たとえば**図4-6**のFDAM-2の受信VFOを送信に使うことを考えると，48MHzに2MHzを足して50MHzにする必要があります．差の46MHz，VFOの48MHzを阻止しつつ50MHzを通すフィルタが必要になりますが，これを作成するのは困難です．

逆に中間周波数を高くしてみましょう．すると今度はVFO周波数と中間周波数の間でスプリアスが生じるようになります．たとえばVFOが36MHzで中間周波数が14MHzだと，VFOの2倍波から中間周波数を引いた58MHzの信号，中間周波数(兼送信用局発)の4倍波である56MHzは厄介です．この周波数関係を取ったTR-1200(1972年)では上限を52.5MHzとしていますが，その理由はこのスプリアス対策ではないかと思われます．

**写真4-8　RJX-601は多くのIFコイルが複同調**

またVFOを29MHzで中間周波数を21MHzとすると，中間周波数(送信用局発)の第4高調波からVFOを引いた信号やVFOの第3高調波から中間周波数の第2高調波を引いた信号がバンド内に入ります．

この周波数関係を取った松下電器産業のRJX-601(1973年)では各所に複同調回路(**写真4-8**)を入れて−60dBの規制値をクリアしていますが，筆者の経験ではこの同調回路の調整状態が悪いとすぐにバンド内に−45dB程度のスプリアスが発生してしまいました．RJX-601はとてもヒットしたリグですが，これを後追いした製品はとうとう現れませんでした．

**松下電器産業 RJX-601**

# 第5章 ダブルスーパーからPLLへ

**本章では1970年代および1980年代のHF機の技術の流れを解説します．第3章で紹介した初期のSSB機の技術がどう変わっていくかをご覧ください．なおPLLの基本的な動作原理については第6章で解説していますので併せてお読みください．**

## 決定打! 八重洲無線FT-101とトリオTS-520

1970年に日本製アマチュア無線機の歴史を変えるリグが発売されます．八重洲無線のFT-101です．周波数構成はFT-400系を踏襲し，型番的には移動用50W機FTDX100の後継機ですから極端な目新しさはありませんでしたが，角の丸い筐体に必要な回路をコンパクトに詰め込み，ドライバとファイナル以外は半導体化，見事なまでにバランスを取ったコリンズタイプのダブルスーパー，オール・イン・ワンのHF機でした．

このFT-101は発売後も進化を続けます．FT-101という製品名はそのままでフロントエンドを改良し，160mバンドを装備，内部妨害対策のトラップの増設といった改良策をどんどん施していったのです．こうして1973年にFT-101Bに改番したころには，世界中のどのリグにも負けないものになっていました．

このFT-101に対抗したのがトリオのTS-520D(1973年10月発売)です．高価だったTS-900(1973年4月)を実戦的な高級機として作り直したものです．手ごろな価格ながら高い性能を持った同機は，すぐさまFT-101のライバルとなります．

八重洲無線 FT-101B

トリオ TS-520

**写真5-1　FT-101の内部**
基板が立ててあり，取り外して修理が可能

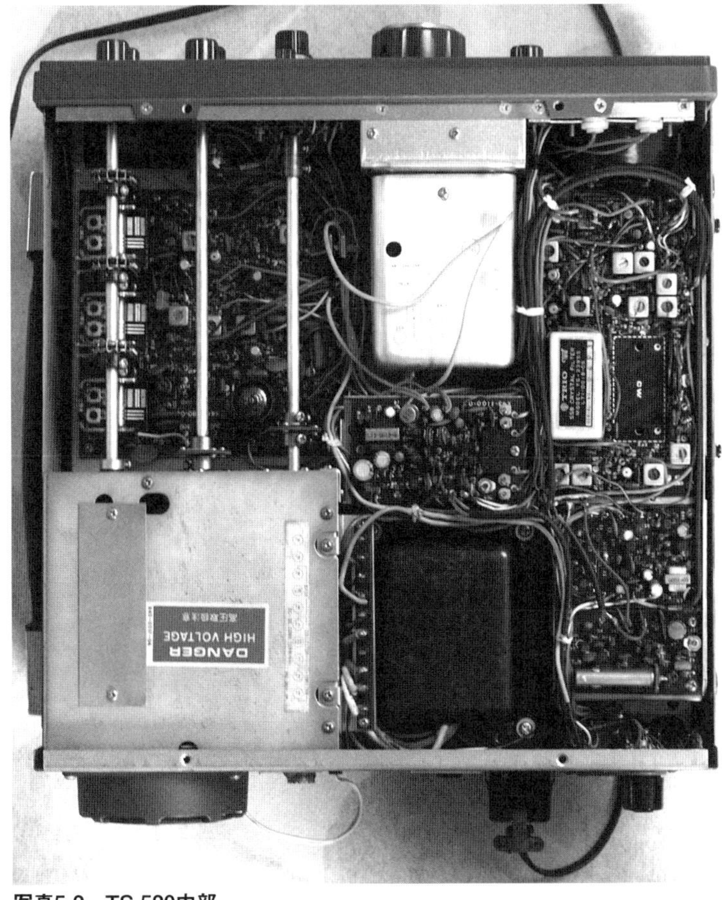

**写真5-2　TS-520内部**
基板を大きくして配線を減らしている

両機の回路は大きなくくりで見るとよく似ています．SSBの発生は3MHz台，アマチュアバンドの中間である5MHz，9MHzをVFOや第2IFに割り当てたコリンズタイプのダブルスーパーで，最後にバンド別局発で送信周波数に変換しています．送信パワー回路だけに真空管を使ったハイブリッド構成で1kHzまで直読できるVFO目盛りを持っているのも共通の特徴です．

とはいえ細部についてみると大きく異なっています．一番の違いは基板構造でしょう．FT-101は**写真5-1**のように回路基板を小分けにして立てています．簡単に基板のメインテナンスができるプラグインモジュール構造です．

一方TS-520では大きな基板2枚に主要回路を載せることで配線を減らしています(**写真5-2**)[注1]．高周波同調は$\mu$同調とコイルパック式．終段管は6SJ6A(C)とS2001(A)，これまた全然性格が違う球なので終段の動作電圧も600Vと800Vと違っています．メイン・ダイヤルの回転方向も反対です．

このような違いがありましたがどちらのリグも世界中で人気を博しました．当時求められていた性能をきっちりと出したうえで，信頼性の高い構造でコンパクトにまとめた

注1）1974年に八重洲無線が発売したFT-201は1枚の基板を立ててあること以外，TS-520の基板配置に近い(**写真5-3**)．価格もTS-520と同じだったが1年半後のFT-301発売で販売は終了．

ためと思われます．

海外に目を向けて当時のリグを確認してみます．SSBトランシーバの草分け，そしてお手本的存在であるコリンズ社のKWM-2(1959年，**写真5-4**)はVFOが200kHz幅で2筐体の真空管機です．また，同じく米国でヒットしたドレーク社のTR-4シリーズは奥行きのある2筐体の真空管機で，同社のリグが完全な1kHz直読になったのはFT-101より後のTR-4C[注2]から，SWAN 350C[注3]やATLAS 210X[注4](**コラム参照**)はバンド別VFOによる5kHz目盛りのシングルスーパーでした．MOS-FETを採用して良好な受信特性を得たうえで1kHz直読の高安定VFOを搭載した両機には強い先進性があったのです．

**写真5-3　廉価版の八重洲無線 FT-201は大基板を利用しているが，右側の基板を立てて小型化している**

FT-101シリーズの集大成はFT-101E(**写真5-5**)です．RFスピーチプロセッサを内蔵し外付けデジタル表示も可能となりました．このリグが発売されていた1975年の米国でのラインナップを**表5-1**に示します．価格を見ていただければわかるとおり，単に安いから選ばれていたわけではないことがわかると思います．

**写真5-4　コリンズ社 KWM-2(A)はSSB機のお手本**



注2）1965年発売のTR-4にも1kHzダイヤルは付いているが，少々難があった．
注3）発売は1968年．平衡変調は7360のものと6JH8のものがある．
注4）発売は1976年．オール・ソリッドステート．

## Column　ATLASの思い出

筆者は一時期，米国ATLAS社の210X(**写真5-A**)を入手して運用していました．その思い出話を少しだけ．

このリグは5.5MHz付近にIFを持つシングルコンバージョン機です．VFO周波数はバンドごとに違っていますが，3.5～21MHz帯では目盛りを合わせてあり，SSBで運用しても十分なVFO安定度がありました．この回路構成でこの安定度！ 日本製でこれに並ぶリグはありません．オールトランジスタで出力は100Wpep．多少のオーバー・ドライブはへっちゃらで，普通にSSBで交信するなら実にゴキゲンなリグです．

とはいえ，基本的な周波数読み取りは5kHzまで，ダイヤル・ロックもありません．CW機能はキーイングだけ[注]．同じシングルコンバージョンでもブレークインやコンプレッサが装備されたプリミクスの日本製リグと比べるとその素晴らしさが消えてしまうのも確かでした．

**写真5-A　ATLAS 210X外観**
メイン・ダイヤルの目盛りは飾り的な物

でも日本製リグを秀才型とするとこのリグは明らかに天才的才能が作り出したものです．同社，そして分離元のSWAN社のホームページを見るとその天才の名前(Herbert G. Johnson氏)まで書いてあります．

ATLAS社はその後も新製品を発表しますが，今でいうクラウドファンディングに近い形で新製品400Xを作ろうとしている途中，1994年に力尽きてしまいました．日本製リグへの対抗馬としてはKWM-380(ロックウェル・コリンズ)やTR-7(R.L.DRAKE)などが有名ですが，このリグが完成していたら違う流れになっていたかもしれません．

日本製リグが世界中に浸透した1980年頃の米国のアマチュア無線機メーカーとしてはTEN-TEC社が残りましたが，近年はELECRAFT社，Flex Radio社などが素晴らしい製品を販売しています．またR.L.DRAKEは衛星放送用機器を経て，今はケーブル・テレビ用機器に軸足を移しています．

注）外付けのステーション・コンソールを取り付けると機能は拡張された．

**写真5-5**　FT-101シリーズの集大成，FT-101E．パネルから受ける印象に迫力が出ていた

**表5-1　1975年末の北米でのHF機**

| 米国ブランド | | | |
|---|---|---|---|
| TEMPO-ONE | Henly Radio | $400 | 電源込み　八重洲無線　FT-200のOEM |
| 210X | ATLAS | $649 | トランジスタ・ファイナル　バンド違いの215Xもあり |
| TRITON Ⅳ | TEN-TEC | $699 | トランジスタ・ファイナル |
| KWM-2(A) | Rockwell International | | 定価などの表示はなし.会社買収の挨拶広告？ |
| HW-104 | HEATHKIT | $540 | 電源別($90)のキット |
| TR-4C | R.L.DRAKE | $599 | 電源別　$120 |
| 日本ブランド | | | |
| FT-101E | 八重洲無線 | $749 | プロセッサなしのFT-101EEは$659 |
| FT-201 | 八重洲無線 | $629 | |
| TS-520 | KENWOOD | $629 | 日本では「TRIO」だったが，米国では「KENWOOD」 |
| 144MHz機の日本製のOEM(参考) | | | |
| TR-72 | R.L.DRAKE | $320 | トリオTR-7200のOEM |
| MULTI-2000(A) | K.L.M. | $795 | 福山電機のOEM　同社の直販もあった |

OEMの144MHz機以外は入力200Wのもの．ATLAS以外は1kHz直読．

## 受信回路は真空管？ 半導体？

1970年代は回路素子が真空管からトランジスタ(FETを含む)に変わった時期に当たりますので，トリオのTS-500番台，当時の主力HF機の受信回路でその流れを追ってみます(**図5-1**)．

TS-500ではVFOだけが半導体化されています．発熱による周波数変動を嫌うVFOを真っ先に半導体化したのでしょう．次のTS-510では受信低周波回路とBFOが半導体化されています．TS-511では検波段以後は完全に半導体化されています．ここまでで使われた半導体はVFO以外すべてバイポーラトランジスタです．

TS-520では送信電力回路以外すべて半導体化されました．当然，受信回路は完全な半導体化がなされていますが，この時半導体化された部分のほとんどにMOS-FETの3SK35が使われています．高周波回路の真空管をバイポーラトランジスタに置き換えると必要な性能が取れないが，MOS-FETなら大丈夫という判断があったのでしょう．

トランジスタでは同等の性能が出ないという問題は発振回路でもあったようです．トランジスタに置き換わった発振回路ではバッファが追加されているのです．TS-510のBFOにはバッファがなく例外に思えますが，実は送信キャリア側に真空管によるバッファが入っています．

八重洲無線のFT-101(1970年)は一足早く信号系統を半導体化しています．このためフロントエンドで苦労があったようで，接合型FET，3SK22カスケードと2SC372の組み合わせから，MOS-FETの3SK40Mと接合型FETの2SK19の組み合わせに落ち着くまで3回，回路が変わっています(**図5-2**)．

MOS-FETならではのメリットとしては，AGCを強くかけた時に特性が崩れないということが挙げられるかと思います．また接合型FETのメリットとしては電流を流した時に特性が崩れにくく，ブロッキングに強いということが挙げられるでしょう．そしてFET全体のメリットとしては入力インピーダンスが高いことが挙げられます．DRIVE(PRECELECT)同調でイメージ受信などを防止するリグの場合，受ける回路の入力インピーダンスが高いほうが同調回路の$Q$を高く保ちやすくなります．

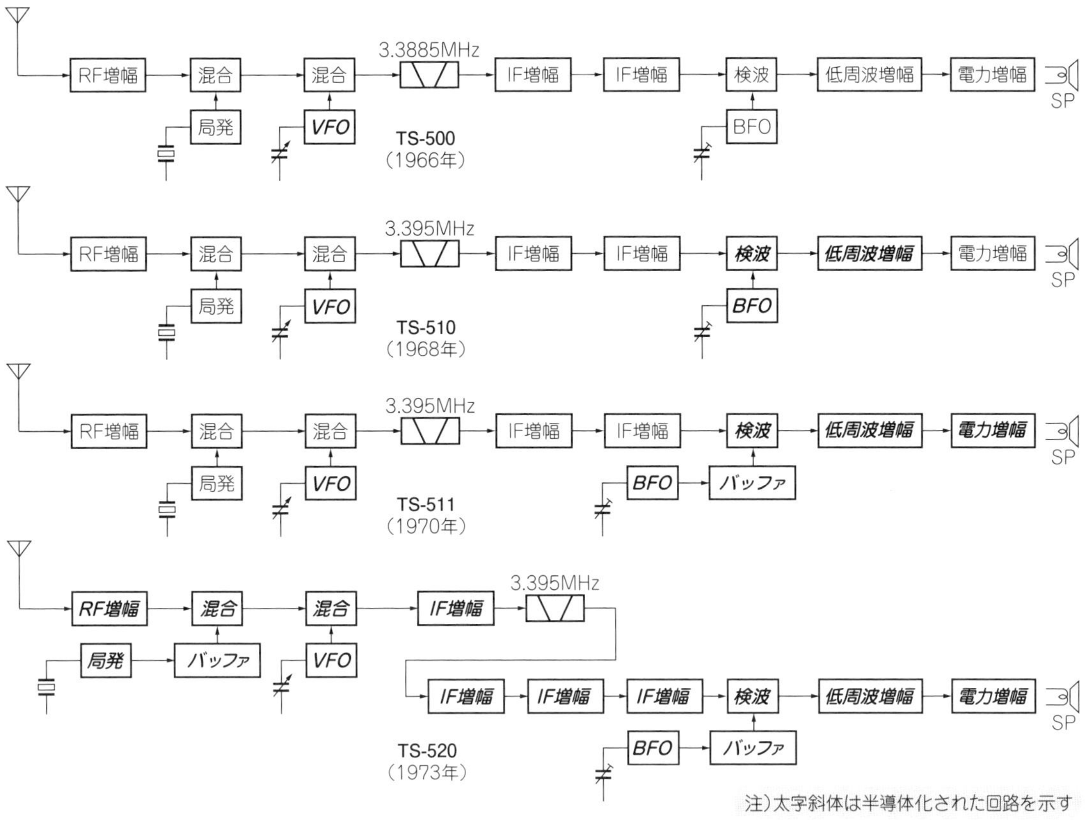

注）太字斜体は半導体化された回路を示す

**図5-1　トリオのTS-500番台機の半導体化の流れ**

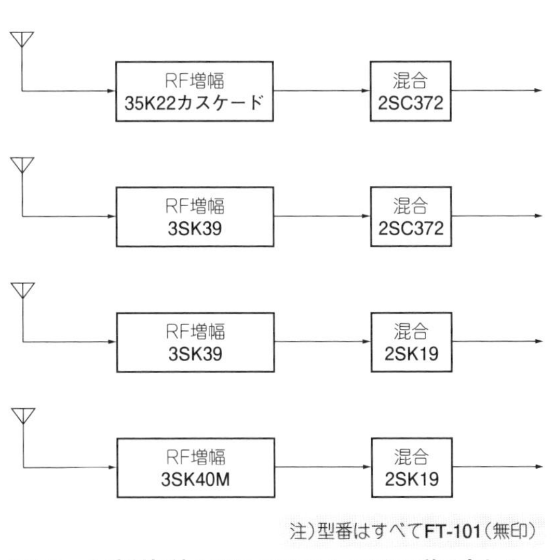


**図5-2　八重洲無線 F-101のフロントエンドの移り変わり**

## コリンズタイプの限界，そしてシングルコンバージョンへ

　コリンズタイプの集大成ともいえるリグが出てくれば，次にはその限界が見えてきます．その代表的な問題は混変調[注5]，**図5-3**を見ていただくとわかるとおり，受信の第1IFはVFOの可変幅の分だけ広帯域となっていて，その後でVFOと混合して必要信号だけをピックアップしています．つまり受信第1IFはバンド内の信号全てを含んでいるわけです．このため受信周波数から離れていても強い信号がバンド内にあると影響を受けてしまいます．

　普通に交信している時は極めて安定感があるコリンズタイプですが，バンド内が混雑してくると混変調が耳につくようになり，コンテストなどではバンド中が唸ってしまうということもありました．コリンズタイプの限界です．

　もちろん設計する側もわかっていましたから，コリンズタイプのダブルスーパーでは第1IFに増幅段を作

注5）狭義の混変調と相互変調の両方を含んでいます．

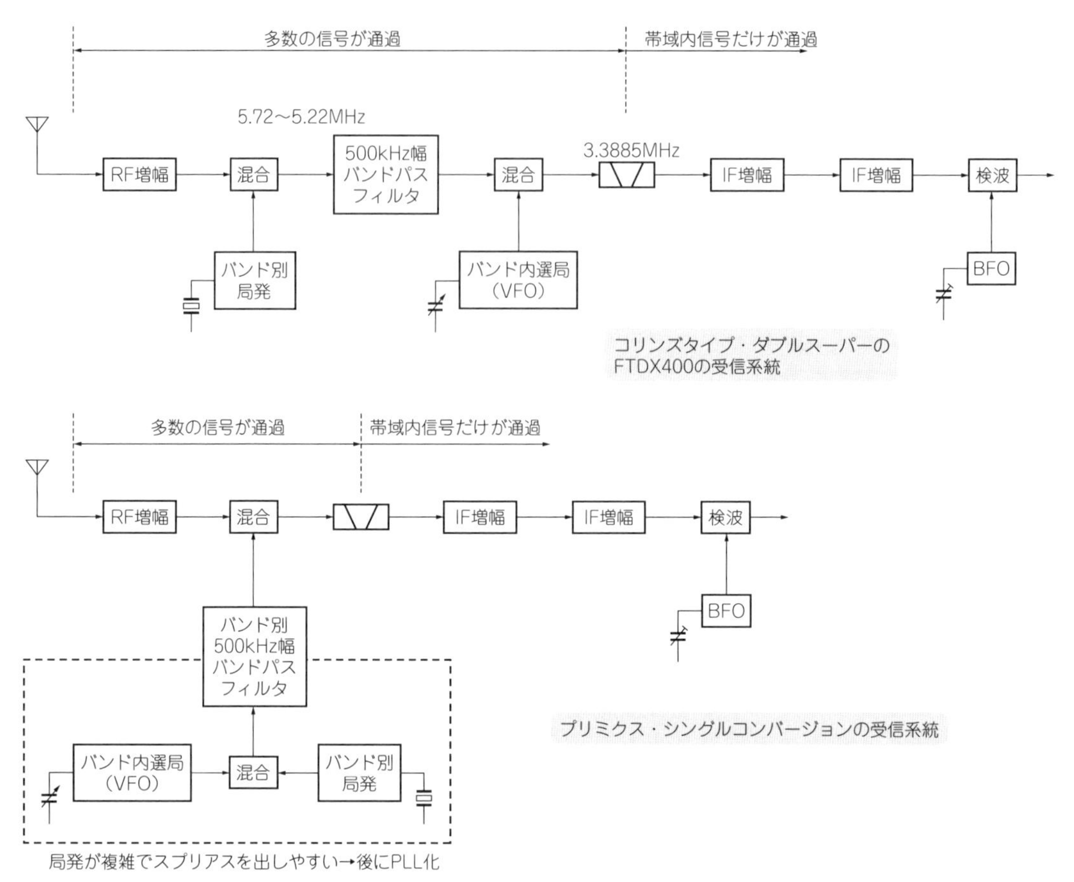


**図5-3　ダブルスーパー回路は第2混合までが広帯域**

らず，次のミキサのレベルを抑えるなどの対策を取っていましたし，高周波同調の性能を上げたリグでは第1IFのバンドパス・フィルタよりRF同調の方が狭いという逆転現象まで見られました．

単純なシングルスーパーではVFOの安定度の問題があり，プリミクスではスプリアスの問題があります(第3章参照)から，単純にダブルスーパーをシングルスーパーにすれば良いわけではないのが難しいところでした．社によってはダブルスーパーとシングルスーパーの両方の機種を用意していましたし，海外でもシングルスーパー(プリミクスを含む)を推していたメーカーがいくつもありましたが，この頃は各社ともに更なる改良策を練っていたものと思われます．その結果生まれたのが次項のPLL式シングルコンバージョン機です．

## ● PLL式シングルコンバージョン

ダブルスーパーには限界があり，プリミクスはスプリアス問題があるということで考え出されたのが，PLL (Phase Locked Loop)式シングルコンバージョンです．**図5-3**下のプリミクス・シングルコンバージョンは局発部分にネックがありましたから，そこを改良したわけです．

PLLを利用することでVFOと同等の安定度を持つVCO[注6]出力を得ているのですが，さらに念を入れて直接バンド別のVCOで目的周波数の発振をさせることで信号劣化を防止しています(**写真5-6**)．日本製のリグではトリオのTS-820(1976年)が最初になります．このリグはIFシフトを搭載したので回路は若干複雑になっていますが(**図5-4**)，それを除くととてもシンプルです．

注6) VCO：Voltage Controlled Oscillator，VFO(Variable Frequency Oscillator)の中で，電圧制御の物を特にこう呼ぶ．

トリオ TS-820

シングルコンバージョンなのでコリンズタイプ・ダブルスーパーの欠点は元からありませんから，この構成を取ることでダブルスーパーを超える性能のシングルスーパー機ができあがりました．PLL回路の出力はとてもピュアなのですがループ回路内にはいろいろな信号が存在します．このためPLL回路を内蔵したHF機は今まで以上にシールドに気を使うようになっています．そしてリグの性能は明らかに向上しました．

写真5-6　初期のPLL機のVCOはバンド別に用意されていて，八重洲無線 FT-901には9つのVCOが内蔵されていた

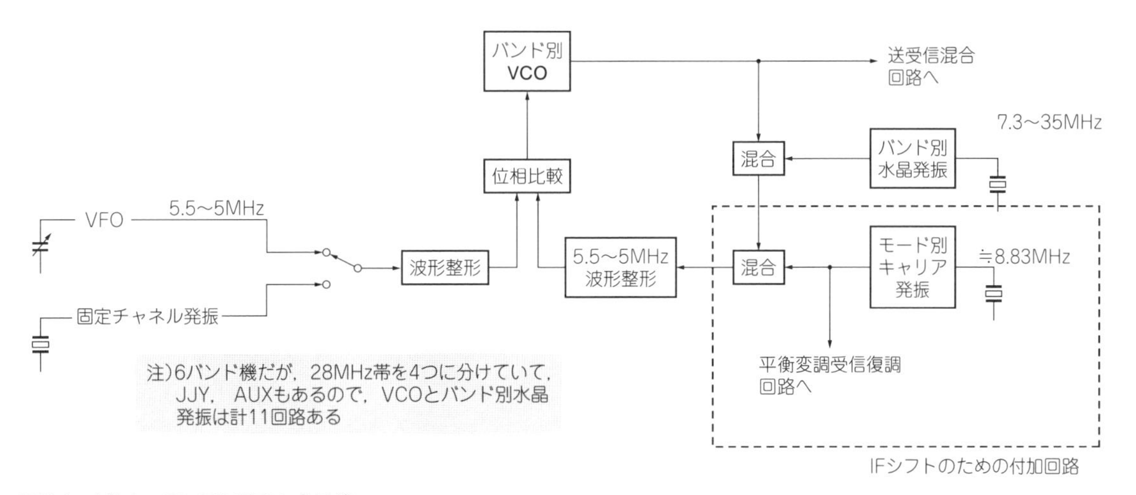


図5-4　トリオ　TS-820のPLL式局発

## ハイブリッド機のファイナル事情

八重洲無線のFT-100(初代)のような例外を除き，初期のSSB機は信号系が真空管回路で固められていましたが，その後トランジスタの進化によってだんだん回路はトランジスタ化されていきます．

最後まで真空管で残ったのは送信の電力段でした．ドライバとファイナルにだけは真空管回路が残ったのです(**写真5-7**)．発売年で言えばFT-102の1982年が最後の真空管式のリグですが，FT-102，TS-530S共に1983年の終わり頃に製造が終了しています．在庫処分としては1984年の秋が最後でしょう．筆者は販売店トヨムラにTS-530Sが3台並んでいたのを目撃しています．

このように真空管回路が残ったのは球の方がパワーを引き出しやすかったからのようです．出力部のπマッチがアンテナ・カップラ的役割をするので，効率よく給電線にパワーを送り込めたのです．また真空管ファイナルの方が作りやすかったという事情もあったはずです．真空管ファイナルでもトランジスタ・ファイナルでも発熱量はそんなに変わりません[注7]から，高熱に耐える真空管の方が作りやすいわけです．高電圧にも耐えますから少しぐらい*SWR*が高くても大丈夫です．

**写真5-7　真空管ファイナルは構造がシンプル**
八重洲無線 FT-201

無調整で使えるオール・トランジスタ式トランシーバが開発されてからも5年間，真空管を併用したリグは販売されました．この時代のファイナル用トランジスタはあまり丈夫ではなかったため，不整合対策などでいろいろな保護が掛っていたこともその理由のひとつです．

オート・アンテナチューナ(第8章参照)をリグが装備するようになり，オールトランジスタのトランシーバでも整合状態を改善してフルに動作できるようになったところで真空管ファイナル機はなくなりましたが，この真空管ファイナル機が製造中止された1983年というのはゼネカバ受信(後述)のリグが一斉に

**八重洲無線 FT-102**

注7) ヒーターからの発熱は多くても30W未満．ファイナルの効率差より小さいのでPAでは無視できる．

トリオ TS-530

発売された時期でもあります．送信は真空管ファイナル，受信はゼネカバというリグも作れないわけではありませんが，無駄が多くなり操作性が悪くなります[注8]．

## トランジスタで100W

1970年代の終わりに，次の流れとしてファイナルのトランジスタ化が始まります．モノバンド機では日本電業のKAPPA・15(1971年，のちのLiner15)などがありましたが，翌年発売のモービルを考慮した八重洲無線の5バンド機，FT-75(B)はドライバとファイナルがまだ真空管でした．

終段までトランジスタ化した100W固定機は八重洲無線のFT-301(1977年)が最初です．東芝と共同開発したトランジスタ2SC2100をプッシュプルで使用しています．アイコムのIC-710，トリオのTS-120Sもトランジスタファイナルの100W機で，ほんの少し遅れて登場しています(**写真5-8**，**写真5-9**)．移動用小型機としてはFT-75Bの後継機であるFT-7(1977年)が初代トランジスタファイナル・マルチバンド機になります．FT-7は10W，これを増力したFT-7B(1978年)は50W，出力が移動用リグの上限に達しました．

**写真5-8　初期のトランジスタ・ファイナル回路ではトロイダル・コアでメガネ・コアを構成していた**
トリオ TS-120

**写真5-9　ゼネカバ以前のトランジスタ化HF機では，バンド・スイッチで直接LPFを切り替えていた**
トリオ TS-120

注8) DRIVE(PRESELECT)，PLATE，LOADの3つのつまみを残したまま受信部だけが無調整化されるが，この形だと受信信号でDRIVEを粗調整することができない．

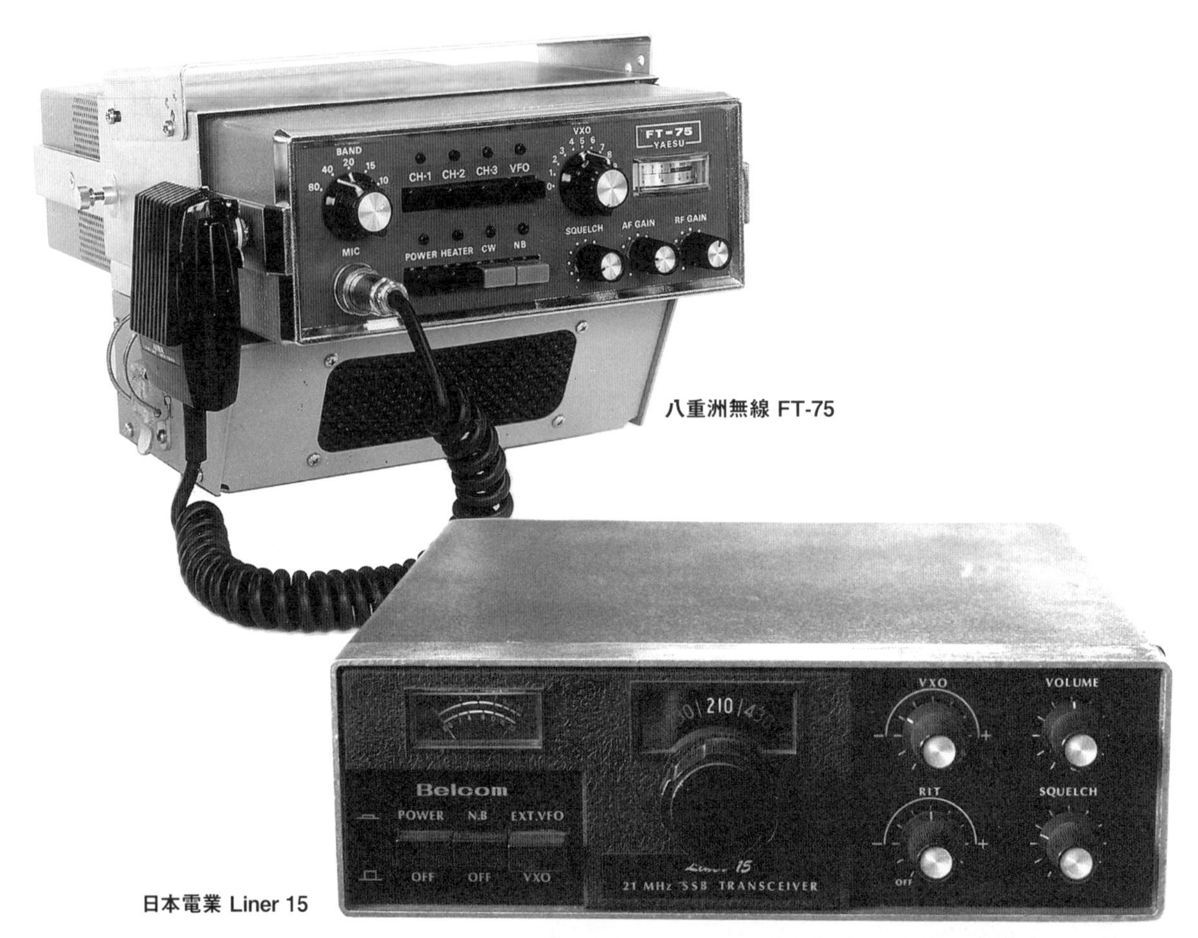


八重洲無線 FT-75

日本電業 Liner 15

井上電機製作所 IC-710

トリオ TS-120

八重洲無線 FT-7

## この時代のHF機付加機能，回路

### ● マーカ発振器

周波数一発管理となる前のHF機ではマーカ発振器が必須とされていました．これは26.175MHz以下の10Wを超える無線設備は，法令で0.025%以内の誤差でバンド内であることを確認できる装置が必要なためです[注9]．

具体的にはJJY(当時の標準電波)などで校正できる25kHzステップのマーカ信号が必要でした．25kHzの歪んだ信号を発生させて，その高調波を受信することで25kHzおきにダイヤルが正しいかどうかを確認できるというものです．25kHzというのは当時の3.5MHz帯が3575kHzまでであったためと思われます．

注9) アマチュア無線再開時から必要．当初は測定精度の規定がなかったが，1955年の郵政省告示第二百五十号で「バンドエッジを0.025%」が明記され，マーカによる測定が必要になった．この時に28MHz帯が周波数測定器なしの場合の10W制限から外れている．

**写真5-10　100kHz用水晶発振子HC-13/Uの高さはMT管並み**

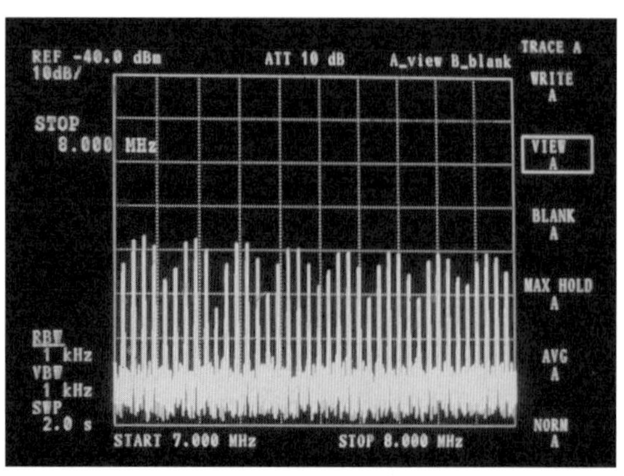


**写真5-11　25kHzマーカーの出力の様子**
1MHz幅の中に40の信号が見える

一般的な水晶発振子は100kHz程度までのものしかありませんでしたから(**写真5-10**)，これをマルチバイブレータなどで4分周して25kHzを作り出していました(**写真5-11**，**図5-5**)．このマルチバイブレータは小信号用トランジスタ2つで作ることができますが，動作電圧には注意が必要です．12Vで動作させると小信号トランジスタのエミッタ・ベース耐圧を超えてしまうので9V動作とする必要があるのです．しかし瞬間的な動作なのでリグによっては12Vで普通に動作させていたようです[注10]．この回路が不調になったらトランジスタの劣化を疑ってください．

1.9MHz帯のバンドエッジは25kHzステップのマーカでは確認できません[注11]でした．これはメイン・ダイヤルの1kHz目盛りの直線性の範囲内という考え方だったようですが，注9の告示の後に割り当てられたという事情もあるのかもしれません．

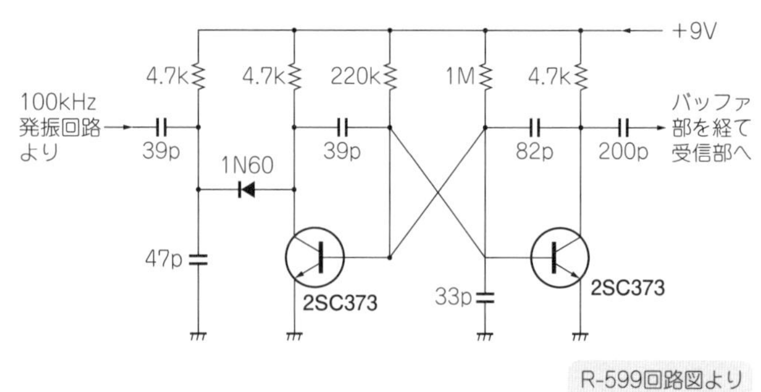


**図5-5　マルチバイブレータを使った分周回路**

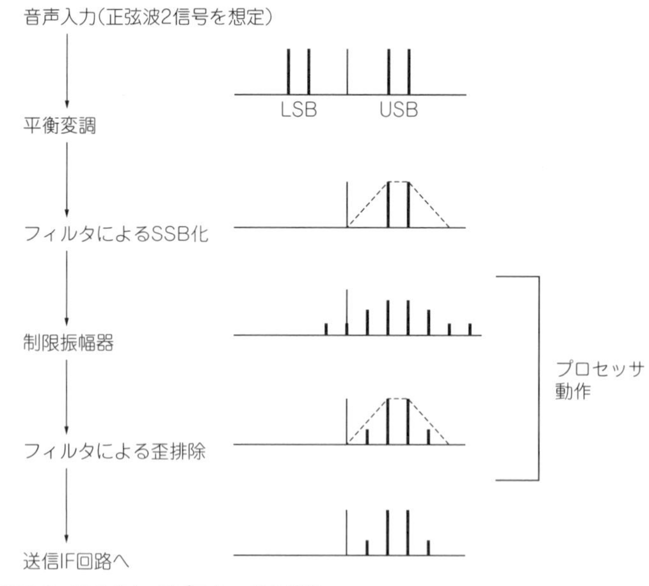


**図5-6　RFスピーチプロセッサの動作**

## ● プロセッサとキーヤ

SSB機に必須の装備となったものにはコンプレッサ(スピーチ・プロセッサ)があります．マイクからの音声を全体に強める装置です．AF型，RF型があり，その名前のとおりAF型は低周波で処理をしRF型は高周波で処理をします．低周波でクリッ

注10) 1000時間12Vで動作させるとhfeが40%低下するという資料が公開されている．18Vでは80%の低下．
https://www.renesas.com/jp/ja/document/unknown/871081
注11) 今は4MHz以下のアマチュアバンドでは，ほとんどのバンドエッジが確認ができない．

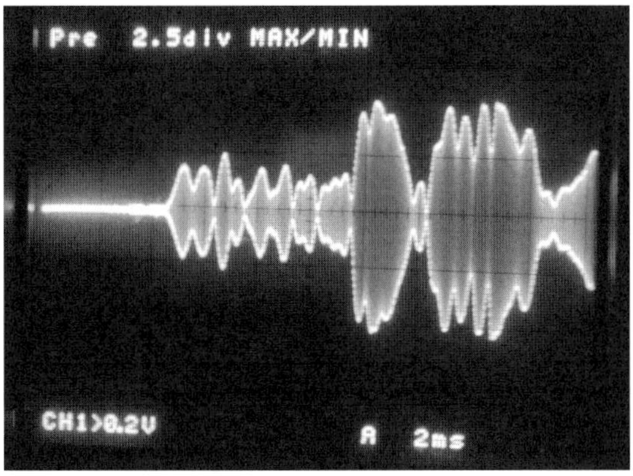

写真5-12　プロセッサOFFでの「パ」
頭の子音が弱い

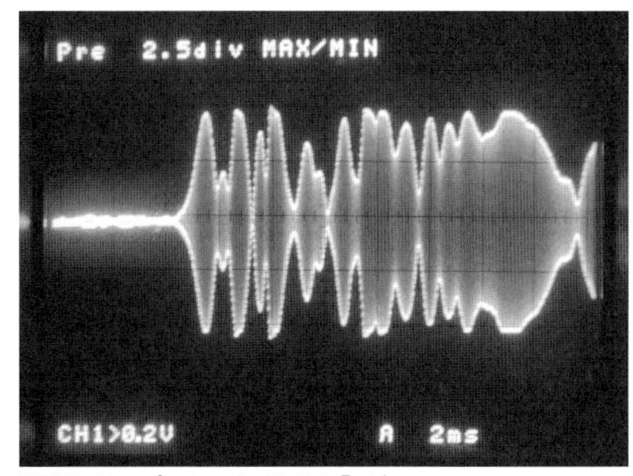


写真5-13　プロセッサONでの「パ」
弱かった部分がほぼフルパワーになっている

プすると送信音がクリップされた音になることは理解しやすいと思います．RF型の動作は**図5-6**をご覧ください．クリップで生じた高調波が帯域内に入らないこと，帯域外に広がった歪成分がフィルタでカットされることが分かると思います．

写真5-14　カツミ電機のキーヤには商標表示があった

プロセッサは歪を生じやすいこと，バックノイズを拾ってしまうことなどからリグに装備されるには少々時間がかかりましたが，周辺機器メーカーの製品は早くからありました．リグに実装されるようになったのは1975年ぐらいからで，SSBフィルタの価格が下がったため実装されるようになったようです．効果の一例を**写真5-12**，**写真5-13**に示します．

特にトークパワーアップの効果が高いのはRF型で，これをリグに標準搭載したのはFT-101E(1975年)です．もっとも，この回路は高価だったため輸出用にはこれを省いたモデルも用意されていましたし，国内向け10Wタイプではオプションとなっていました．

このRF型スピーチプロセッサはその後各リグに標準装備されるようになりますが，同じ頃標準装備されだしたのがエレクトリック・キーヤです．FT-901，FT-101Zなどに米国Curtis社のワンチップIC，8044が組み込まれました．

当時はいろいろな符号送出スピードの局がいましたので，スピード調整が必須でパネル面のどこかに必ずそれがありましたが，最近のリグではメニュー内設定となっているものがあります．「初心者はもういないのかな」と思ってしまうところです．

1970年ごろまで，エレクトリック・キーヤは「エレキー」と略されていましたが，ELE-KEYというのは1964年からエレキーを発売している(株)カツミ電機の登録商標(**写真5-14**)だということで，「キーヤー」，

「KEYER」,「KEY」といった表記になりました．ELEC-KEYという表記も見られるようです[注12]．英語表記ではElectric KeyもしくはAutomatic Keyとなります．

● **バンド局発の省略**

トリオのTS-120はPLL式シングルコンバージョン機で，TS-820の流れを受けたデジタル表示を持つトランジスタ・ファイナルの小型機ですが，このリグには面白い仕掛けがありました．それはバンド局発の省略です．

**図5-7**をご覧ください．見事に各バンドの局発水晶を不要にしています．普及価格帯のリグではありますがTS-820のPLL局発の進化形と言って差し支えないでしょう．

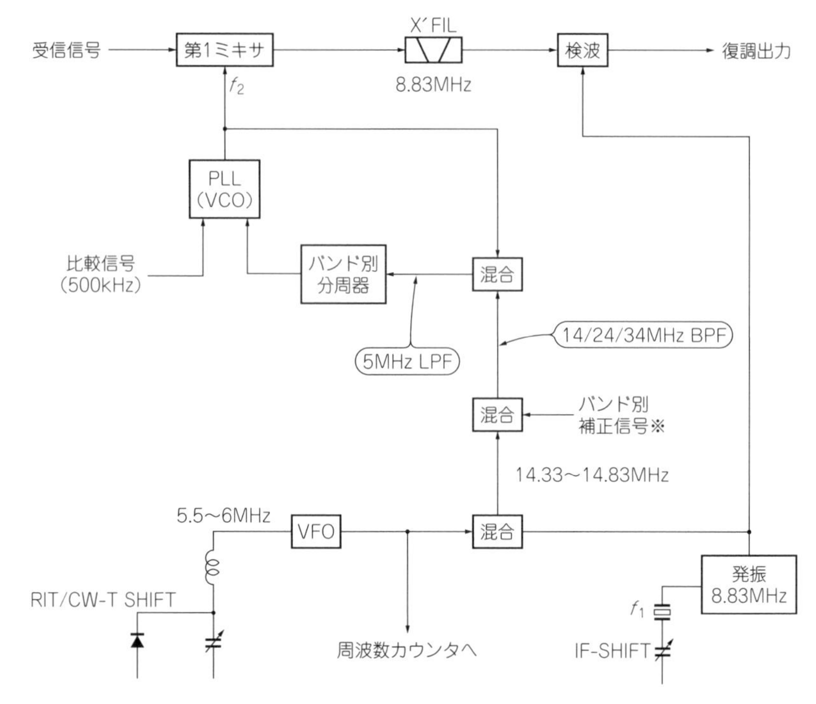


| 周波数帯[MHz] | 補正信号[MHz]※ | 分周数 | VOC発振周波数[MHz] |
|---|---|---|---|
| 3.5 | なし | 4 | 12.33〜12.83 |
| 7 | なし | 3 | 15.83〜16.33 |
| 14 | 10 | 3 | 22.83〜23.33 |
| 21 | 20 | 9 | 29.83〜30.33 |
| 28 | 20 | 5〜8 | 36.83〜38.83 |

**図5-7　トリオ TS-120の局発系統図　受信系で表現**

## デジタルVFO

● **その1　VXO式**

AMの時代，そして1960年代のSSBの実用化からずっとVFOはアナログ発振回路の周波数を可変するものでした．しかし1970代半ばにデジタル処理のVFOが開発され，安定度，操作性が飛躍的に向上しています．デジタルVFOには2種類がありますが，先に開発されたのはVXOを利用したものです．井上電機製作所の各リグに1976年から装備されました．

PLLでは分周器(プログラムデバイダ)の分周数を変えることで周波数を変えますが，通常，その最小ステップは位相比較器の比較周波数になります．

ここで周波数ステップを細かくするために比較周波数を低くするとどんどんロックアップ速度が遅くなってしまいます．仮に10サイクル必要だとすると比較周波数100Hzで0.1秒，時間が掛かりすぎです．また比較周波数があまりに低いと信号純度にも問題が出ます．そこでPLLは10kHz程度のステップとし，それ以下の桁をVXOで作り出して，総合的に100Hz(のちに10Hz)ステップの信号を得ることが考えだされました(**図5-8**)．

注12）当時の登録がアルファベットだったためと考えられる．

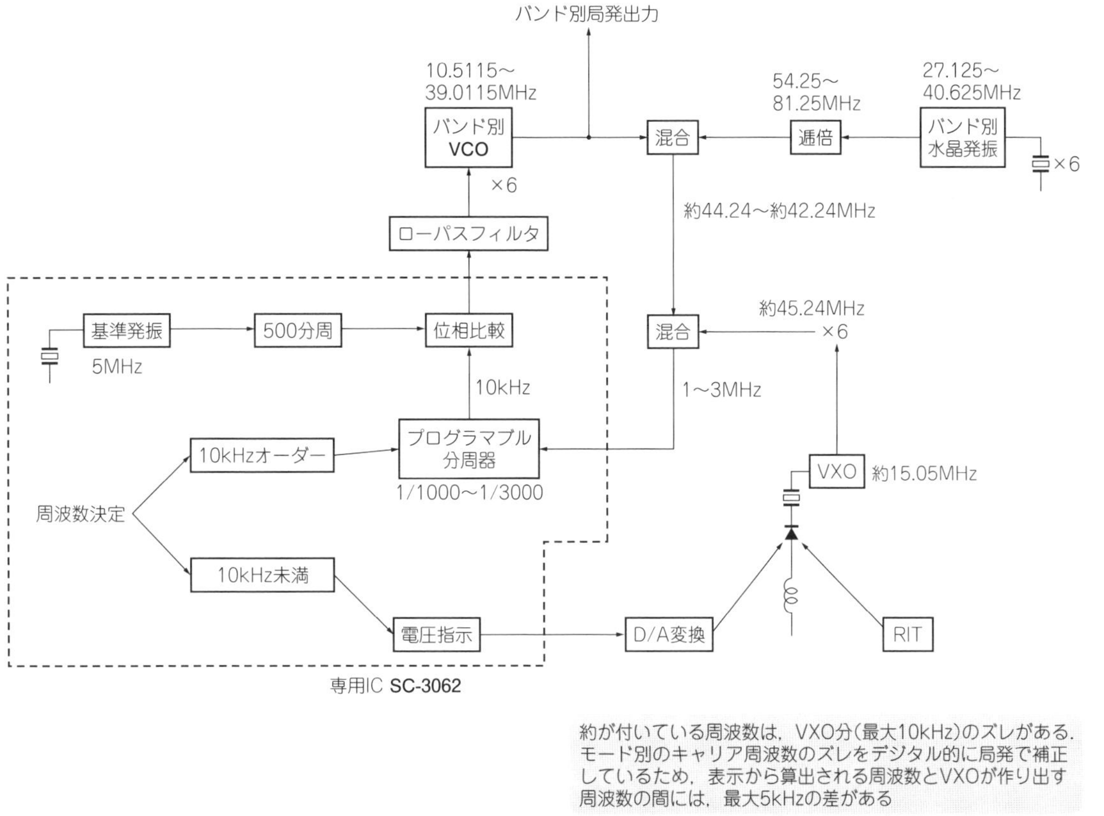

バンド別局発出力
10.5115〜39.0115MHz
バンド別 VCO
×6
ローパスフィルタ
混合
54.25〜81.25MHz
逓倍
27.125〜40.625MHz
バンド別 水晶発振
×6
約44.24〜約42.24MHz
基準発振
5MHz
500分周
位相比較
10kHz
プログラマブル 分周器
1/1000〜1/3000
10kHzオーダー
周波数決定
10kHz未満
電圧指示
専用IC SC-3062
混合
約45.24MHz ×6
1〜3MHz
VXO 約15.05MHz
D/A変換
RIT

約が付いている周波数は，VXO分（最大10kHz）のズレがある．モード別のキャリア周波数のズレをデジタル的に局発で補正しているため，表示から算出される周波数とVXOが作り出す周波数の間には，最大5kHzの差がある

**図5-8　井上電機製作所 IC-710の局発系統図**

VXOを使うといっても単純に混合するのではなく，PLLの比較用信号に混合（減算）する形で使用します．VXOからの信号をVCO信号と混合してVCO発振周波数の端数を消し，残ったキリの良い周波数をメインの位相比較器で比較するようにするわけです．

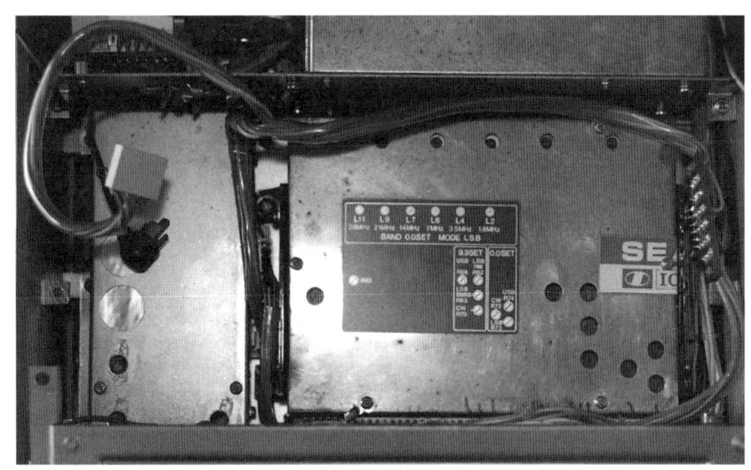

**写真5-15　井上電機製作所 IC-710のデジタルVFO調整指示**
0.0と9.9kHzの調整ポイントがある

10kHzで比較する場合，周波数をコントロールしているCPUは，10kHz以上の周波数情報は分周器に送り，10kHz未満の周波数情報をVXOに送り込みます．発振器は別々ですがコントロールは一元化しているのでスムーズな変化が得られます．

VXOの周波数変化はリニアではありませんから，周波数コントロールのCPUは周波数（端数分）に応じた数値を出力し，これをD/A変換してVXOの発振周波数を変えるように工夫されています．またスムーズに変化するように，このループではPLLのアンロックがあっても出力はカットしないのが普通です．

この方法は比較的シンプルな回路でデジタルVFOが実現できますが，VXOの特性が変わると周波数変化が連続的ではなくなります．このため多少経年変化の影響をうけるようです(**写真5-15**)が，それまではアナログVFOしかなかったわけですから，このVFOの出現は画期的なものでした．

**● その2　多重ループ式**

デジタルVFOにはもうひとつ，多重ループ式のものがあります．これは**図5-9**のように2つのループを用意して，10kHz単位程度の大きな周波数設定とそれ未満の端数の周波数設定を別々に行うもので，VXO式より5年ほど遅れて各社のリグに装備されました．

前述したように端数部分をそのまま作ると動作が遅くなります．そこで高い周波数で作ってから固定値で分周することで周波数ステップを細かくすることが考えだされました．比較周波数を10kHzにしてVCOから10kHzステップの信号を取りだしたら，これを1/100にすれば100Hzステップになるというわけです．**図5-9**中のループAで作り出された100Hzステップ信号はループBの出力でも10分周されますから，図の構成で最終的に10Hzステップとなります．

ループが複数必要ですから回路は複雑になります．また受信周波数付近は避けておかないと内部妨害が発生してしまう場合があります．とはいえ，この回路では経年変化もある程度吸収されますので長期的な安定度は高く，DDS(Direct Digital Synthesizer)出現以前のリグはこの回路に収束していきました．

## Column　トランスバータの話

八重洲無線は1969年にFTV-650というFT-400シリーズ用の50MHz帯用トランスバータを発売しています．親機の28MHz帯を50MHz帯に変換するものです．当時50MHz帯のSSB機は同じ年に発売された杉原商会のSS-6．ハムセンターのCT6Sしかありませんでしたから，先駆者としてとても意味がありました．

それからしばらくして，FT-101やTS-520にはラインアップとしてトランスバータが用意されました．50MHz帯用のトリオのTV-506や八重洲無線のFTV-650B，144MHz帯用のTV-502やFTV-250が代表的なもので，いずれも1975年に発売されています．「HF機の性能，機能をそっくりそのままVHF帯にQSYできる，しかも経済的」というのがキャッチ・コピーとなっていました．

ただ今思うと，送受信の切り替えは複雑になるし，QSYの際の調整箇所は増えるしということで，機能的だったかと考えると少々微妙な点もありました．親機にFMがなければFMには出られません．親機と並べると**写真5-B**のようにその姿は素晴らしかった，これは間違いありませんが．某メーカーの機種では，全部並べると付属の各種接続コードの長さが不足したという笑えない逸話も残っています．

実は1972年に50MHz帯用SSB，CW機，八重洲無線のFT-620，1973年に144MHz帯用SSB，CW，FM機トリオのTS-700が発売されています，どちらも大ヒットした名機です．当時，本格的にVHFでSSBを楽しむ方はモノバンド固定機を使用する場合が多かったように思います．

トリオはその後トランスバータを発売していません．アイコムやアルインコにもありませんが，HF機を得意としているからでしょうか，八重洲無線にはFTV-901，FTV-107，FTV-1000(2000年)などのトランスバータがありました．

なおトリオと八重洲無線ではHF機(親機)の送信出力の取り出し方法に少々違いがあり，トリオはローインピーダンスの電力型，八重洲無線はハイインピーダンスの電圧型となっていました．またトランスバータ動作時に親機の送信を止める方法にも差異があり，トリオは終段管のスク

1/453～1/404
MN6147
プログラマブル分周
位相比較
ローパスフィルタ
ループB
100kHz
360分周
フィルタ
混合
VCO
10分周
5.5～5MHz(10Hzステップ)出力
(PLLによるバンド別局発へ)
55～50MHz
9.7～9.6MHz
フィルタ
700～600kHz
8.992MHz
水晶発振
CW-Tのみ
70～60MHz
混合
フィルタ
100分周
VCO
ローパスフィルタ
ループA
MN6147
9MHz
4分周
プログラマブル分周器
位相比較
1/7000～1/6000
10kHz
水晶発振
3600分周
36MHz
5.5～5MHzのアナログVFOに相当する部分を抜粋．1982年発売

**図5-9　トリオ TS-430のデジタルVFO**

リーングリッド(SG)電圧を変えていますが，八重洲無線は終段管のヒータを切っています．

トリオの各リグではSG用のスイッチをトランスバータ端子に出しているもの(HF機だけで運用する場合にショートプラグ，もしくはスイッチ操作が必要)とトランスバータ端子の内側でショートしている(トランスバータを使う際にカットが必要)ものがあります．八重洲無線の真空管HF機はほとんどの機種で，ファイナルのヒータ配線をACC端子に出しています．トランスバータを使用せずHF帯を運用する場合はヒータ配線をショートするプラグが必要です．

FT-101

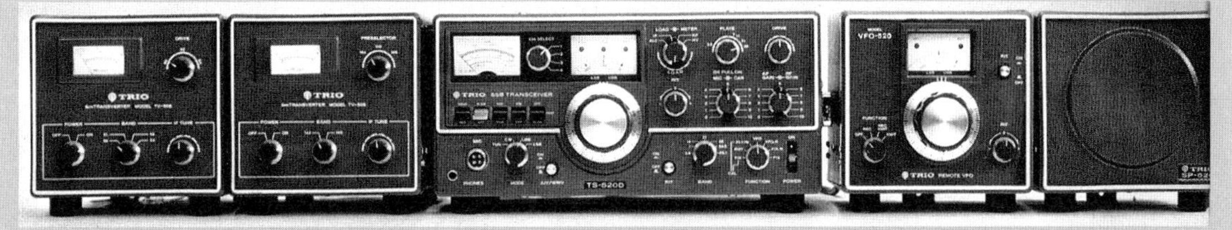


TS-520

**写真5-B　八重洲無線 FT-101とトリオ TS-520シリーズのラインの様子**

# 第6章 VHF機は多チャネル化へ

**本章では1970年代後半から1990年代初め頃までのV/UHF機の流れを解説します．FMのナロー化からPLLを利用した多チャネル化，そしてチップの部品の採用による小型化が進んだ時期にあたります．**

## 144MHzが混み始めた

当初は交信できるだけで素晴らしかったVHF帯ですが，真空管6360をファイナルに持つモービル機やオールトランジスタのハンディ機が発売されたあたりから手軽にオンエアできるようになりました．そして1970年，モービル運用が盛んになると144MHz帯のFMモービル機だけで実に12機種が発売されています．1972年にもほぼ同数のリグが発売されますが，バンドが混雑してきたためか，その半数は20チャネルを超える多チャネル機でした．ただし出荷時に実装されているのは3ないしは4ch，第4章でも触れたとおりフル実装するにはかなりの追加出費が必要でした．多チャネル機でも出荷時に実装されていたチャネルは少なかったのです(**図6-1**)．

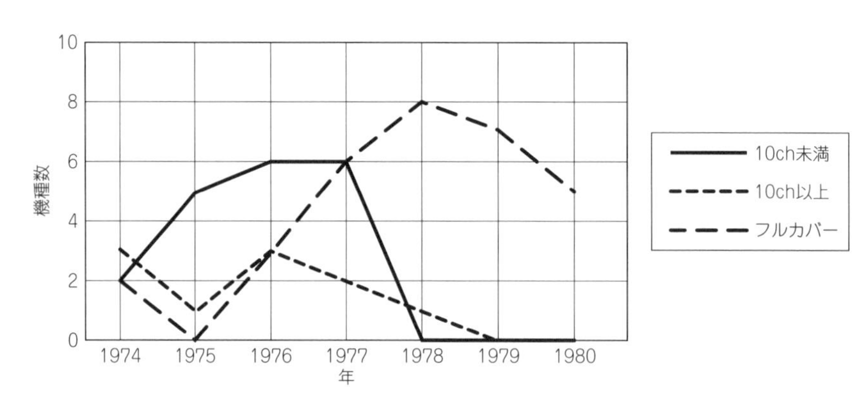


**図6-1 144MHz帯モービル機の実装チャネルの推移**

このように144MHz帯が急激に混雑を始めた原因は高度経済成長に伴う収入の底上げと急速な自家用車の普及でしょう．社会現象と言っても過言ではないほどモービルハムが増えています．メイン・チャネルで相手を見つけても空きチャネルがないということまで起こっていました．

## FMのナロー化

144MHz帯は混雑以外にもうひとつ問題がありました．それはFM電話通信以外の周波数がほとんど確保できていなかったことです．1971年2月にJARLが制定したV/UHF帯の最初のバンドプラン(**図6-2**)，そしてチャネルプラン[注1]では144.34MHzから上がFMの電話に割り振られています．145MHz台には全電波型式の周波数もありましたが，ここも実際にはFM通信に使われていました．バンド下端から100kHzは特殊実験用でしたので，事実上144.1MHzからFMチャネルの間の220kHzだけがCWやSSB用の運用可能な周波数

注1）チャネルプランにあるチャネルの方が当時のリグのチャネル数よりはるかに多かった．

## JARL制定VHF・UHFアマチュアバンドの使用区分

昭和46年2月14日制定

1．バンド使用区分

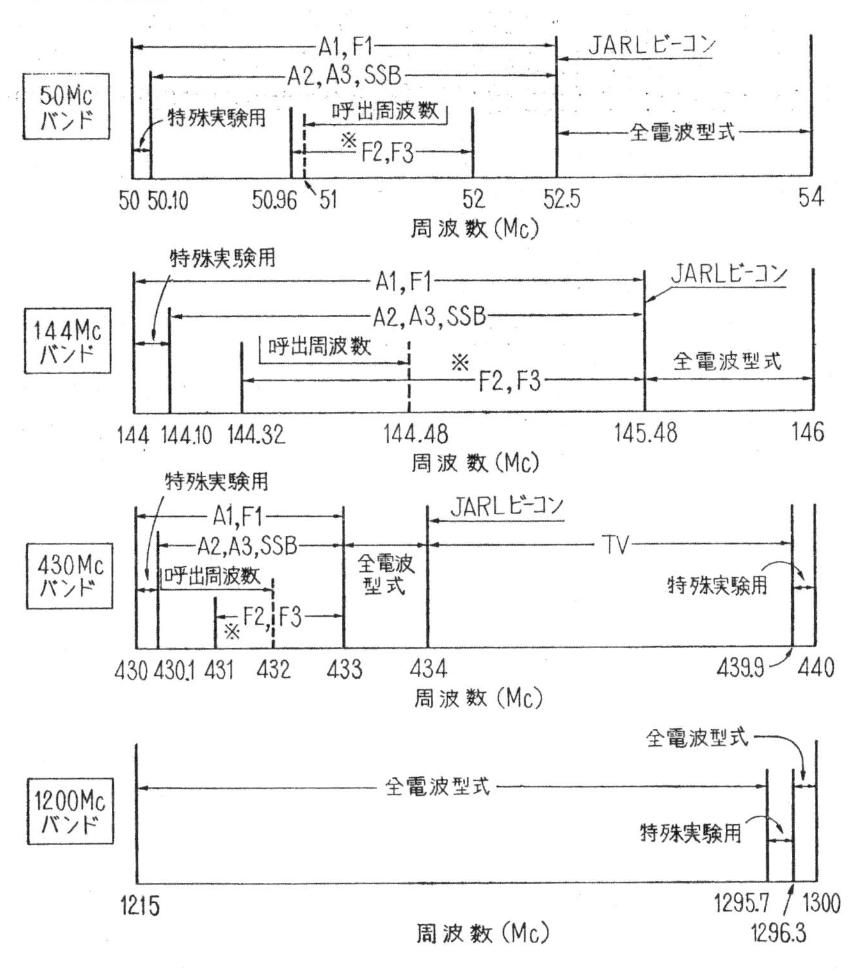


2.　用語の定義等

(1)「呼出周波数」とは，連絡設定および非常通信に限り使用する電波（搬送周波数）をいう．

(2)「特殊実験」とは，月面反射通信，衛星通信，その他の宇宙通信の実験をいう．

(3)「ＪＡＲＬビーコン」とは，ＪＡＲＬの開設するアマチュア局が発射する標識電波（搬送周波数）をいう．

(4)「ＴＶ」とは、アマチュア局が発射するテレビジョン電波をいう．なお，送信の方式がテレビジョン放送に関する送信の標準方式(郵政省令第９号)に準ずる場合は映像信号搬送周波数を 435. 25Mc，音声信号搬送波の周波数を439. 75Mc とする．

3.　Ｆ２，Ｆ３バンドの保護周波数帯等

(1)※印を付した周波数の下端および上端に20kcの保護周波数帯を設ける．

(2)※印を付した周波数の下端の保護周波数帯から別表のような40kc間隔の通信路（以下チャンネルという）を設けることができる．

(3)上記のチャンネルは，別表のように下端から１に始まる連続したチャンネル番号を付すことができる．

**図6-2　1971年にJARLが制定したV/UHF帯の最初のバンドプラン**

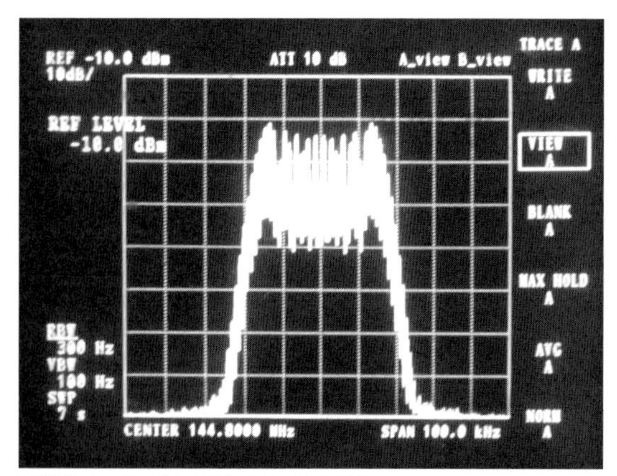


**写真6-1　ワイドFM波のスペクトラム**
1kHzの信号で±15kHzの周波数偏移を作ってみた

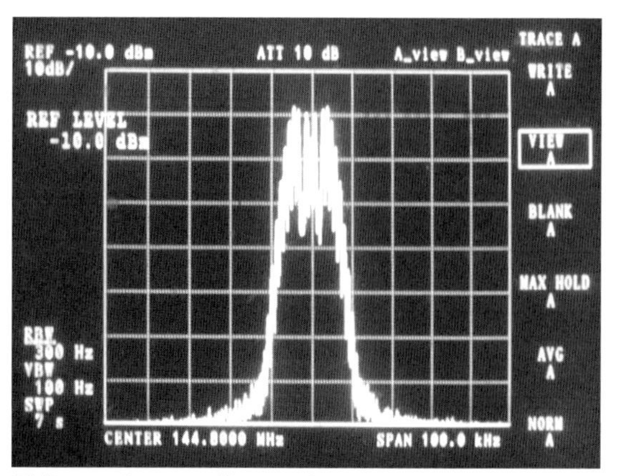


**写真6-2　ナローFM波のスペクトラム**
1kHzの信号で±5kHzの周波数偏移を作ってみた

## 144MHz帯使用区分

**（新）1981年改正**

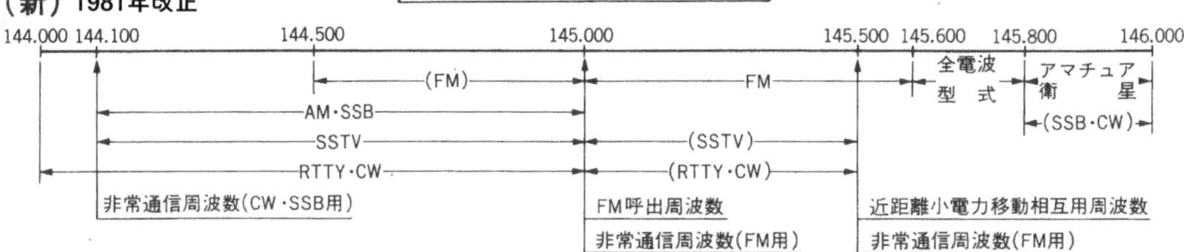


（注１）　144.000MHz～144.100MHzの周波数帯は，月面反射通信，流星散乱通信，オーロラ反射通信等に使用する
（注２）　144.100MHz～144.200MHzの周波数帯は，主として遠距離通信に使用する
（注３）　削除
（注４）　144.500MHz～145.600MHzの周波数帯のFM電波の占有周波数帯幅は，16kHz以下とする

**（旧）1978年改正**

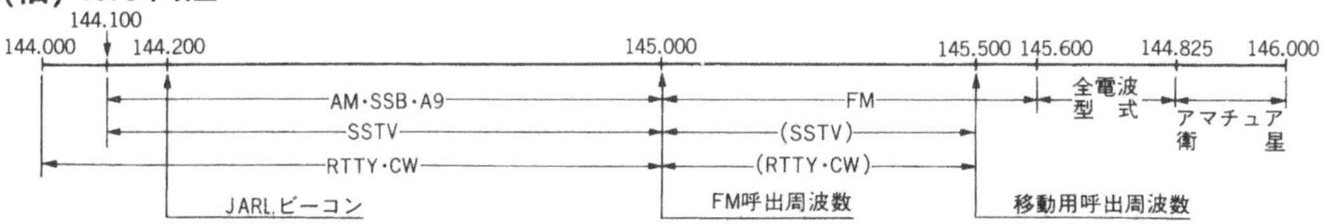


（注１）　144.000MHz～144.100MHzの周波数帯は，月面反射通信，流星散乱通信，オーロラ反射通信などに使用する
（注２）　144.100MHz～144.200MHzの周波数帯は，主として遠距離通信に使用する
（注３）　145.500MHz～145.600MHzの周波数帯は，145.520MHz，145.540MHz，145.560MHz，145.580MHzおよび145.600MHzの特定周波数を設け，かつ，局を移動体に搭載し，また，携帯しながら運用する場合に限り使用することができる
（注４）　145.000MHz～145.600MHzの周波数帯のFM電波の占有周波数帯幅は，16kHz以下とする

**図6-3　1981年7月からの144MHz帯バンドプラン**
1979年，1981年の改正で144.5～145.0MHzにカッコ付きでFMが追加され，145.5MHzの移動呼び出し周波数が近距離移動用相互運用周波数に変わり，145.52～145.60MHzのモービル専用チャネルがなくなった

という状態でした．そこで1976年1月に50MHz帯，144MHz帯のFMナロー化の方針が打ち出されます．これは周波数偏移を±15kHzから±5kHzに減らし（**写真6-1**，**写真6-2**参照）注2，帯域幅を半減させ多くの局を収容できるようにするとともに，音声FM通信を145MHz以上に移動させてSSBなどの狭帯域モードで使用できる周波数を増やすというものです．実施は1978年1月とされていました．

144.48MHzから145.00MHzへの呼び出し周波数の変更があったこと，チャネル数の少ないリグでは145MHz台のサブ・チャネルが145.32MHzしかなかったことなどから，1976年，1977年は買い替えを見込

注2）帯域幅は（周波数偏移＋変調最高周波数）×2なので±15kHzでは36kHz，±5kHzでは16kHzとなる．写真6-1，写真6-2を参照のこと．

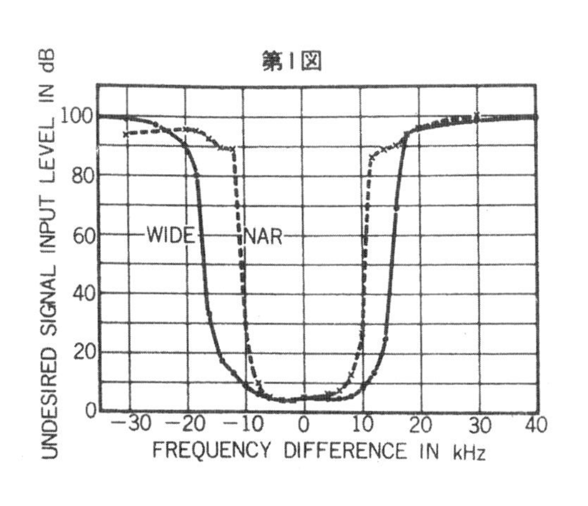


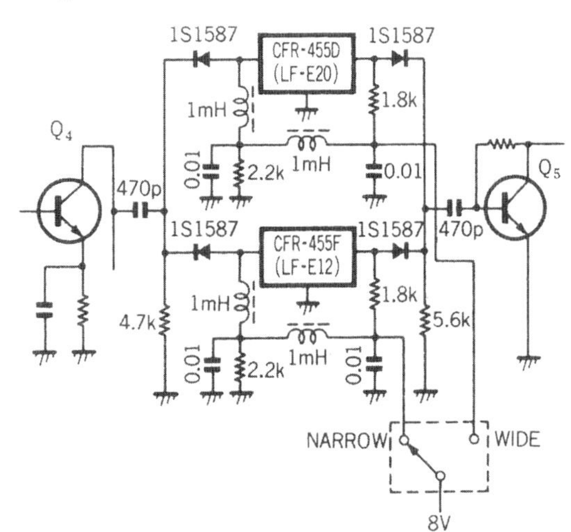


図6-4　トリオ TS-700GⅡのフィルタ切り替え

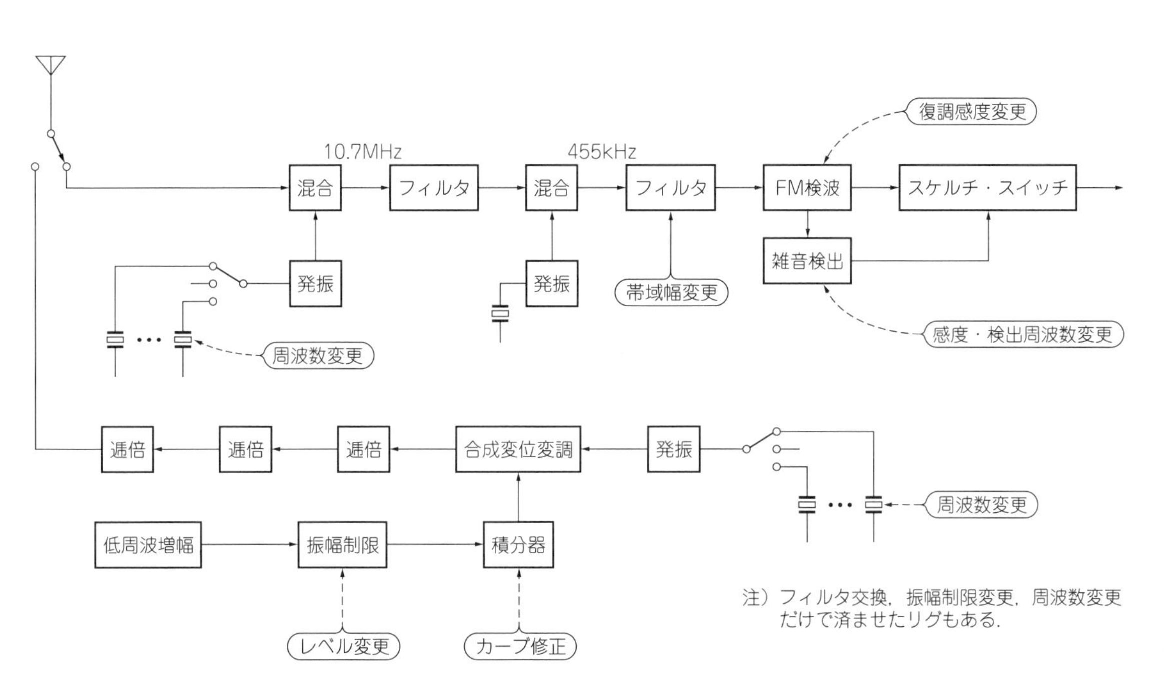


図6-5　ナロー化に伴う設計変更部分

んだ新製品ラッシュとなりました．

このナロー化では移動用呼び出し周波数が設定されたこともあり，FMの電話で運用できるチャネルは実質1つしか増えていません．混雑は解消しなかったのです．このためFM運用は不可となったはずの144MHz台にナロー化したリグでオンエアする局が続出してしまいます．そこでやむを得ずこの状況を追認すべく行われたのが1979年，そして1981年7月のバンドプラン改定(**図6-3**)で，144.50MHzから上でもFM運用が許容されるように修正されました．ナロー化による機器設計の変更はほとんどありません．受信ではフィルタを狭め(**図6-4**)，送信でデビエーション(周波数偏移)を変えれば一応対応できました．しかし実際はスケルチや検波器の感度の修正，送信時の音作りの微調整などが行われています(**図6-5**)．また現在各社はホームページでリグの取扱説明書を公開していますが，ナロー化以前のものは公開していない社が多いようです．"実用性なし"と見なしているのでしょう．なお，ナロー化による通信への影響は『日本アマチュア無線機名鑑Ⅱ』のp.49をご覧ください．

## 430MHz帯へ

井上電機製作所 IC-30（中段）

430MHz帯は1964年に10MHz幅のバンド指定となりましたが，当初はアマチュアTV（アナログ）など，先進的な実験が行われるだけのバンドでした．しかし144MHz帯の混雑がひどくなると，普通のFM音声通信の世界でも430MHz帯が注目されるようになり，1972年頃にはメーカー製のリグが出揃いました．

430MHz帯の立ち上がりが遅かった理由はいろいろ考えられますが，技術的にはUHF帯で経済的なパワーアンプの作成が難しかったことが挙げられます．144MHzの信号を3逓倍すれば432MHzになりますが，そこからが大変だったのです．当初のリグは出力が3～10Wでバラバラでしたが，その理由はパワートランジスタがまだ高価だったこと，そして実用的な回路設計が難しかったことだと推察されます．

トリオ TR-8000

もうひとつ立ち上がりが遅かった理由として考えられるのはサブ・チャネルの問題です．というのは使用するチャネルがほぼ決まっていた144MHz帯と違い，1960年代の430MHz帯ではまだサブ・チャネルの使い方が固まっていなかったのです．この時期は水晶発振のリグばかりでしたから，どのチャネルの水晶を買えば良いかわからないというのは大問題です．井上電機製作所のIC-30やトリオのTR-8000といった初期のヒット機は1971年にJAIAが実装チャネルを統一[注3]した直後の1972年初めに発売されています．

後に144MHz帯のリグがPLLでバンドをフルカバーするようになると，その波は430MHz帯にも及んできてサブチャネル問題が解消されます．144MHz帯では10kHzステップ200チャネルが標準になりましたが，430MHz帯では20kHzステップ500チャネルが標準になりました．1978年頃の話です．

430MHz帯では1981年のナロー化を契機にレピータも開設され，ユーザーはどんどん増えていきました．増えすぎたためにアマチュアTVの運用が1991年に停止されたほどです．

海外にはすでにレピータがありましたので送受信で周波数シフトをすることについては大変ではなかったようですが，スタート直前に88.5Hzのトーンを音声に重畳することが決まり（後述），少々リグの設計に混乱をきたしたようです．

## PLLのもたらした新しい世界

さて，この頃大きな技術革新がありました．それはアマチュア無線機へのPLLの搭載です．PLLそのものは真空管時代からあった技術ですが，これがIC化，そしてデジタル処理と合体することでさまざまな応用が可能となっています．

**図6-6**はPLLの原理的な図です．VCO（Voltage Controlled Oscillator）は基準発振からの信号と同じ位相（＝同じ周波数）の信号を出力します．これは意味がないように思えるかもしれませんが，方形波→正弦波

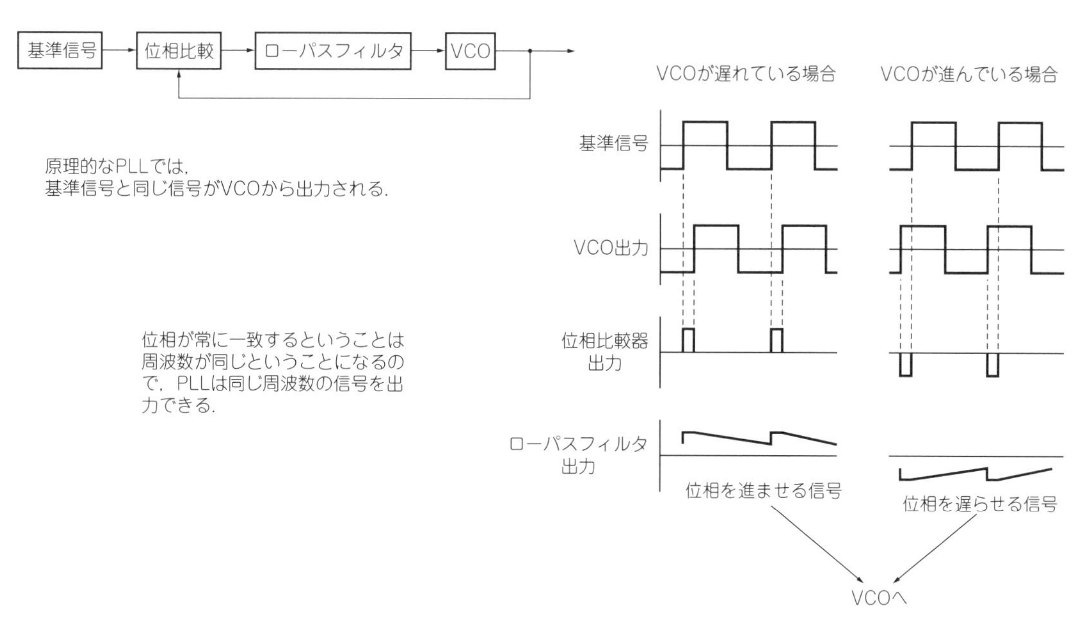


**図6-6　PLLの原理**

注3）第4章の表4-1参照．430MHz帯は120kHzステップとなった．120kHzというのは離れすぎているように思えるが，逓倍式のアップバータを考慮したのかもしれない．法令上の帯域幅は30kHzで他のバンドより狭い．

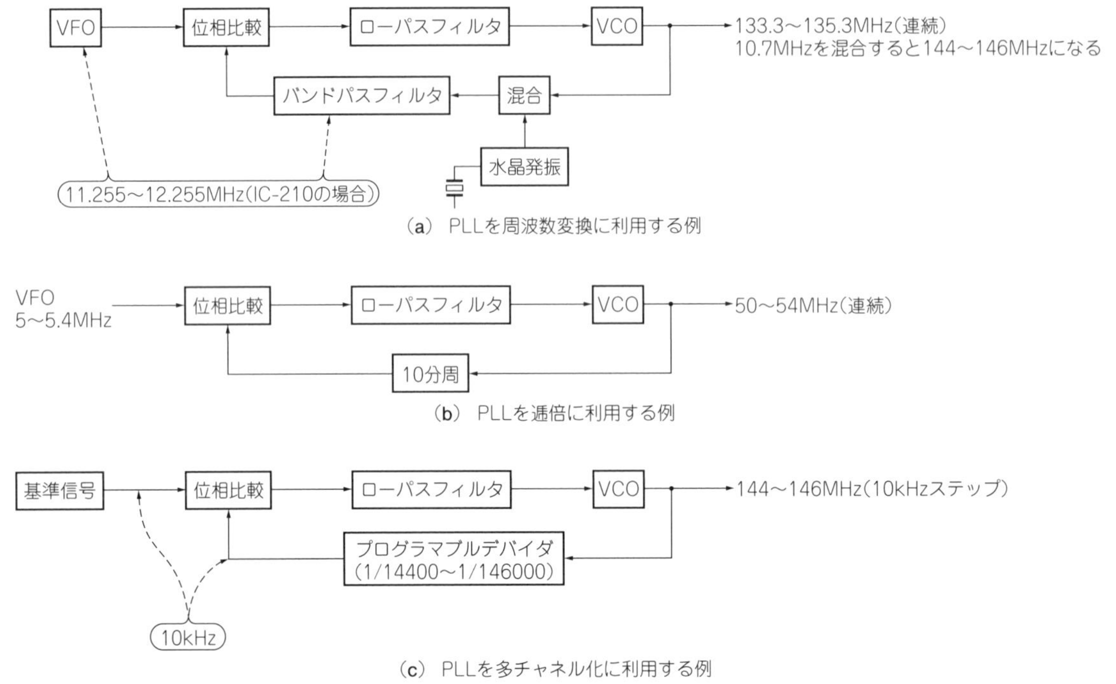

**図6-7　PLLの応用**

**井上電機製作所 IC-210/IC-220**

の変換が可能です．応用例としてはAMの同期検波(第8章参照)があります．

次に**図6-7**をご覧ください．PLLでは位相比較器に入る信号と基準信号を同じ位相(＝同じ周波数)にする働きがありますが，位相比較器に入る信号に細工を加えるといろいろなことが可能になります．

**図6-7**(**a**)は周波数変換です．単純に混合するのと違い，変換に伴うスプリアスが生じませんので，IC-210(1973年)などではVFOの信号を130MHz台に変換するために利用していました．この出力に10.7MHzを混合すれば144～146MHzになります．また受信信号に混合すれば10.7MHzの中間周波数が得られます．

**図6-7**(**b**)は逓倍です．分周器，すなわち周波数を半分，1/4などにする回路を利用して逓倍するのですが，PLLを利用すると低調波は発生しません．普通に作ると不安定になりやすい10逓倍もPLLなら確実です．

**図6-7**(**c**)は144.00～146MHzを作り出した例です．1/14400～1/14600という分周器が必要になります[注4]．これを可能にしたのがプログラマブル・デバイダ(設定型分周器)です．デバイダにもいろいろありますが，

注4) 分周器の動作周波数の問題があるので，普通は水晶発振との混合回路を前置する．

その一例を挙げると，分周数を比較値とするカウンタを用意して，入力を1つカウントするごとに数値を増やしていき，比較値とカウント値が同じになったらリセット信号を出してカウンタを再セットするというものです．このリセット信号は設定した周期ごとにしか出ませんから，必要数の分周ができていることになります．自由な分周比が設定できるならば，あとは設定値をスイッチで変えるだけです．

リセット信号が出力の元ですからその振幅はプラス，マイナスが非対称なパルス状となりますが，位相比較器では信号の立ち上がり，立ち下がりのいずれかだけを比較するのが普通なので，ここでの不都合はありません．基準信号と分周信号の立ち上がり(立ち下がり)が同じタイミングになるように，位相比較器はVCOにコントロール電圧を出すのです．このため位相比較器の出力もパルス状になります．これをスムーズな信号に変換するのがローパスフィルタで，PLL設計では重要なファクタとなります．

## 200チャネル　10Wの時代

話は少し前に戻ります．当初の144MHz帯のリグは12チャネルタイプが主流でした．

1972年に多チャネル機として井上電機製作所のIC-200，八重洲無線のシグマサイザー200が発売されますが，これはシンセサイザ式[注5]，水晶発振子を多数並べた(**写真6-3**)贅沢なリグです．通常のリグとして24チャネル機[注6]が標準的になった頃に1976年のナロー化発表を迎えます．

当初ナロー化機は12ないしは24チャネルばかりでしたが，この年の中盤ぐらいからPLL式の多チャネル機が出現し，翌1977年にはこのタイプばかりになりました．10kHzステップの200チャネルで10W出力，ナロー化のFMです．144MHz帯のモービル機はカタログの仕様だけ見るとどれも一緒という状態です．

ハンディ機でも事情は同じでした．東芝が発売した

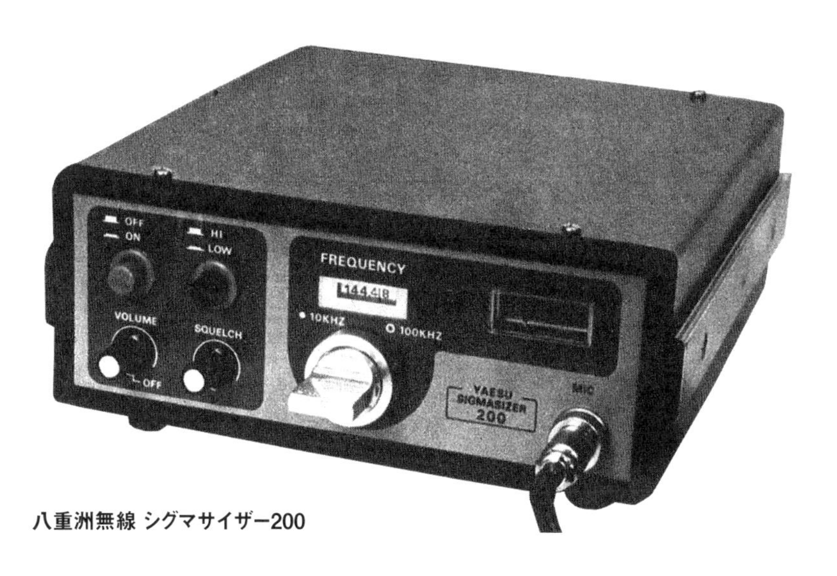


**八重洲無線 シグマサイザー200**

**写真6-3　シンセサイザの水晶**
上と下の2つの水晶発振子からの信号を混合していた．井上電機製作所 IC-200A

注5) 複数の発振器の信号を合成して送受信周波数を作り出す方式．IC-200はシンセサイザとPLLを併用して信号純度を上げていた．シグマサイザー200はシンセサイザに工夫をして受信時のイメージ混信を軽減している．

注6) 23チャネル機も設計は同じ．外付けVFOにスイッチを割り振ったためチャネルがひとつ減っているだけ．

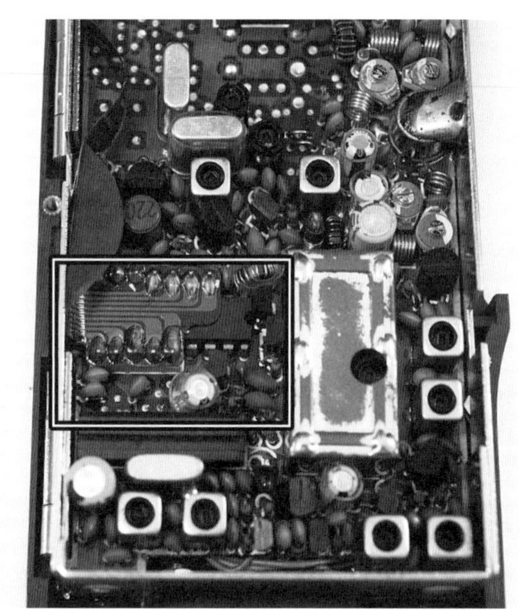

**写真6-4　サムホイール・スイッチからの配線はTC9122Pに直接接続できた**
アイコム IC-2N

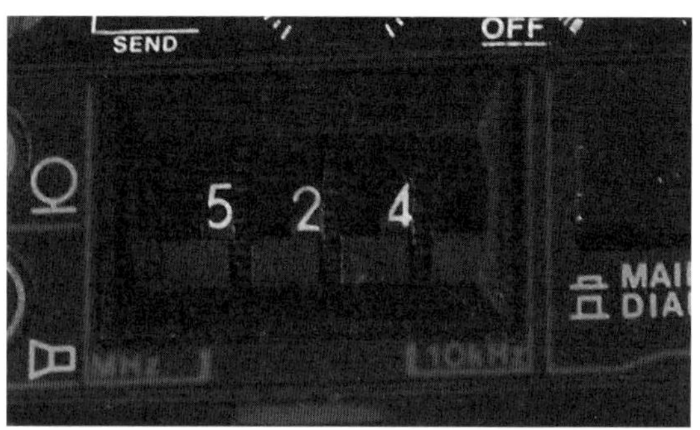


**写真6-5　サムホイール・スイッチ**
ケンプロ工業 KT-400

TC9122PというBCDコード注7で分周数を設定できるICがあり，同じくBCDで設定数字を出力するサムホイール・スイッチを接続すると直接PLLをコントロールできるるようになります(**写真6-4**，**写真6-5**)．これによりハンディ機でも10kHzステップでバンド全体をカバーするという設計が可能にな

**トリオ TH-21/TH-41**

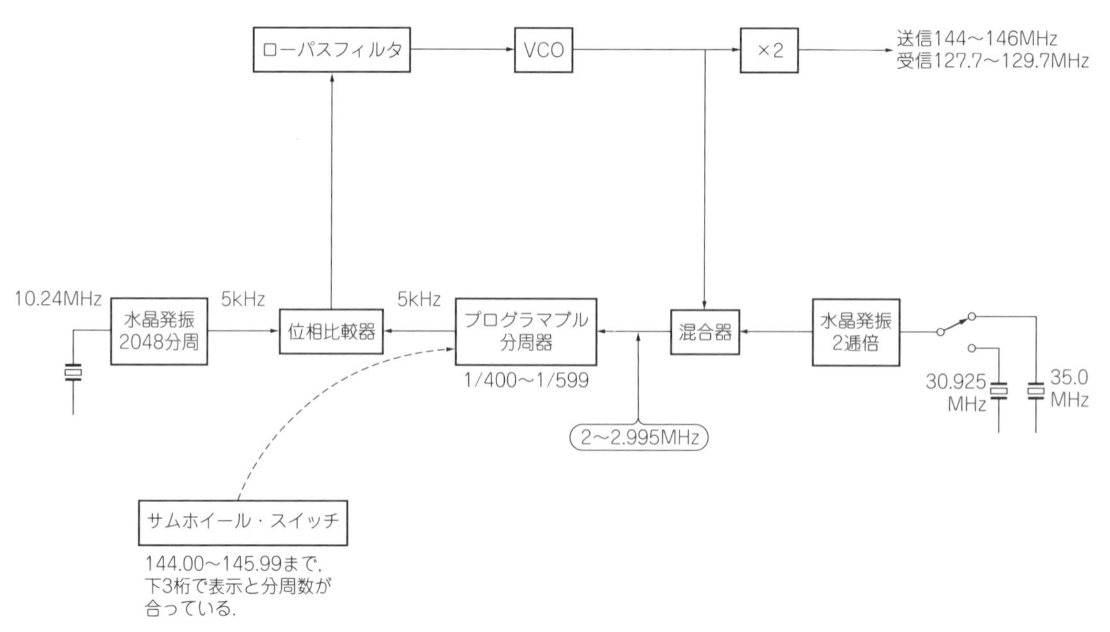


**図6-8　トリオ TH-21の局発系統**

注7) 4ビット2進数は0から15(F)を表現できるが，そのうちの0〜9だけを使うことで10進数を2進数で表す方法．

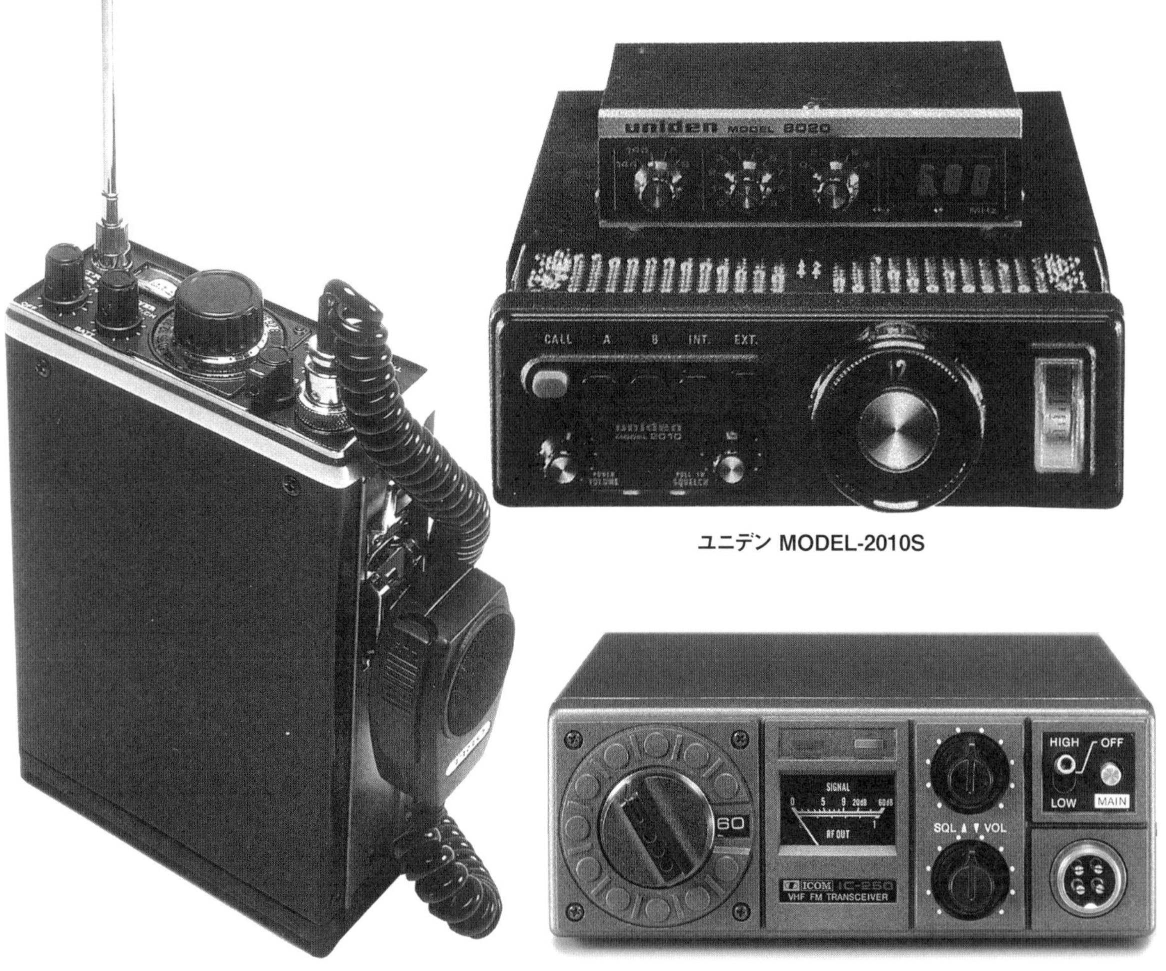


ユニデン MODEL-2010S

トリオ TR-2300

井上電機製作所 IC-250

◀トリオ TR-7500

り，1980年ごろからサムホイール・スイッチ式200チャネル機が各社から一斉に発売されました．**図6-8**にトリオTH-21の局発構成を示しますが実にシンプルにできています．送受信周波数の切り替えも1カ所だけ，正にサムホイール・スイッチ「様様（さまさま）」でしょうか．

周波数の設定方法(以下選局)については，ここからしばらく迷い!? が生じます．サムホイール・スイッチで小型化はできますが，モービル機には使いにくく，ハンディ機でもこのスイッチではバンド全体をワッチするのが大変だったのです．

ユニデンのMODEL-2010Sや井上電機製作所のIC-250（いずれも1976年，モービル機）では，PLLの設定を37ch，もしくは23chのチャネル・セレクタスイッチ上にプリセットするという手法が取られています．またモービル機のトリオのTR-7500（1977年）やハンディ機のTR-2300（1978年）では機械式接点が使われています．TR-7500のスイッチは50ステップ，TR-2300は25ステップ（+20kHzスイッチ付き），このため両機種には144/145MHz台の切り替えスイッチがあります．

IC-221

IC-232

アイコム IC-221/IC-232

八重洲無線 FT-227

多くの会社が採用したのはアップダウンスイッチです．リグにカウンタを持たせて，これをアップ/ダウン切り替えスイッチでコントロールすれば選局できます．

IC-221，IC-232(1976年，オールモード機)，FT-227(1977年，FMモービル機)では光学式ロータリーエンコーダで周波数を選択し，数字表示のLEDで周波数表示をするものが採用されました．その後表示器はLCDに変わりましたが，モービル機，ハンディ機の両方で標準的な選局方式になりました(**写真6-6**，**写真6-7**)．

**写真6-6 ロータリーエンコーダを使った選局方式**
トリオ TH-45

**写真6-7 ハンディ機のロータリーエンコーダは小型化されている**
背面を電池の固定に利用しているので，電池用バネ付き．八重洲無線 VX-1

**写真6-8 極東電子で採用されていた2軸型のロータリーエンコーダ**

ちょっと変わっていたのは極東電子のリグです．100kHz台，10kHz台を2軸のスイッチで設定するようになっていたのです(**写真6-8**)．0～9を時計と同じ位置に配置して，10，11，12のところには進まないようにしてあったので，表示を見なくても周波数が設定できるように工夫してありました．もっともこの方法は良いことばかりではありません．桁上がり，桁下がりのワッチをする際はちょっと大変でした．同社は後に他社と同じ方式に変更しています

## ハンディ機の進化

ハンディ機は2回，劇的に変化しています．当初の変化は1965年頃のトランジスタ・ファイナルの出現で，単一電源電圧での電池動作，小型軽量化を実現しています．次の変化はスティック型への進化です．1978年を境にしてFMハンディ機はスティック型に置き換わり，ごく一部を除いて弁当箱型ハンディ機はSSB，CW機だけになりました．

1980年ごろからバンド内フルカバー，1987年にはFMハンディ機が最大5Wとなり，そこから先は同じようなリグが発売されているように見えますが，実際は細かいところで進化を続けています．

まずは選局方法，これは前項をご参照ください．1980年から1986年ぐらいの間はサムホイール・スイッチがもてはやされましたが，これにはハンディ機ならでは理由もありました．機械的なスイッチなので突然の電源断でも確実に設定が保存されたのです．そして低温特性．1980年代にスキー・ブームがありました．ホイチョイ・プロダクションの著書，“見栄講座—ミーハーのためのその戦略と展開”に始まり，1987年のフジテレビの映画“私をスキーに連れてって”がピークを作り出したように思いますが，このときスキー場ではハンディ機が大活躍していました．ところが初期のハンディ機は低温特性が悪く，連絡できないシチュエーションが多発していたのです．これに早くから対応したのはトリオで，1978年のTR-2300の頃から一部機種を除いて−20℃から動作すると定格に明記しています．

低温に弱いリグでは，増幅器が所定の利得をとれなくなるだけではなく，内部の発振器が止まってしまう場合もあります．実は筆者もスキー場でハンディ機の受信部が死んでしまって，電波は出ている(と思わ

表6-1　ケンウッド TH-45の動作電圧と出力

| 電池電圧 | 消費電流 | 出力 | 電源 |
|---|---|---|---|
| 12V | 1.8A | 5W | 充電式1種類 |
| 9V | 1.4A | 3.5W | アルカリ乾電池 |
| 7.2V | 1.1A | 2W | 充電式3種類 |
| Loパワー | 0.6A | 0.5W | |

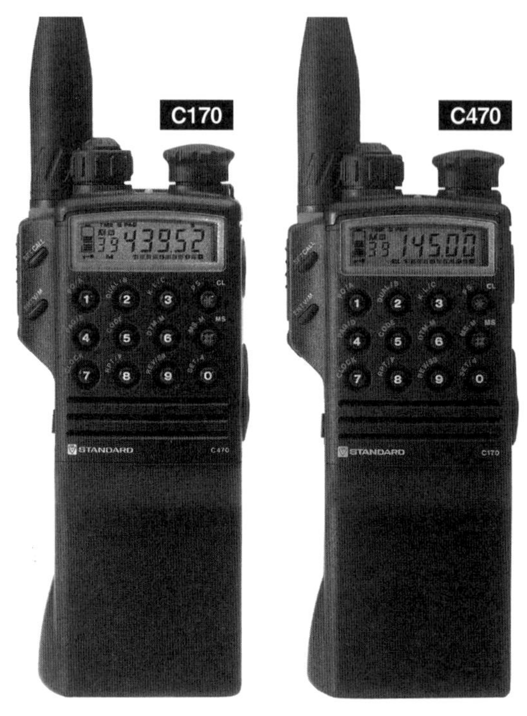

日本マランツ C170/C 470

れる)のに目の前の人と交信できないということを経験しています.

もうひとつの進化は動作電圧です. 回路の動作電圧を一定にしておきつつ, 電力増幅段に電池の電圧をそのまま掛けることで出力を変えるようになったのです. ローパワーで良い場合は電圧の低い電池を使い, ハイパワーが欲しい場合は電圧の高い電池を使うという使い分けができるようになりました.

TH-45の例を**表6-1**に示します. このリグの電池は12Vから7.2Vまで3段階ありますが, このうちの7.2Vでは1100mAh, 600mAh, 200mAhの3種類のニッカド電池があり, さらに充電回路を内蔵した600mAhのものも用意されていました. 12Vは1種類だけ, 9Vは乾電池なので, 12V電池で5W出せるけれども普段は7.2V電池で2Wという使い方を想定しているようにしか見えません. これは他社でも同じで, 多くのハンディ機で表記上の出力は5Wとしていましたが, 5Wを出すための電池と実際に使われるであろう電池は別という商品設計となっていました.

その後電圧の上限は16Vになり, 車載時に直接電源が取れるようになります. また下限もだんだん下がっていき, C170, C470(日本マランツ)のように2.3Vで動作できるリグも発売されています.

## 小型化

リグが多チャネル化した後, 次に目指したのは小型化でした. まずは部品を小さくすることで小型化が進みます. 集積度を上げたリグもありました. 八重洲無線の弁当箱ハンディ機 FT-690(1981年)では**写真6-9**のように集積度を上げ, 1枚基板としたうえで配線を基板の上に通すという手法で小型化しています. 右上のシールド・ボックス(写真では開けてある)内にあるのはデジタルVFOです.

モービル機の最初の目標はDINサイズ, これは乗用車のダッシュボードのスロットに入る寸法で, 縦50mm, 横178mmとなります. **写真6-10**は筆者が車載していたIC-338D(1988年)で縦は50mm, 横は170mmでした. まだチップ部品は使用されていませんが, リード付きの部品を使用した35W機でもDINサイズを実現していました.

このリグより前, 日本マランツのC7900(1982年)ではチップ部品を採用したことを積極的にPRしていました[注8]. また**写真6-11**, **写真6-12**は初期のチップ部品採用機, アイコムのIC-1201(1988年)です. 必要なところ(高周波基板)にチップ部品を採用していました. この時代のリグでは基板の反対側に従来型の部品も装着しているため, 高さ(厚さ)はあまり減少していません. ちなみに最近のハンディ機八重洲無線のVX-3

注8) メイン基板のパスコンと一部抵抗器, メイン基板に立てるサブ基板にチップ部品が使われている. 全体としては従来型に近い.

の基板は**写真6-13**のようになっていて，集積度が格段に向上しています．また，古くからフレキシブル基板を折り畳んで積層基板のように使用することで基板間配線をなくしてしまうことも行われています(**写真6-14**)．

チップ部品にはリード(足)がないため寄生インダクタンスがほとんどありません．このため回路全体をチップ化すると機器のグレードがワンランク向上すると言われています．HF用固定機のIC-732(1992年)とIC-736(1993年)ではHF部分の回路はほぼ同一ですが，IC-736はチップ化されています．このため両機を並べるとその性能差を実感することができます．

1990年代前半にFMモービル機ではもうひとつの小型化がありました．それはヒートシンク(放熱器)の小型化です．ハイパワー機では放熱は大きな問題になります．また1996年に第4級アマチュア無線技士の操作範囲が20Wになってからは，一部のモノバンド機(第9章参照)を除き，ほとんどのリグがファンを装備するようになりました．とはいえ単にヒートシンクにファンを装備していたわけではありません．多くのリグで発熱を本体全体に逃がすように熱設計が変わり，その本体全体を冷やすために

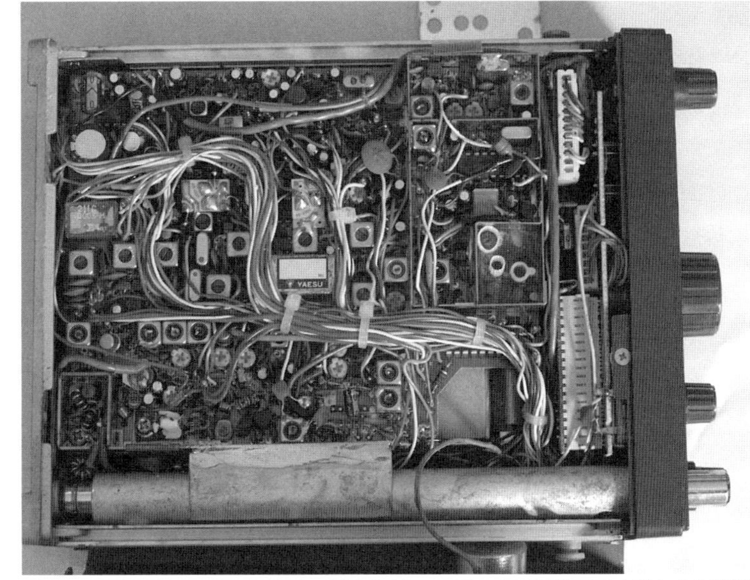

**写真6-9　押し込んだという表現が似合うぐらい，思い切り集積度を上げた「弁当箱型」ハンディ機の様子**
八重洲無線 FT-690

**アイコム IC-338D**

**写真6-10　チップ部品化直前のリグの内部**
ひとつひとつの部品が小さい．アイコム IC-338D

ファンが使われています．本体全体の熱容量の大きさをうまく利用する形です．このタイプのリグではヒートシンクだけが熱くなるのではなく，本体全体がほんのりと熱くなります(**写真6-15**)．

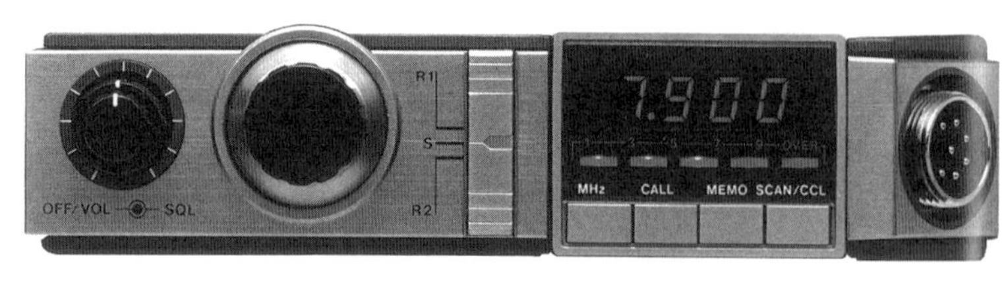


日本マランツ C7900

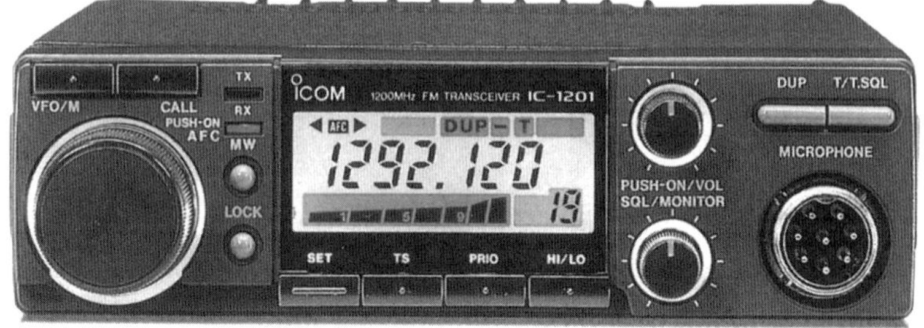


アイコム IC-1201

八重洲無線 VX-3

**写真6-11　従来型基板(下)，チップ部品採用基板(上)が混在したリグの例**
アイコム IC-1201

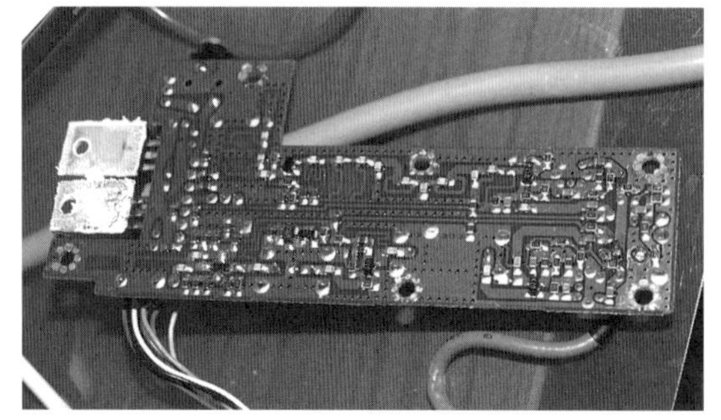

**写真6-12　写真6-11 IC-1201のチップ部品採用基板のパターン面**
主要部品はこちら側に配置されている

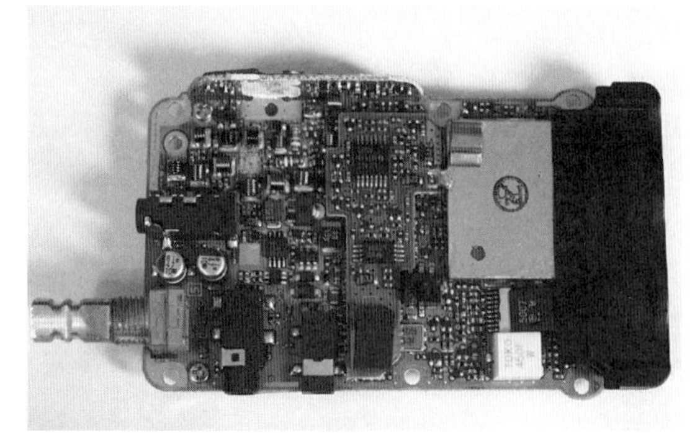

**写真6-13　最近のハンディの内部**
チップ部品をさらに小型化している．八重洲無線 VX-3

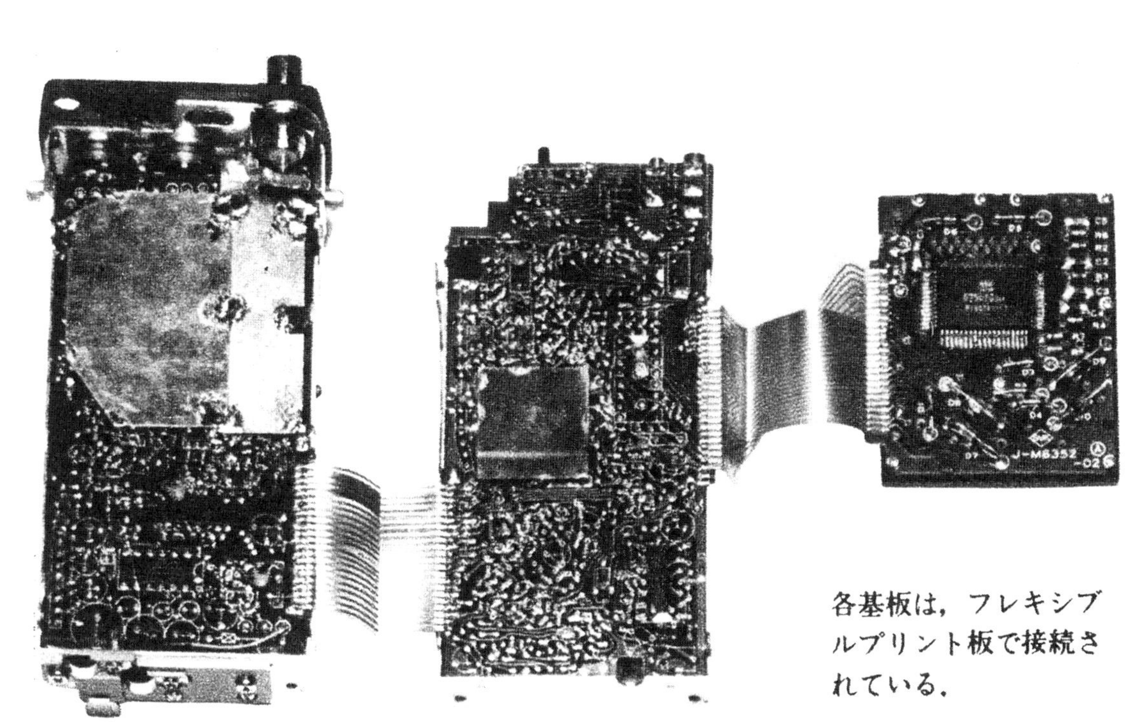
各基板は，フレキシブルプリント板で接続されている．
TR-2500の内部．送受信部/PLL部/キーボード部に分かれている

**▲写真6-14**
**フレキシブル・プリント基板を使って配線をしたハンディ機の例**
トリオ TR-2500

**▶写真6-15**
**小型化のため上面をヒートシンクにして，そこに風を送っている**
アイコム ID-800D

## IC化

通信機の回路，特にIF増幅にはそんなにバリエーションはありませんから，早くからIC化の試みがありました．ビンテージなICであるLM373はSSBトランシーバのIF増幅，検波，ミキサ，AGCなどを内蔵しています．世界的に使われたMC3359はFM受信機のIF増幅用で，こちらも検波段までを含んでいます．

実際はSSB機ではあまりIC化は進みませんでした．強入力対応が必要だったこと，さまざまなAGC動作があったこと，多信号特性に不安があったことなどが理由として挙げられると思います．CA3028(TA7045)やMC1350Pなど，HF機の中で狭帯域フィルタ後の受信増幅段や送信段にICを使用することはあっても，

**写真6-16　MC3371を使ったFM受信機基板の例**
筆者の実験回路

一般的な固定機で全体を置き変えたリグはありません．

しかしV/UHF機，特にハンディ機では小型化の要求が強いので，IC化が進みました．モトローラのMC3362やMC3371のように受信部をワンチップに収めているものもあります注9．これらは積極的に使われました(**写真6-16**)．

ちょっと不思議なのはICの機能をフルに使っていない場合が多々見られる

## Column　スケルチの話

VHFと言えばFM，FM機にはスケルチがつきものというわけで，スケルチの話を少々．

運用モードをFMに変えるとザーという強い雑音が聞こえますが，この理由はわかりますか？

これは周波数弁別器(FM検波器)が受信周波数付近に散らばったランダムな雑音を振幅に変えるからです．普通の雑音は波形が連続していますが，FM検波器では全然違うところにある雑音を合成するように動作します．

たとえば，144.00MHzと144.01MHz，つまり10kHz離れたところにほんの少し時間がずれた1m秒の長さのパルス状の2雑音があったとします．単独で検波すれば1kHzの雑音になりますが，144.005MHzを中心にFM検波すると高い周波数範囲に成分が広がります．ちょっと不思議な感じがしますが，これは片方の雑音が発生してからもうひとつの雑音が発生するまでの時間差，これがFM検波後の雑音を作り出すためです．0.1m秒ずれて1m秒の長さの2信号(雑音)が来たら，最初は10kHz，0.9m秒は無音(両方に信号があるから)，次の0.1m秒は10kHz(極性は逆)の復調出力が発生します(**図6-A**)．

実際は雑音の発生時間はランダムで雑音が2つだけということもありませんから，常にいろいろな雑音が検波器に入っていると考えてください．そして周波数的に＋側と－側の分布の違い(時間差)で検波出力(雑音)が生じるのです．確率を計算するとわかるのですが，このような動作なので雑音の成分は高い周波数側に広がります．**写真6-A**は横方向全体で12m秒なので，雑音の主成分は10kHz以上であることがわかります．また，雑音が強いと感じるのにも理由があります．それは雑音信号が中心周波数から離れるほど復調後のレベルが上がるためです．普通の信号は中心信号付近にあり，ピークで最大の周波数偏移になりますが，雑音は一様(いちよう)に存在していますから

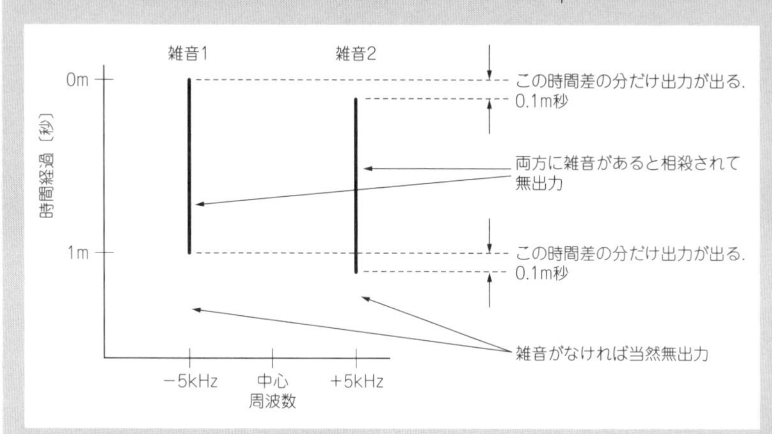


**図6-A　FM検波器の雑音出力の様子**

注9)　海外には40MHz台を使用するFMコードレス・ホンがあったので，ICメーカーから見ても市場が大きく，開発が進んだ．

ことです．たとえばMC3359にはスケルチが，MC3362にはPLL用VCOが付いていますが，これらのICを採用したモービル機の多くは回路を別に設けています．IC付属のものでは満足な動作ではないということなのでしょう．

もっともIC化が進んだのは送信電力増幅段，つまりパワーモジュール(**写真6-17**)です．小さな基板上に増幅素子と周辺回路を作り，全体を放熱板に載せたもので，規定の入力を入れると規定の出力が得られる，とても使いやすい素子です．2ないしは3段の増幅回路をひとつのチップに収めただけでなく整合回路までも内蔵し

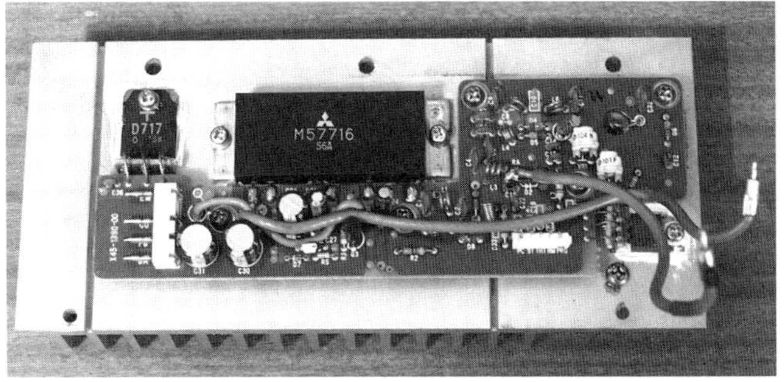


**写真6-17　パワーモジュールと送信フィルタなどの周辺回路**
トリオ TS-811

どうしても大きな音になります．

雑音より強い信号が入ると，検波器入力にはいままでの雑音が同じようにあったとしても検波器出力では軽減されます．たとえば信号が1Vで＋5kHzのところに雑音が1Vなら復調出力は0Vと1V，合成すると0.5Vです[注10]．周波数偏移の中心に近い成分(信号)が多ければ雑音は弱まるのです．**写真6-B**では**写真6-A**よりも雑音そのものが小さくなっていることにご注目ください．さらに信号が強くなるとIF回路のリミッタが振幅を制限することも相まって，雑音は消えていきます(**写真6-C**)．

FM検波器が作り出す雑音は耳障りです．そこでFM検波された雑音特有の高い周波数成分を検出して低周波出力をカットするのがスケルチの仕事で，FM通信機では結構初期(1960年代)からこの回路が付いていました．無信号時にだけ出る20～50kHzあたりの周波数の信号[注11]を検出しています．

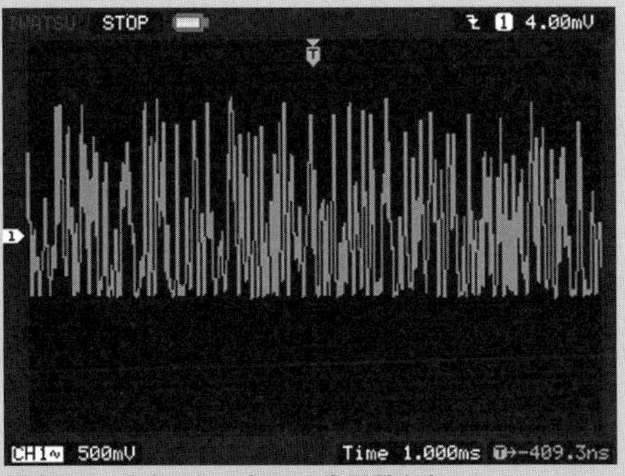


**写真6-A　入力がない時のFM復調器出力**

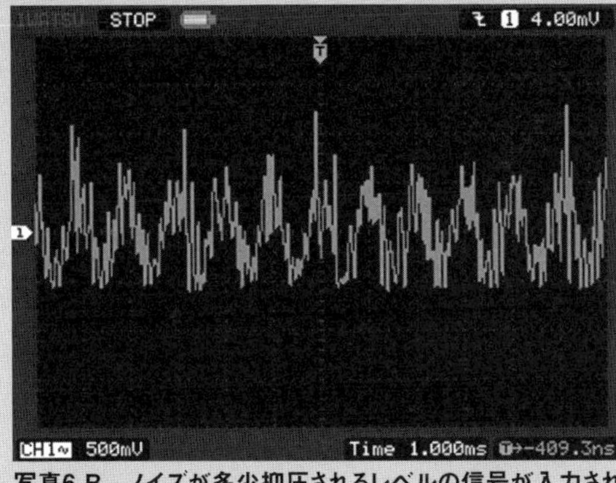


**写真6-B　ノイズが多少抑圧されるレベルの信号が入力されたFM復調器出力**

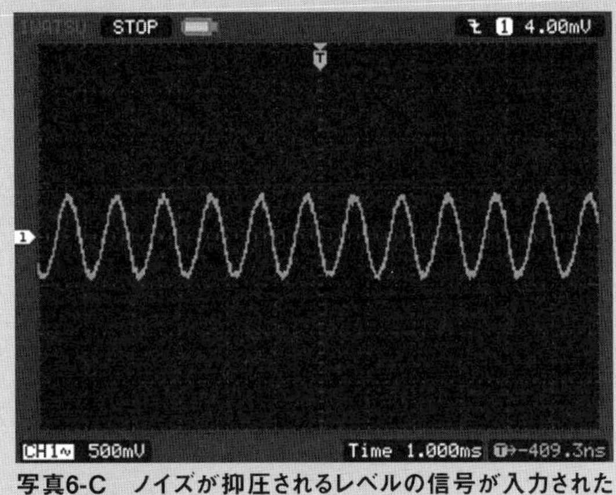


**写真6-C　ノイズが抑圧されるレベルの信号が入力されたFM復調器出力**

注10）0Vだから出力が出ないわけではない．弁別器の2出力のベクトルを書いてみるとわかりやすい．プラス，マイナス両方の出力が出て0Vになっている．

注11）しつこいようだが，FM検波器が出す雑音は，検波器に入る雑音の周波数差と時間差で生じる．このため，雑音ではフィルタの帯域外の高い周波数も出力する．

ていますから50Ω入力，50Ω出力で，後ろにフィルタを付加するだけでパワーアンプができあがります．モジュールはVHF帯，UHF帯用がほとんどですが，これは周波数が高い方が整合回路，特にコイルを収納しやすいためでしょう注12．ドライバ段用のパワージュールも存在します．

パワーモジュールを使用すると回路が簡単になり部品点数も減少しますが，実はもっと大きなメリットがあります．それは*SWR*が悪い状態でも素子が壊れにくくなるのです．

*SWR*が悪い場合，つまりリグと給電線の整合が取れていない時に送信波を出力すると反射波が返ってきます．この反射波と送信波（進行波）が重なった電圧が素子を破壊してしまうのです．送信波と反射波の位相が一致したときが一番電圧が高くなるので，半導体メーカーではさまざまな条件を作って素子のテストをしていますが，「全流通角で破壊されない」と明記されているものでも実際は破壊される場合があります．

原因はいろいろ考えられますが，素子メーカーが想定しない整合回路で使われたという場合もあるようです．しかしパワーモジュールでは回路は固定されますからほぼ想定内となるわけで，必然的に壊れにくくなるのです．筆者の経験でもファイナル・トランジスタが飛ぶようにパワーモジュールの最終段が壊れたことはありません．

ただし何時の頃からかパワーモジュールの設計にリグの性能が左右されるようになりました．1980年代，1990年代のハイパワータイプFM機の出力が144MHz帯50W，430MHz帯35Wとなっていたのはその典型です．パワーモジュールはそのシリーズごとに入力電力と増幅段数が決まっているので，増幅率が落ちる周波数ではパワーも落ちてしまうのです．

## デュアルバンドとマルチバンド

HF機はHF帯全体をカバーしているのが普通ですが，1980年代半ばまではV/UHF機はモノバンダで，リグをバンド別にそろえる必要がありました．この理由としては送信出力回路，そしてフィルタをバンド別にしないと必要な性能が取れなかったためと思われます．

表示周波数を別にすればパネル面の機能は同じです．そこで1979年発売のFT-720/V，FT-720/Uでは分離型のコントローラが144MHz帯（/V），430MHz帯（/U）のどちらでも使用できるようになっていました．また福山電機製作所のMULTI-750は外付けトランスバータ EXPANDER-430を付けると，144→145→430MHzと連続したバンドチェンジが可能でした．1980年の製品です．

実際に144/430MHz帯を一筐体（きょうたい）に収めたモービル機はTW-4000（1983年）が最初

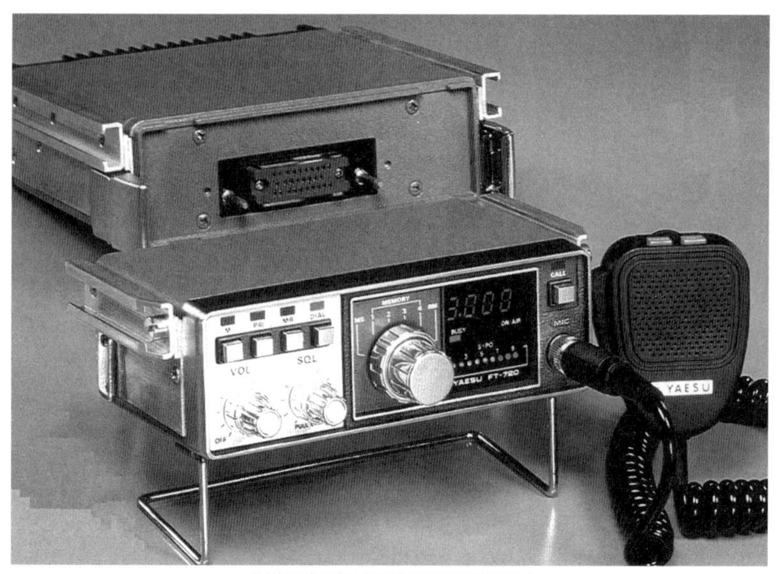


八重洲無線 FT-720V/FT-720U

注12）HF帯のパワーモジュールがないのは，モジュールでは広帯域にしにくいという理由もある．アイコムのIC-706GmarkⅡや八重洲無線のFT-100(D)のように，144MHz帯と430MHz帯を共通回路で電力増幅しているリグもパワーモジュールを使っていない．

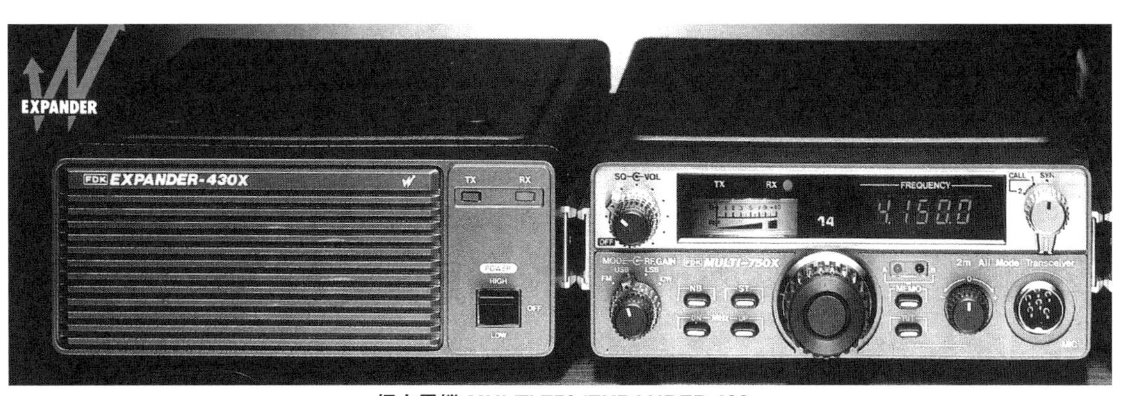


福山電機 MULTI-750/EXPANDER-430

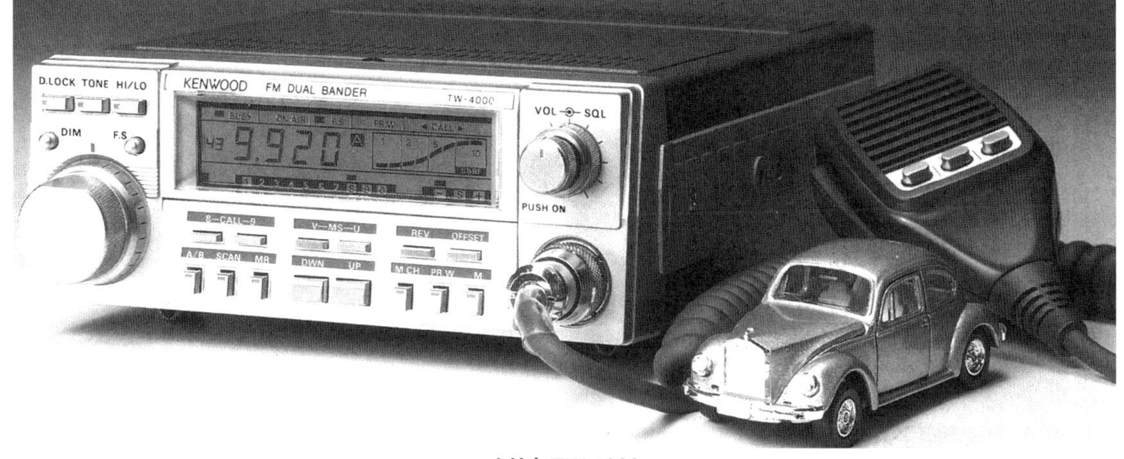


トリオ TW-4000

PUMA MR-27D

八重洲無線 FT-727G

日本マランツ C500

です．回路の共用部分はあまり多くないためモノバンド機よりは大きくなってしまいましたが，2機種を用意するよりは小さく安価となりましたので，このリグは広く受け入れられています．

一方，144MHz帯，430MHz帯の2バンドに対応したハンディ機はPUMAのMR-27D（サムホイール式 1985年），八重洲無線のFT-727G（テンキー式 1986年），日本マランツのC500（ロータリーエンコーダ式 1987年）でした．C500はハンディ機初の2バンドを使った同時送受信にも対応しています．モービル機の2バンド同時受信はC5000（1985年），ハンディ機での2バンド同時受信は1989年のFT-728とTH-75からです．2バンド対応機の同一バンド2波受信[注13]はV/UHFモービル機としてはTM-721（1987年，要オプションでレピータバンドのみ）が世界初となります．

乱戦ともいえる激しい機能競争はずっと続いていますが，メーカー各社の小型化への努力もあり，今の2バンド50W機は昔の1Wモノバンド・ハンディ機よりも小さく薄くなりました．

## オールモード機の2分化

1970年代後半から1990年代前半で一番変化したのはオールモード固定機[注14]かもしれません．

トリオのTS-700シリーズは長い間アナログVFOでしたが，TS-770（1979年）はデジタルVFOを搭載しました．それより前，IC-221とIC-232（いずれも1976年）でデジタルVFOの先陣を切ったアイコムもそのバリエーションを増やし，HFではまだアナログVFO機が発売されていたにもかかわらず，あ

◀写真6-18　デジタルVFO機にはチューニング・ステップを変えるTSスイッチが付いた
アイコム IC-371

トリオ TS-770

注13）144MHz帯同士，430MHz帯同士の受信も可能という意味．
注14）ここではAMのないリグもオールモードとしている．

っという間にV/UHF帯のオールモード機はデジタルVFOを搭載しました.

デジタル化ではドリフト減少という性能向上がみられましたが, 実はもっと大きなメリットもありました. リグにTS(Tuning Step)スイッチが付き(**写真6-18**), 自由にチューニング・ステップを設定できるようになったのです. モード切り替えに連動して1ステップ当たりの周波数変化を変えることもできます. これによりVFOを利用してのチャネル運用が可能になっています(**写真6-19**)が, 固定チャネル用水晶発振子(**写真6-20**)を追加しなくてよいという点においてデジタルVFOは画期的なものでした.

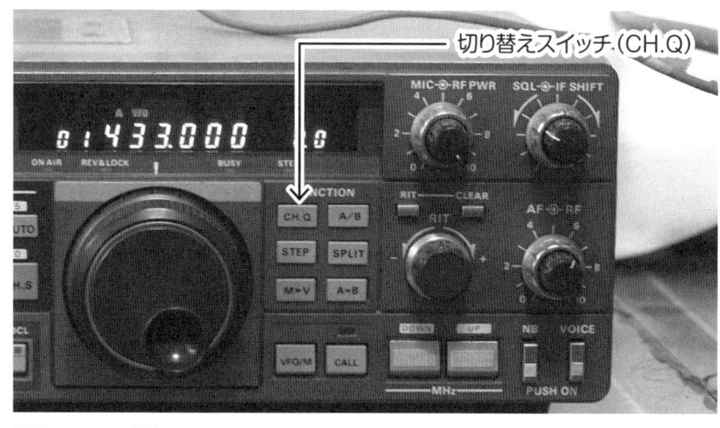


**写真6-19　デジタルVFO機の中にはクリックを付加する機構を持っていたものもあった**
トリオ TS-811

**写真6-20　アナログVFO時代のV/UHF固定機は水晶発振式の固定チャネルを持っていた**
日本電業 LS-707

こうして使い道が広がると, 各社からは大型固定機と並んで小型の固定機も発売されました[注14]. 1980年代初めの各社のオールモード機を例にとると, アイコムではIC-290, IC-390はモービル機, それ以外は大型固定機です. トリオではTRで始まる9000番台は小型固定機, TSで

**ケンウッド TM-455/TM-255**(写真TM-455)

アイコム IC-275/IC-375

始まるものは大型固定機です．八重洲無線ではFT-280，FT-780，FT-680は小型固定機，FT-225，FT-625は大型固定機です（メーカー名は50音順）．

アイコムのリグをモービル機としましたが，これは固定でも十分使えるものですし，逆にトリオや八重洲無線の小型固定機はモービルで使うことも可能でした．それまではSSB運用可能なリグの場合，大型固定機はVFO式，小型のモービル機はVXO式と分かれていたのですが，その垣根が消えていますし，小型機にもFMモードが入りどのリグもオールモードになりました．

その後，衛星通信対応の多バンド機やHF帯もカバーするリグ，そして2バンドモービル機が続々と発売される中で少々興味深い現象が起きました．小型オールモード機がモノバンド機として生き残ったのです．ケンウッドはTR-751，TR-851（いずれも1986年），TM-455（1993年），TM-255（1994年）とモノバンドのモービル機を作り続け，アイコムはIC-275，IC-375（いずれも1986年）2機種のモノバンド固定機を1996年まで販売し続けています[注15]．144MHz帯と430MHz帯の両方に，そのバンドを愛してやまないハムがいるということなのでしょう[注16]．

## トーンスケルチ

メイン・チャネルが混雑してくると，自分のグループの局だけを聞きたいという要求が出てきました．ナロー化よりはるか前，1973年に極東電子はFM144-10S，FM50-10Sに接続するセルコール（SC-10）を販売しています．これは特定の2トーンを受けたら専用スケルチが開くというもので，自動，または手動でのリセットをするまでスケルチがオープンするようになっていました．

その後，1977年に八重洲無線のFT-223にトーンスケルチがオプション設定されます．これは300Hz以下の周波数の連続信号を送信側が重畳し，受信側はこれをデコードした時だけスケルチが開くようにするものでCTCSS（Continuous Tone-Coded Squelch System）とも呼ばれています．

当初は常時出してトーンスケルチ対応をPRしている局もいましたが，300Hz以下をカットする機能がない従来のリグでは受信音にハムが乗っているようにも聞こえるという問題もありました．もともと業務用の無線機で使われていた機能でしたので，各社が受信回路を改良しすぐにこの問題はなくなりましたが，

注15）発売から8年を経た1994年のIC-820発売後は50W出力のハイパワータイプのみとなった．当時の他のリグでは全モードで50W出せなかったため販売が継続したのかもしれない．
注16）FM専用のモノバンド機は第9章にて解説．

**極東電子 FM144-10S接続用セルコール装置**(写真はSC-10)

**八重洲無線 FT-223**

トーンスケルチ自体はそんなに普及していきませんでした．FT-223では基板上の半固定抵抗器で周波数を設定するようになっていたことが一因かもしれません．当時，他社ではWARPのWT-200が数少ない対応機，極東電子はSC-12Bというセルコールを発売していました．

このトーンスケルチが脚光を浴びるのは1982年，430MHz帯でレピータが開設されたときです．レピータへのアクセスを意図しない信号まで中継することを防止するために88.5Hzのトーンを入れることとなり，スケルチとしての機能はともかく，トーンの重畳機能が必要になったのです．このため430MHz帯のほとんどのリグで88.5Hzのトーンエンコーダ基板がオプション設定されるようになりました．標準装備でないのは，ほとんどのリグでトーンスケルチ基板もオプション設定されて択一選択となったためです．

1社が先行採用した機能が全社で採用されることは珍しいのですが，この時決め手となったのは，逆に普及していなかったことで不公平感が生じなかったからではないかと思われます．

レピータ開設の前年，1981年5月発売のFT-708(無印)など，八重洲無線製のリグにもトーン機能のない製品があったのです．

トーンスケルチは当初37波が制定されていました．その後39波になり現在は50波が使われています(**表6-2**)．元の規格は1979年に米国で制定されたEIA-RS-220です．

**表6-2　50波の場合のトーン周波数**(37波では太字のみ)

| **67.0** | **79.7** | **94.8** | **110.9** | **131.8** | **156.7** | 171.3 | **186.2** | **203.5** | 229.1 |
|---|---|---|---|---|---|---|---|---|---|
| 69.3 | **82.5** | 97.4 | **114.8** | **136.5** | 159.8 | **173.8** | 189.9 | 206.5 | **233.6** |
| **71.9** | **85.4** | **100.0** | **118.8** | **141.3** | **162.2** | 177.3 | **192.8** | **210.7** | **241.8** |
| **74.4** | **88.5** | **103.5** | **123.0** | **146.2** | 165.5 | **179.9** | 196.6 | **218.1** | **250.3** |
| **77.0** | **91.5** | **107.2** | **127.3** | **151.4** | **167.9** | 183.5 | 199.5 | **225.7** | 254.1 |

## プライオリティ・チャネル

**写真6-21　プライオリティ動作はとても便利**
アイコム IC-338D

これを考え出した方に表彰状を出したくなる機能，それがこのプライオリティ・チャネルです(**写真6-21**)．何秒かに1回，指定された別チャネルを受信して，そこに電波が出ていればそちらに留まるというもので，運用周波数，もしくはクラブ・チャネル，レピータ・チャネルとメイン・チャネルを同時に監視できるわけです．筆者は本当にお世話になっています．2波受信などとは違って回路そのものには何も追加することなく，ソフトウェアとスイッチさえあれば実現するというのも素晴らしい話です．マランツ(スタンダード)のリグではこの機能をデュアルワッチと称していました．

## DTMF

**写真6-22　モービル機のDTMF送信はマイクロホンから**

スティック型ハンディ機にはキーボードが付いているものが結構あります．同じリグでキーボードを追加できるものもあれば，機種番号が異なっているものもあります．1984年ぐらいからこのキーボードでDTMF信号が出せるようになり，モービル機にもマイクにDTMF機能を付けたもの(**写真6-22**)がありました．

DTMF(Dual-Tone Multi-Frequency)は2つの周波数の信号を発生させるもので，8つの発振器で16の状態を伝えることができます(**表6-3**)[注17]．指定したDTMF信号を前置した信号を受けたときだけ受信するDTMFスケルチに使われていますが，実は，最初の頃はレピータのリモート・コントロール程度しか使用法はありませんでした．

でもこのDTMFには違う用途がありました．海外でフォーンパッチ(無線の有線電話接続)に使われていたのです．有線電話のプッシュ回線で電話番号を送っているのがDTMF信号だということはご存じかと思います．これは音声帯域内の信号なので，何らかの方法で電話回線のフック上げ(直流ループ開通)を行えば，あとはリグのDTMF信号を中継することで直接ダイヤルができます．この動作を「ダイヤルする」と呼んで良いかはともかくとして，こうするとフォーンパッチ接続をしてくれる局に余計な手間を掛けさせずに済みました．少し後のリグでは，東野のFSXシリーズ(1990年，輸出用)のようにDTMF送信だけでなくフック上げ機能と同時通話機能を持ったものもありました．

**表6-3　DTMF信号周波数**

| | | 高群周波数 | | | |
|---|---|---|---|---|---|
| | | 1209Hz | 1336Hz | 1477Hz | 1633Hz |
| 低群周波数 | 697Hz | 1 | 2 | 3 | A |
| | 770Hz | 4 | 5 | 6 | B |
| | 852Hz | 7 | 8 | 9 | C |
| | 941Hz | * | 0 | # | D |

日本ではプッシュ回線に切り替えると電話の基本料金が増額された[注18]ため，DTMFの電話回線はなかなか家庭には普及しませんでしたし，フォーンパッチ自体も許可されたのが遅かったため，この時代を経ずに携帯電話の時代となっています．

注17）この配置のせいで電話と電卓でキーの配列が異なるものとなった．2信号を同時に使用するので誤動作しにくい．
注18）当初料金は1,700円，その後追加された基本料金550円増(後に390円増)の安いプランでは，電話のダイヤリングが速くなるという程度のメリットしかなかった．

## Column パーソナル無線とアマチュア無線

1982年12月にパーソナル無線という名称の無線通信システムが誕生しました．900MHz帯のFMで出力は最大5W，無線従事者資格不要で扱え，配車連絡などに使ってもかまわない，アマチュア無線と業務無線の中間のような存在です．輸出用市民ラジオを使った違法局（違法CB）対策の面を持つこの無線システムは誕生とともに爆発的に局数が増加，その後廃止が決まり2021年末に無線局数はゼロとなりました．

このパーソナル無線の特徴のひとつにチャネルの独占を許さないということがありました．違法CBの世界ではチャネルの使用権を巡って暴力沙汰まで発生していたため，それをできないようにしたものです．呼び出しチャネルで同一の群番号（数字５桁）を設定している局を見つけたら，サブ・チャネルに移る，でもそのチャネルそのものは指定できないし表示もされないというものでした．群番号00000だとCQ呼び出しになるなどアマチュア無線に近い運用も考慮されています．

この時，相手と情報を交換するのに1200bpsのMSK（FSKの一種）データ信号が使われていました．自動的にQSYする先を交換するのもこのデータ信号です．PTTを押すとまず一瞬MSK信号が出て，それから音声送信が可能になります．

この考え方をアマチュア無線に最初に持ち込んだのがトリオで，DCLという仕組みを考え出し，1984年夏に一斉に新製品を発表しました（**写真6-D**）．

DCL自体の機能は，同じデジタルコードを設定した局を空きチャネルに自動的に誘導する機能，デジタルコードを用いてスケルチのような選択呼出しをする機能に分かれます．信号の内容はコールサイン，デジタルコード（群番号に相当），空きチャネル情報です．

DCLスイッチONでCHLスイッチを押すと，F2電波が発射され，同じデジタルコードを持つ局が一斉に同じサブ・チャネルにQSYします．取りこぼし対策としてCHLスイッチは複数回押しても大丈夫なようにもなっていて，QSY前の周波数で信号は送信されます．QSY先に混信があった場合はRESETを押せば元のチャネルに戻れます．

このDCL信号は普通の送信の際にも発射されます．送信の初めと終わり0.2秒間に1200bpsのMSKで送信し，同一コードを持つ局のスケルチを開くことができました．また同一コードを探すスキャンも可能でした．

このDCLはトリオが主導し日本圧電気（現AZDEN）も採用しましたが，他社からは反発があったようで，アイコム，日本マランツ，八重洲無線がDCLに対抗して作ったのがAQSです．大元の技術は一緒ですから，伝送スペックもほぼ同一ですがデータ信号の組み立てが違い，内容は進化しています．自動一斉QSY，デジタルコード・スケルチの機能に加えて，コールサイン・スケルチ，データ・メッセージ伝送（14文字まで），コード・メモリといった機能がありました．

結局のところ2方式があること，どちらにも対応しないリグがあること，QSY先の見当がつかないこと[注19]などから，DCL，AQS共に生き残ることはできませんでした．新製品は2年半で途絶えてしまいます．

なお，八重洲無線のFT-3700，FT-3800，FT-3900（いずれも1985年）の3機種ではRADIO VANという漢字通信システムもオプション設定されました．これはAQS信号を連続して流すことで長いメッセージを伝えるもので，電子メールやBBS動作，受信確認などもできるようになっていました．

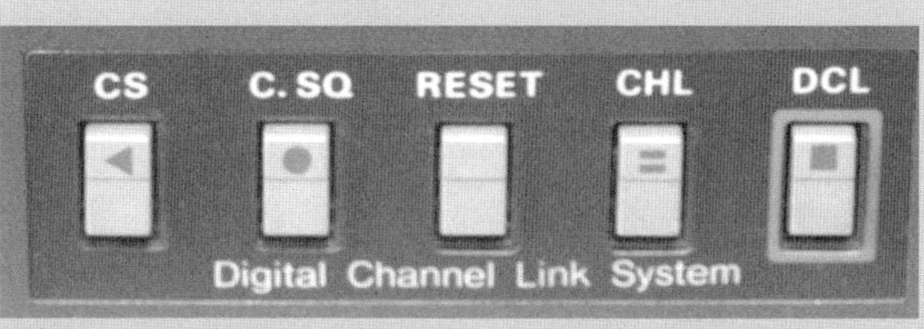


**写真6-D　DCL操作部**
トリオ TS-811

注19）通常なら，たとえば「432.76MHz，QRMがあればそこから下に」というように，オンエア・ミーティングなどでは遅れてくる局が探しやすいように周波数設定ができるが，DCLやAQSでQSYすると毎回違う周波数に飛んでしまうので，スキャンがあっても後からの局は探すのが結構大変になる．

# 第7章 UHFへお引越し

**本章では1970年代終わりから1980年代までのUHF機について解説します. 430MHz帯については第6章もご覧ください.**

## 回路はキャビティに収めて

アナログ時代のテレビ放送は1953年にVHF帯で始まりましたが，同一周波数混信に弱かったために置局に苦労をしていました. そこで早くも1961年には実験局という形をとりながらもUHF帯を使用した一般向けのテレビ放送が始まりました. 親局が誕生したのは1969年，大都市向けの試験放送が始まったのは1970年の暮れです. 当時小学生だった筆者は，千代田放送会館(東京都千代田区)からの試験放送をノイズ交じりのテレビで見ていました注1.

1960年代のテレビにはUHFのチャネルは付いておらず，テレビにUHFチューナを付けて受信するのが普通でしたが，初期の回路は局発とダイオード1本によるミキサだけでした. 増幅は大変だったのです.

その後少しずつUHF関連のデバイスや部品は増えていきます. しかしこのUHF帯の機器を製作するにあたっては配線長の問題がありました. 430MHz帯の波長は70cm，配線を波長の1/100とすると許容長はわずか7mmで，普通のリード付き部品を使用するとこれは結構厳しい条件となります. 1.2GHz帯は波長23cmですから1/100波長は2.3mm，こちらは事実上無理ともいえる長さです.

そこでアマチュア無線用の

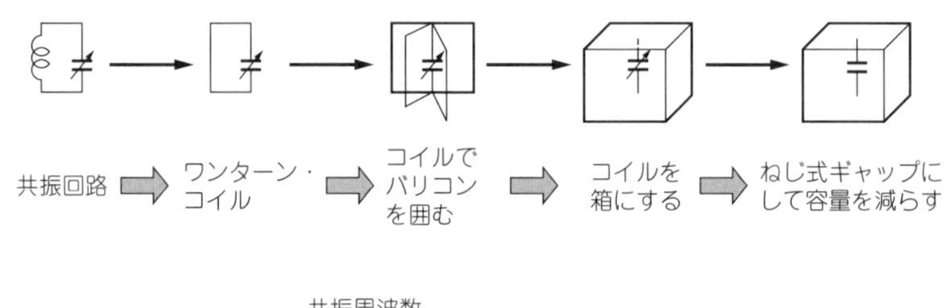


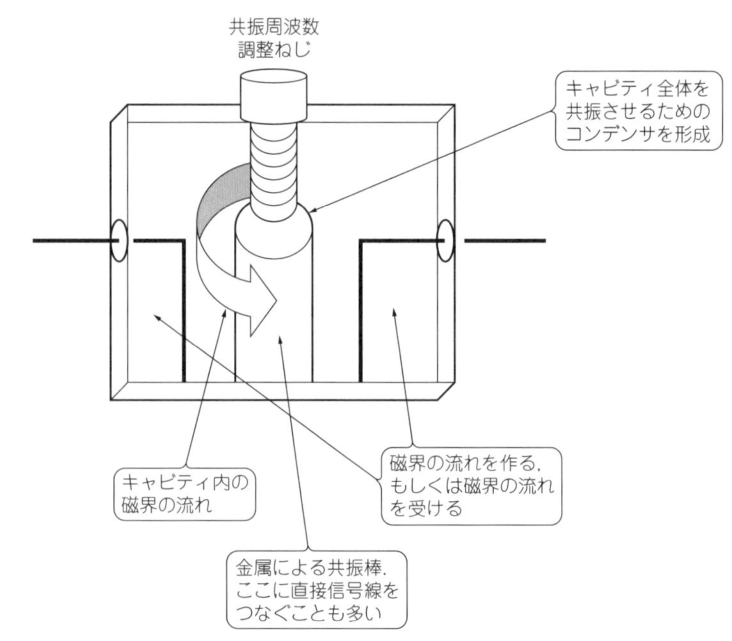


**図7-1　キャビティの成り立ちと構造**

注1）当時，UHF付きのテレビが家にあったため，アンテナなしで開局当初から受信ができた.

**写真7-1　キャビティ構造の増幅器**

機器ではキャビティが使われるようになりました．キャビティ自体は共振箱．箱の外側はシールドとなるので改めてシールドをする必要はありません．箱の内側がコイルと等価の働きをするので，箱の中心に棒を立て，ねじを使ってコンデンサを構成することで共振させて使用します．

普通のコイルでは1次側と2次側は磁界で直接結合しますが，キャビティの場合は箱(の内側)を介して結合します．**図7-1**はこれを横から見た図です．この図では線をアースに接続していますが，これはリンク・コイルに相当します．アマチュア無線機の場合は中心の共振棒に直接配線を接続する例が多く見られます．これはコイルのタップに相当しますが，この場合も部品の足と共振棒でリンクコイル相当の構造が作られます．

**写真7-1**はキャビティを使った増幅器です．足のある普通の部品を用いていますが，その部品の足は内部の磁界を作り出すのに一役買っていますから事実上足の存在が無視できます．**写真7-1**の右側では複同調とするために壁をなくした部分も見られます．

## バラクタ・ダイオードでの逓倍法

高い周波数での増幅は簡単ではありません．そこで初期の送信装置では低い周波数で10W程度まで増幅した上で最後にバラクタ・ダイオードで逓倍して送信することが考えだされました．

バラクタ・ダイオードの別名は可変容量ダイオード，つまりバリキャップ[注2]です．逆電圧が高くなると容量が減りますので，正弦波の頭をつぶすような動作をします．またダイオードですから波形の片方はカットされます．この２つの動作が能率の良い逓倍を生み出します．

注2）本来はTRWセミコンダクターの商標．

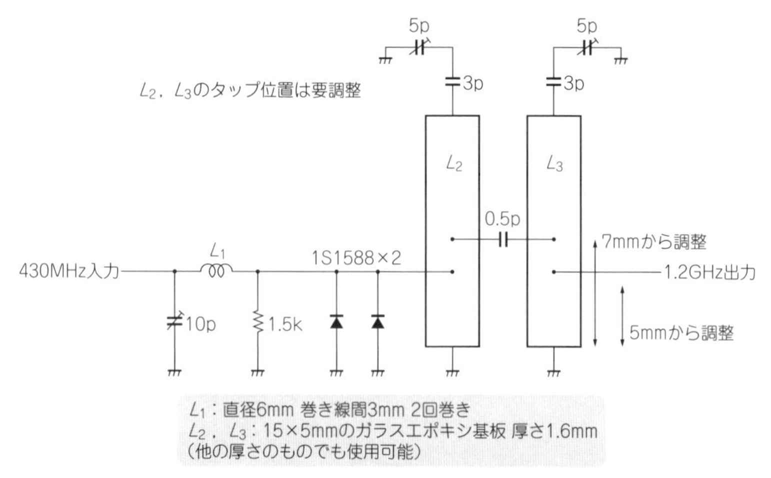


**図7-2　スイッチング・ダイオードを用いた逓倍器の例**

メーカー品の3逓倍での効率は40%ぐらいです．パッシブ回路としては結構効率が良く，業務用・アマチュア用を問わず，初期の装置では送信は逓倍，受信はヘテロダインというのが一般的な回路となりました．しかし業務用と違ってアマチュア用は複数チャネルを使用します．バラクタ・ダイオード式トランスバータでは元の信号周波数を変えると送受信周波数にずれが生じるという問題がありました．これは親機の周波数を切り替えたときに，送信周波数だけが逓倍した分だけ多く動いてしまうためです．逓倍後のバンドがガラ空きでQSYの必要がなければこれでも良いのですが，サブ・チャネルへの移動が求められるようになってくると，この方式では使いにくくなります．

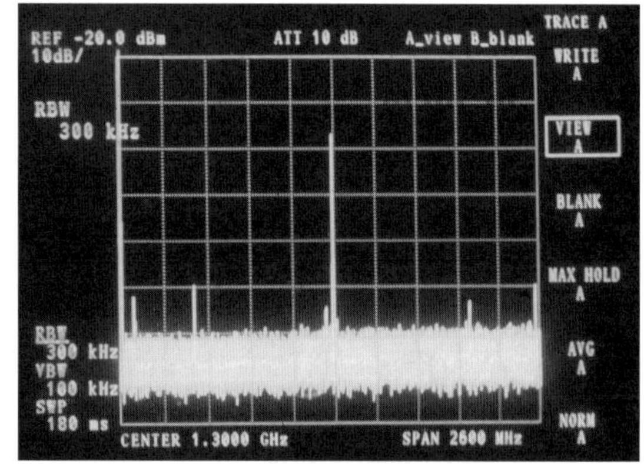


**写真7-2　図7-2の逓倍器の周波数別の出力分布**
左端が0MHz，中心が1.3GHz

430MHz帯を1.2GHz帯に持ち上げる回路の例を**図7-2**に示します注3．アイドラのない簡単な回路で，バラクダ・ダイオードの代用にスイッチング・ダイオードを用いているので能率は低くなってしまいますが，これでも立派に逓倍をしています．手軽に実験できる回路です．1W入力で出力は50mW，**写真7-2**のように，入力波，5倍波，6倍波共に−30dB以下です．出力が低いことが幸いして，簡単な回路ながらスプリアス領域の規制値(絶対値で50$\mu$W)を満足しています．

## ヘテロダイン方式

前述の問題がありますので，送受信ともヘテロダイン式で回路が組めればそれに越したことはありません．高い周波数を増幅できる素子ができるとヘテロダイン方式が主流になりました．

初期のアマチュア無線用自作機の受信部では，TVチューナと同じくダイオード・ミキサと局発を組み合わせたものが使われました注4．その後ミキサにはトランジスタが使われるようになり，利得が低いのを承知で増幅回路も組むようになります．またガリウムヒ素FETが実用化されてからはこちらを使用するようになりました．**表7-1**にいくつかの回路の感度の例を示します．

この利得が取れないという問題は送信回路でも同様です．**写真7-3**はマキ電子のトランスバータUTV-2400E最終型の送信電力増幅部の写真ですが，2SC2558で2段増幅した後に同じ素子をパラレルにして増幅

注3）入力側の*SWR*は2.5ぐらい．この点で改善の余地がある．タップ位置が少々クリチカルなので注意．

**表7-1　1.2GHz 受信装置の感度例**
『1200MHzマニュアル』電波実験社 1986年より
この表の作者はJA7RKB 十文字 正憲 氏

| 数値の単位はμV | メリット2 | メリット5 | 製作者 |
|---|---|---|---|
| RF増幅なしコンバータ | +12dB | +22dB | JA7RKB |
| RF増幅2段　2SC2367×2 | −28dB | −10dB | JA7BSI |
| RF増幅2段　2SC2367×2 | −24dB | −10dB | JA7RKB |
| RF増幅2段　2SC2369×2 | −15dB | −5dB | JA7YTV |
| TR-50 | −20dB | −6dB | サンプルの一例 |
| IC-120 | −20dB | −10dB | |

筆者追記：メーカー製リグはトランシーバのため，送受信切り替えスイッチによるロスが含まれていると考えられる．

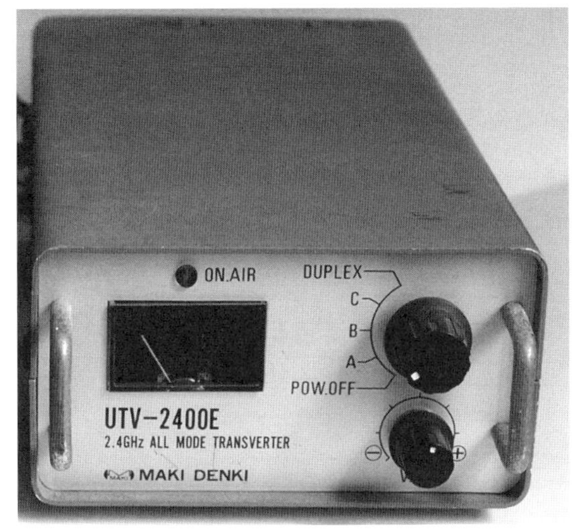


マキ電機 UTV-2400E

していることがわかります．利得が多ければ使えない回路です．

## マイクロストリップライン

部品の進化・小型化で430MHz帯のリグは144MHz帯の延長線上で作られるようになりましたが，1.2GHzとなるとまだそうはいきません．ここで使われるようになったのがマイクロストリップラインです．配線を短くするにも限度があるなら同軸ケーブルのような伝送線路を基板上に敷いてしまえばよいという考え方で，1960年代半ばに理論解析が終わり，1970年頃から自在に利用できるようになりました．

アマチュア無線の場合，通常はサーフェイス・マイクロストリップラインと呼ばれる構造のものが使われます．片面は全面アース，もう片面は配線パターンという基板を用意し，パターンの幅を適切に取ると，同軸ケーブルと同じようにコイル，コンデンサが無限に存在するような分布伝送線路ができあがるのです．同軸ケーブルと違って強いシールド効果はありませんが無損失伝送は可能な

**写真7-3　マキ電機 UTV-2400Eの送信パワーアンプは同じトランジスタで構成されている**

注4）局発では，逓倍数を間違える，発振する，目的の周波数の信号が出てこないといったトラブルがあったため，受信コンバータは局発ができれば7割方完成といわれていた．

ので，基板上に長い配線を組むことが可能になりました(**写真7-4**，**写真7-5**).

入手しやすい基板にガラスエポキシ板を用いたG10というものがありますが，これの誘電率は4.5で，ライン幅／基板厚みが1.8になるようにすると，ほぼ50Ωのマイクロストリップラインとなります．伝送時に位相遅れが出ますので注意が必要ですが，これを逆手に取ったラットレース・ミキサのようなものもあります．先ほどの**写真7-3**では等長のストリップラインを利用した分割器，合成器で左端のファイナルを並列運転しています．

なお，**図7-2**のようにストリップラインとよく似たものを単なる共振器として使用しているものがあります．これはマイクロストリップラインとは違い直線状の$L$(インダクタ)を構成していて，考えようによってはキャビティの中心部を抜き出したものとも言えます．見分け方は簡単です．マイクロストリップラインは基板の材質と厚さを指定する必要がありますが，$L$として使う場合はたいていその指定が省略されています．

**写真7-4　ストリップラインは低損失の長い配線が可能**
川越無線 モデル008．1.2GHz用プリアンプ

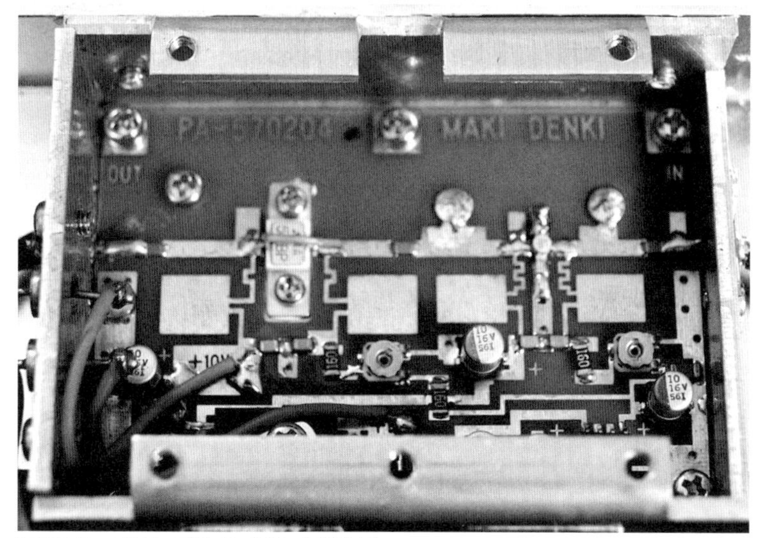


**写真7-5　ストリップラインを使った増幅器**
マキ電機 UTV-5600BⅡP

## AFCとTCXO

低い周波数では自励発振の信号(アナログVFO)は不安定になりやすく水晶発振の信号は安定しているとされていますが，UHF帯では水晶発振でも安定しているとはいえません．水晶発振子を利用した発振回路は時間的な変動よりも温度変化による変動の方が大きくなります．そこでこの観点から安定度を確認すると，ATカットの水晶発振子(人工水晶のZ軸から「35°15′」の角度で切り出した振動子)の場合，一般的な温度範囲では±10ppm程度となるようです．430MHz帯では±4.3kHz，周波数偏移5kHzのFM波でもこの

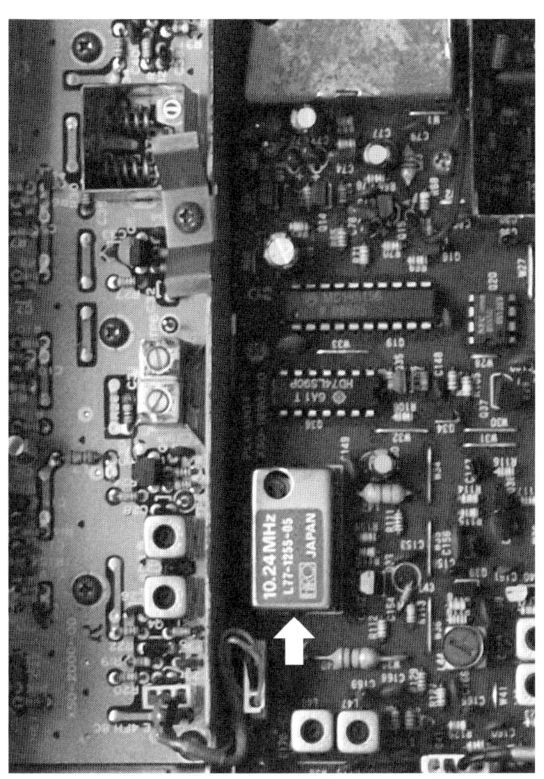


**写真7-6　初期のTCXOは3ppm品**(矢印の部品)
トリオ TS-811

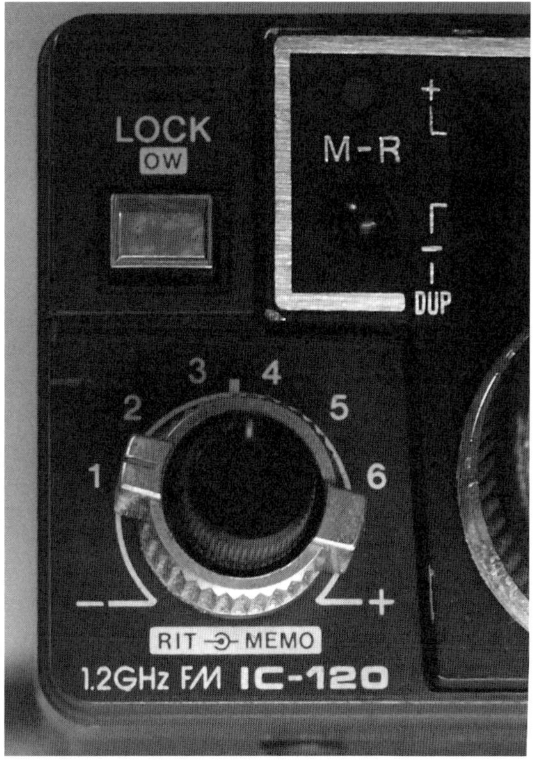


**写真7-7　RITのあるFM機は珍しい**
アイコム IC-120

変動は少々多すぎです．

このために搭載されたのが温度補償型水晶発振器(TCXO)で，初期のものは精度3ppmでした(**写真7-6**)．これは430MHz帯で約1.3kHzでしたから，この周波数帯であればそんなに問題はありません．その後0.5ppmの品がリーズナブルな価格で使えるようになります．これは1.2GHz帯でも600Hzとなるので，周波数変動，周波数確度についてほとんど気にする必要はなくなりました．

なお，このppmで表示される周波数精度は調整後，そしてウォームアップ後であることに注意する必要があります．スイッチONからしばらくはこの精度が出ません注5．エプソンの高精度品の例では，0.1ppm品の初期偏差が2ppmとなっています．

すべてのリグがTCXOを搭載しているわけではないので，初期の1.2GHz帯のリグではRIT(**写真7-7**)を用意して相手局の周波数ずれに対応していましたが，すぐにAFC(Automatic Frequency Control)が搭載されるようになりました．これは受信信号の周波数ずれを検知して自動的に受信周波数を修正するもので，回路的にはFM検波器の直流分で受信時の周波数を微調整することで実現できます．

## 量産化への工夫

キャビティは手はんだで組み立てる必要があり，手間もかかりますが製品にもばらつきが生じてしまいます．ただ，プリント基板は不要ですから小規模に生産するのであれば良いのですが，大規模な製造には向きません．

アイデアでこの問題を解消したのが1983年発売のアイコム IC-120で，プリント基板の上にキャビティを

注5）放熱用のファンが回るなどでリグ内部の温度が急に変化した時にもドリフトが生じる場合がある．

**写真7-8 基板の上にキャビティを載せた構造**
アイコム IC-120

載せています(**写真7-8**). トリマ・コンデンサ以外の部品は基板側です. 直線状のキャビティコイルと平行にプリントパターンを走らせることで, 基板回路と共振回路を結合させています. また, ループ状のパターンを利用して, 複同調としているところも見られます.

その後, チップ部品と小型化したフィルタの採用で1.2GHz機はサイズダウンします. キャビティ式フィルタを使用しなくなったため回路の経年変化が減ったメリットも大きいようです. 送受信でのアンテナ切り替え回路もモジュール化されました. **写真7-9**のものは**図7-3**のような構造です. ストリップラインを2カ所でショートすること

アイコム IC-120と10Wパワーブースタ ML-12(写真下)

**写真7-9 モジュール化された送受信切り替え器**
アイコム IC-1201

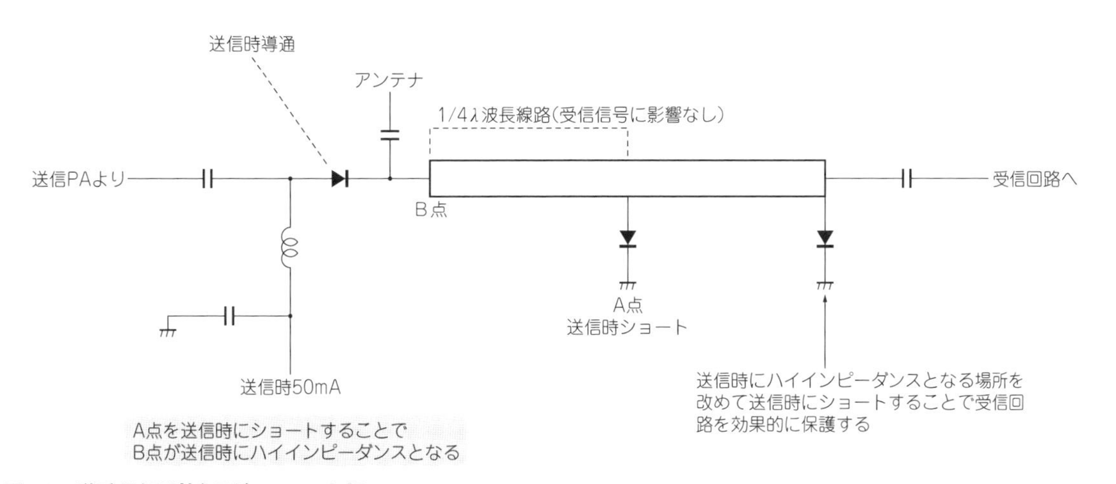


**図7-3　送受信切り替えモジュールの内部**

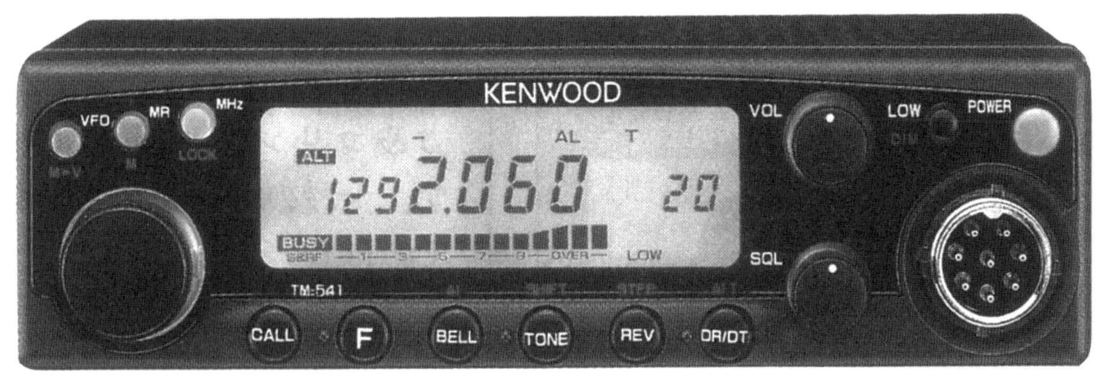


**ケンウッド TM-541**

**写真7-10　小型化への工夫．ケンウッド TM-541では小さな基板が立ててある**

で受信回路への送信波の漏れをなくしています．

基板上に子基板を立てて小型化したリグもあります．**写真7-10**はTM-541(1990年)の内部で，従来型部品が立っている横に，チップ部品が載った基板が立っています．

携帯電話やスマートホンはアマチュア無線機では考えられないほど小型化されています．もちろんこれは「数の力」で，すべてに専用の部品が使われているためです．さらに合理的設計に特化しているということも挙げられます．たとえば通信距離が2kmしか取れないなら，それを無理して延ばすのではなく基地局を増やせば良いし，ユーザーが少なく基地局を疎(まばら)にしたいような地域だけ飛びの良い周波数帯を使えばよい[注6]というように，システム全体をいかにして軽くするかに知恵が絞られています．

## 受信プリアンプ

受信プリアンプの役割はご存じだと思います．アンテナとリグの間に入れる感度向上のための増幅器です．その中で，ケーブル損失を補償するためにアンテナのすぐ近くに取り付けらたものは特に「直下型」と呼ばれています．以前は430MHz以上ではけっこう多くの方が入れていたはずですが，最近はほとんど使われなくなりました．その理由は簡単で1989年発売のSFAケーブルなど，同軸ケーブルの性能が向上したからなのですが，実際にどのくらい向上したかを考えてみます．

1.2GHzの場合，N型コネクタ接続1回の損失は0.2～0.5dBぐらいになります[注7]．ここでは0.3dBとしましょう．アンテナから直接リグに接続するとコネクタは2つ，0.6dBとなります．ルーフタワーを想定して伝送路が12mだと8D-SFAの損失は1.62dB，合計で損失は2.22dBとなります．受信装置の性能を理想的なものにしたときのノイズフィギアはこの値になります．つまり損失はそのまま受信能力に直結します．

一方，プリアンプまでの給電線長を2mとするとプリアンプまでの損失の合計は0.87dBです．プリアンプ

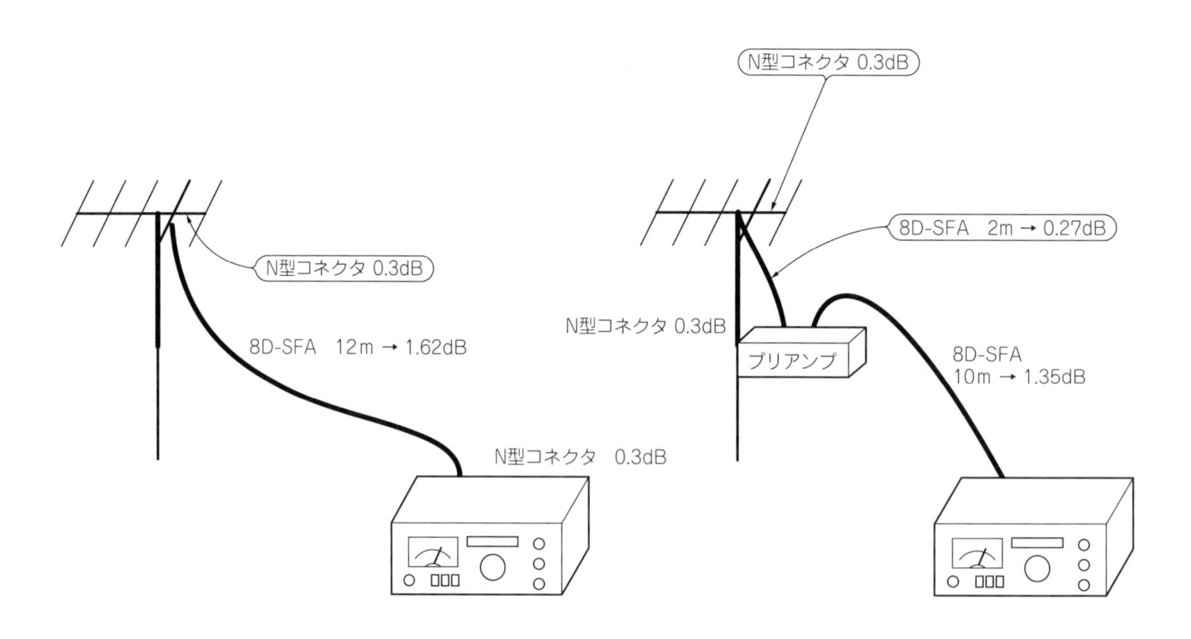


**図7-4　アンテナ直下型プリアンプのメリットは給電線のロスが補えること**

注6) NTT docomoのFOMAプラスエリアがこの方式の典型だった．
注7) 送信機とパワー計で簡単に確認できるので，ぜひ測定してみてほしい．市販品でも損失が妙に大きいものがある．

の利得が十分あれば，プリアンプとリグの間のコネクタ・ケーブルの損失はノイズフィギュアにほとんど響きませんから無視すると両者の差は1.35dBとなります．これがこの条件でプリアンプを直下型としたときのノイズフィギュア改善量です(**図7-4**)．

昔から使われている5D-2Vではこの差は3.7dB，明らかに違いますからプリアンプが欲しくなるでしょう．5D-FBで2.4dB，5D-SFAでは1.95dB，このあたりで我慢できるかどうか微妙なところです．そこで太さを一ランク上げて8D-SFAにすると差は1.35dBに留まるわけです．Sひとつ3dBならその半分弱です．

送信パワーアンプ内蔵のアンプを使用しない限り，プリアンプを入れると送信信号で損失が生じます．給電線長は同じですからケーブルでの損失に変化は生じませんが，コネクタは2つ増えます．プリアンプ内部でのロスが0.5dBとするとこの例では合計1.1dBの損失増で，受信を1.35dB改善するためにこのロスを許容するかどうかは微妙なところです．受信損失が減ったのは同軸ケーブルの進化の賜物であり，もちろん

## Column　マキ電機のトランスバータ

1GHzを超える周波数帯，そして初期の430 MHz帯ではトランスバータが大活躍しています(いました)．リグが少ない，もしくは全くない周波数帯ですから当然と言えば当然ですが，高い周波数に「上がる」ということをいやがおうにも実感させられる運用形態です．

1980年から2017年までトランスバータを作り続けたメーカーにマキ電機という会社がありました．当初は逓倍型，その後ヘテロダイン型，そして47GHz帯のものまで，さまざまな製品を作っています．大手メーカーが一斉に1.2GHz帯のリグを作り，そしてほとんどが撤退した中でも同社は一貫してトランスバータを作っていましたので，GHzオーダーでアクティブに運用された方の多くは同社のお世話になっていたはずです．

同社の機器はキャビティを利用したハンドメイド品です．途中からマイクロストリップラインを使用した基板も利用していますがやはり手はんだ．そして同社の製品はどれもその時々に応じた工夫がありましたので仕様は微妙に変化していますし，内部には設計の新しい部分と古い部分が混在しているものもありました．

初期のものはコネクタはすべて背面でしたが，1990年頃からトランスバータのコネクタ配置を変えています．アンテナ・コネクタはそのままですが，前面にIF(親機)コネクタと電源コネクタが付いているのです(**写真7-A**)．これはアンテナ直付けに対応したためのようです．背面にアンテナを付けるなら他のコネクタは邪魔ですから．でも実はこれによる副次的なメリットもありました．それはIF端子にM型コネクタを挿してしまう失敗が起こりにくくなったのです．N型のメスのコネクタにM型のオスが挿さり，なぜか高価なメス側が壊れてしまう…これは大きな問題だと筆者は考えています．

**写真7-A　アンテナ直付けのためにIF端子を前面に配したトランスバータ**

送信時の損失も減っていますから，全体にロスを減らしてプリアンプなしで構成するという考え方も出てくるわけです．リグの感度が悪いだけならば扱いやすいデスクトップ型プリアンプも候補に入れて良いかもしれません．

もっとも本当にギリギリのDXを狙う場合にはこの1.35dBも大切になりますし，高いタワーを使用してい

## Column　方向性結合器の憂鬱（ゆううつ）

第6章のパワーモジュールの話のところでも触れましたが，*SWR*が悪いとリグの動作に不具合を生じるだけでなく，最悪の場合，反射波のエネルギーが作り出す電圧でリグのファイナルが壊れてしまいます．そこで*SWR*の悪化を検出して回路を保護する必要があり，進行波(送信波)と反射波を分離する方向性結合器が使われます．

**写真7-B**のものはリグの144MHz帯の内蔵品，また，**写真7-C**のものは430～1300MHz用のSWR計のものです．リグに内蔵されているものは送信波を抑えて回路へのダメージを防ぐように動作させますし，SWR計のものはメータ指示でオペレーターに情報を与えます．どちらもCM型です．

CM型ではコンデンサによる結合で得られる電圧で生じる電流と，センサで誘導される電流が得られますが，このうちコンデンサからのものは位相差を持たず，センサからのものは位相差を持つので，2つを足し合わせることで進行波，反射波を分けることができるのです(**図7-A**)[注8]．

**写真7-B　FT-100のSWR検出部．144MHz帯用**

**写真7-C　クラニシ RD-211AのUHF用進行波・反射波検出部**

では，なぜ"憂鬱"などというタイトルを付けたかと言いますと，通過型の検出器は電圧節，電流節[注9]で*SWR*がうまく測れないことがあるためで

注8）MM型と呼ばれるトランス2つを使用するタイプもあり，低い周波数で作りやすい．以前筆者が配布した135kHz帯用SWR計はこのタイプ．

て給電線が長い場合はまた話が変わってきます．また給電線が改良されたとはいえ2.4GHz帯以上ではまだまだ給電線の損失が大きいことにもご留意ください．

なお，5D-SFA-LITEのようなLITEという名称が付く，CA導体を使ったSFA系の低損失同軸ケーブルは曲げにあまり強くありません．ローテーターを併用するアンテナの給電線に使う時は注意が必要です．

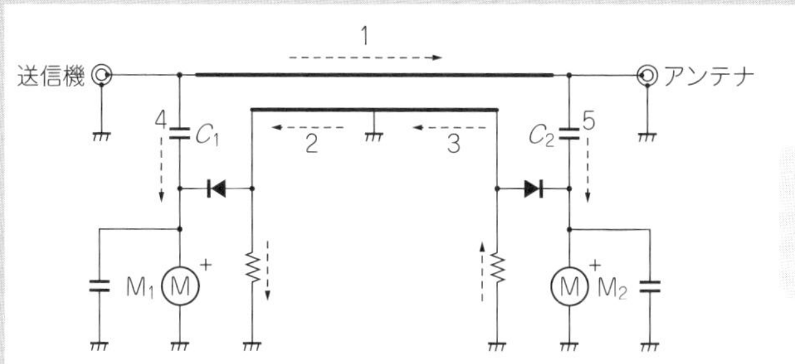


進行波電流1が流れると，その誘導で2，3が生じる．
また，進行波電圧より4，5の両端電圧が生じる．2と4は同一方向なので強め合い，3と5は逆方向で弱め合う．
また，反射波ではこの逆が起きるので，$M_1$は進行波，$M_2$は反射波を表示する

注）線間容量がある場合は，$C_1$，$C_2$は省略される．
また，検出器に10：1トランスなどを使った場合は巻き方の違いで進行波，反射波が逆になることがある

**図7-A　CM型SWR計の原理**

す．万が一の保護だと考えれば，他の保護回路を併用することで十分事足りるのですが，問題はSWR計とリグの内蔵SWR計を比べられた時です．高い周波数では大きな差が生じる場合がありま す．計器はどちらも正常なのですが，給電線のどこでも*SWR*は一定という大原則（知識）があるので，“おかしいな？”ということになってしまうようです．

業務用の方向性結合器（**写真7-D**）では，検出部分が長くなっています．450～900MHz程度で使える品ですが，検出器は6.3cm（**写真7-E**）ありました．

これだけあると線路の広い範囲を測定できるので，特異な測定をしてしまう可能性が低くなります．じゃあ，いくらでも長くて良いかというと，そこは微妙です．検出部自体が給電線のインピーダンスを乱す回路ですから．仮に1/8波長とすると600MHzで6.25cm，先ほどの6.3cmとほぼ同じです．

アンテナに興味をお持ちのOMさんでしたら，精密な測定ができる方向性結合器は測定範囲が狭いということをご存じだと思います．たとえばBard 43型通過型電力計のこの周波数帯のエレメントのカバー範囲は400～1000MHzしかありません．

実は**写真7-B**を撮ったリグでは，144MHz帯と430MHz帯で*SWR*の検出部が分かれています．ファイナルは一緒，アンテナ端子も一緒なのですが，ここは別々にしなければならなかったようです．

**写真7-D　業務用の方向性結合器．銘板右は特性表**

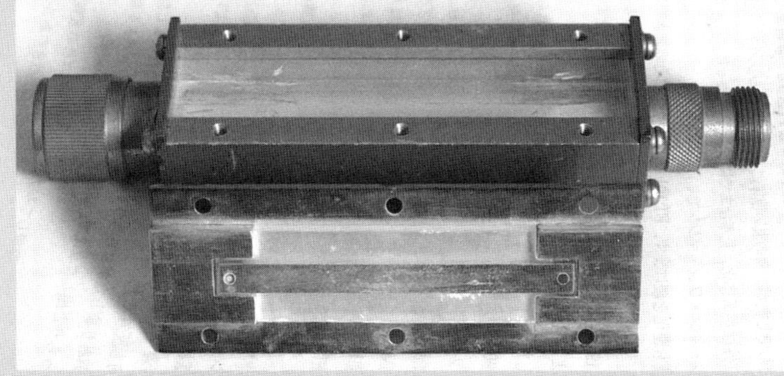

**写真7-E　写真7-Dの検出部**

注9）信号とインピーダンスが一致しない伝送線路で，信号インピーダンスが遷移していくなかでの電圧・電流最大点（最小点）．

# 第8章 HF機はアップコンバージョン

**本章では1980年代から1990年代にかけてのHF機の技術を紹介します．アップコンバージョンによってアマチュア無線機の構成が大きく変化した時代です．**

## スーパーヘテロダインの弱点を消すアップコンバージョン

PLLの利用で純度の高い局発信号が得られるようになると，改めてスーパーヘテロダイン回路の欠点がクローズアップされてきました．ひとつはIF妨害，もうひとつはイメージ混信です．RF回路の選択度を向上させIF周波数を適切に取ることでこの2つの問題は軽減することができるのですが，完全なものにはなりません[注1]．

そこで考え出されたのがアップコンバージョン受信回路です．原理的な構成を**図8-1**に示しますが，要はいったん受信周波数範囲全体より高い周波数に変換してしまえば，この2つの妨害が生じにくくなるというものです．

**図8-1**は中間周波数70MHzで書きましたが，初期のリグは40MHz付近で，その後70MHz付近へと移行していきます．周波数が低い方が良いルーフィングフィルタ[注2]が使えVCOの信号純度も上がるのですが，周波数が高い方がRF部全体の性能を出しやすくなります．

## ゼネラルカバレッジの衝撃

**図8-1**を再度ご覧ください．よく見ると，入力範囲は0～30MHzとなっています．つまり30MHz以下の全周波数です．SSB機では難しかった全波受信ですが，アップコンバージョンで再びこれが可能になりました．ゼネラルカバレッジ(ゼネカバ)の再来です．

実際にはいくつか制約があります．その中で一番大きな制約は受信回路のダイナミックレンジの問題です．普通の短波帯用ダイポール・アンテナでも条件が悪いと(条件が良いと？)短波帯全帯域の信号が受信機にやってきます．最初のミキサにはこれらの信号が殺到してダイナミックレンジをオーバーしてしまう場合があるわけです．

アップコンバージョンのフロントエンドのフィルタは理屈のうえでは30MHzのローパスフィルタ1個で大丈夫なのですが，実際にはフロントエンドに細かくフィルタを入れて信号を

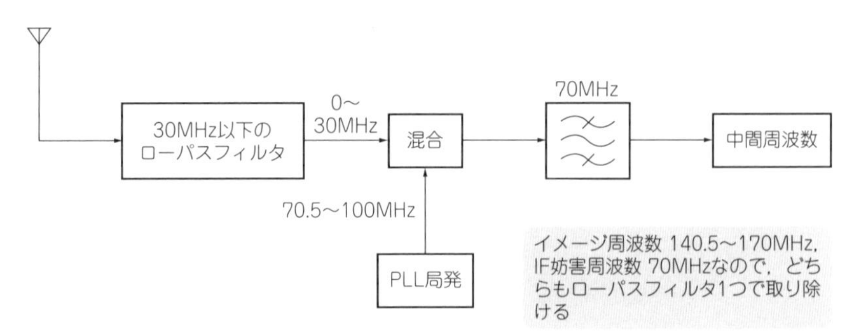


**図8-1 アップコンバージョンの原理的な図**

注1) この回路は後にダウンコンバージョン(第10章参照)として復活する．
注2) ルーフィングフィルタとはアップコンバージョン以後に使われるようになった言葉で高い周波数に変換したのちの最初のフィルタを指す．生活面の高さ(受信周波数)よりも高いところにある覆い(屋根材)のような周波数のフィルタだからということだと思われる

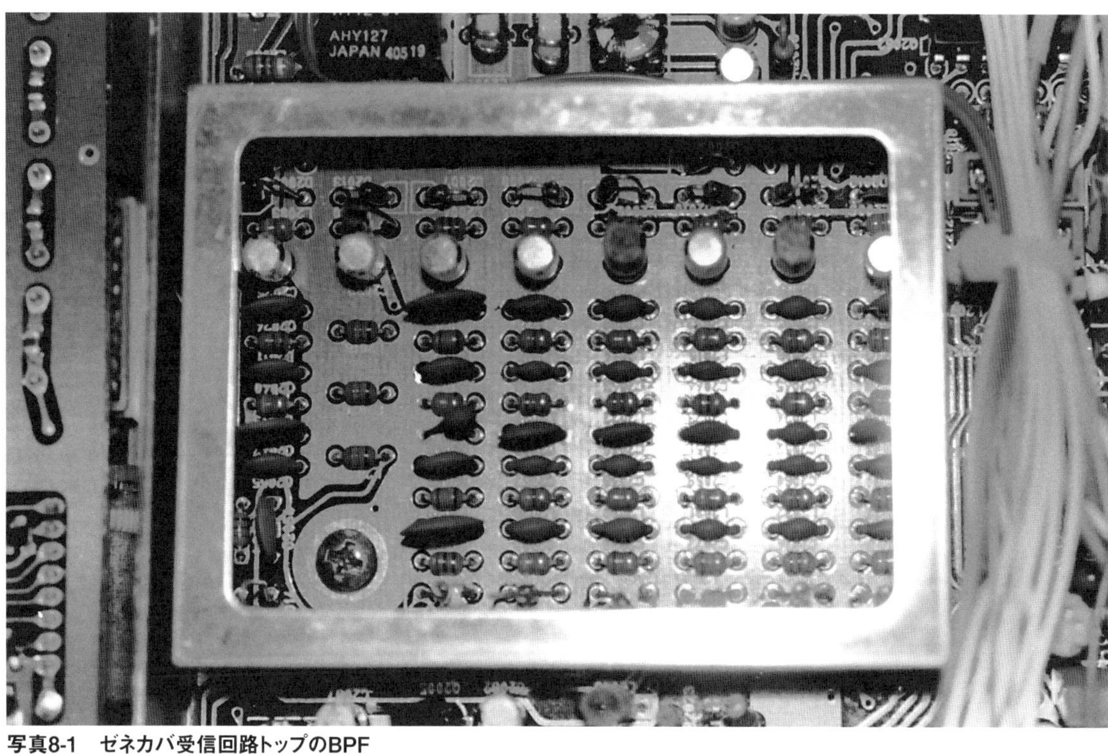


**写真8-1　ゼネカバ受信回路トップのBPF**
八重洲無線 FT-900．このリグは1.8MHz以上は7分割

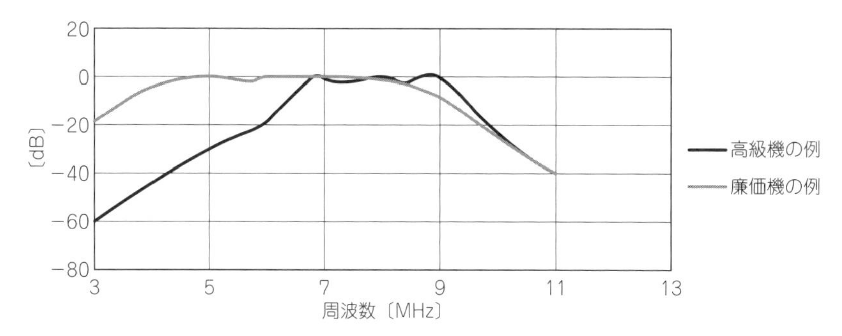


**図8-2　リグによりRFフィルタの帯域は違う**

制限しています．

このフィルタを見ると，ある程度そのリグのグレードがわかります(**写真8-1**)．現実の回路では2次の歪(回路が作り出す受信信号の高調波)の影響を受けないように最低限でもオクターブごとに分割しなければなりません．一般的なアップコンバージョンの場合，普及機で6分割，最高級機で15分割ぐらいですが，各フィルタそのものの特性にも着目する必要があります．**図8-2**はとある高級機と廉価機の7MHz帯受信時のRFフィルタ帯域の差です[注3]．

良好なダイナミックレンジを得るためには必要以上の利得を持たないということも大切です．このためゼネカバ受信回路を持つリグではRFアンプなしを標準として，付属回路としてプリアンプを持つという形が普通になりました．またRFアンプにもグレードがあります．以前，筆者が別の本に載せたものを再掲(**図8-3**)しますが，明らかにランク付けがありました．もっとも，筆者の使用感では八重洲無線のFT-757GXでもそれまでのリグよりは大きな進歩が感じられましたから，どのリグを購入したハムも新技術の恩恵を受けたはずです．

変わった制約としてはRFアンプにAGCを掛けにくいということもあります．AGC信号の元になるのは

が，最近の外誌ではダウンコンバージョンの最初のフィルタもルーフィングフィルタと呼んでいる．フィルタの特性が屋根の形に似ているからという話もあるようだが，roofingに屋根の外観という意味はない．

注3) 短縮型アンテナの多くは，このRFフィルタよりも帯域が狭いので，アンテナ系によっては違いがわからない可能性もある．

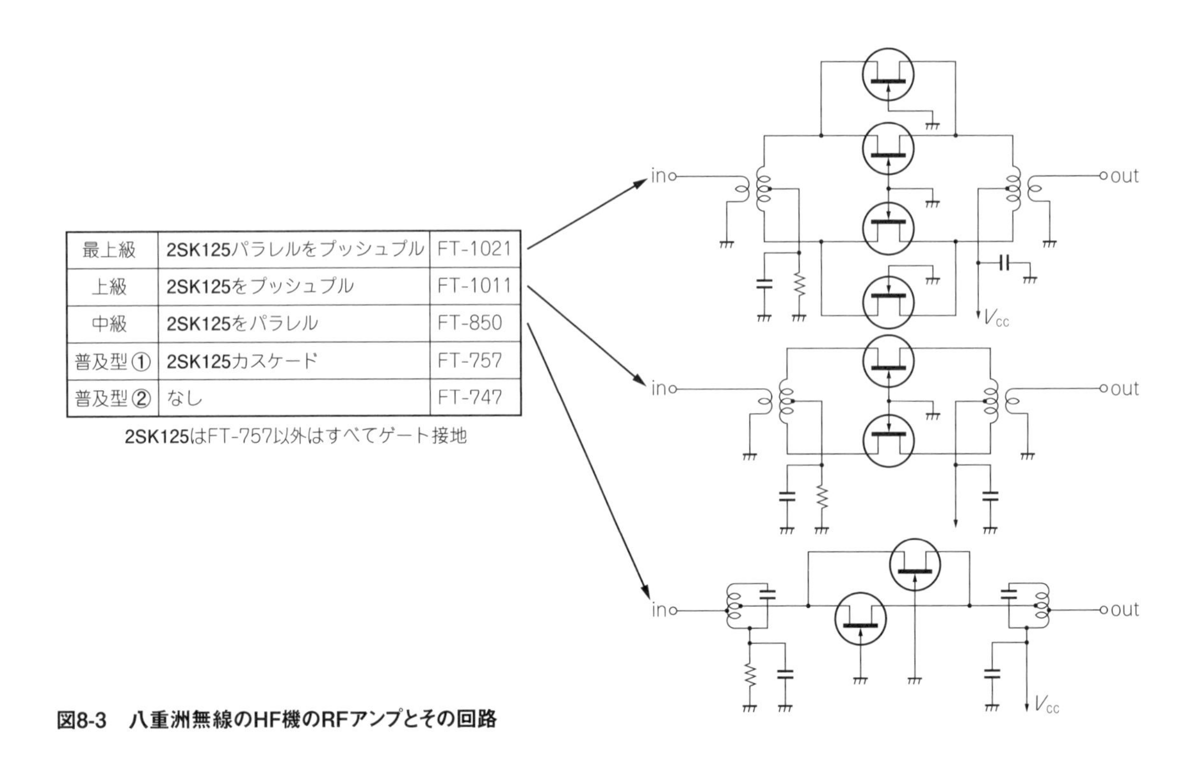

| 最上級 | 2SK125パラレルをプッシュプル | FT-1021 |
|---|---|---|
| 上級 | 2SK125をプッシュプル | FT-1011 |
| 中級 | 2SK125をパラレル | FT-850 |
| 普及型① | 2SK125カスケード | FT-757 |
| 普及型② | なし | FT-747 |

2SK125はFT-757以外はすべてゲート接地



**図8-3　八重洲無線のHF機のRFアンプとその回路**

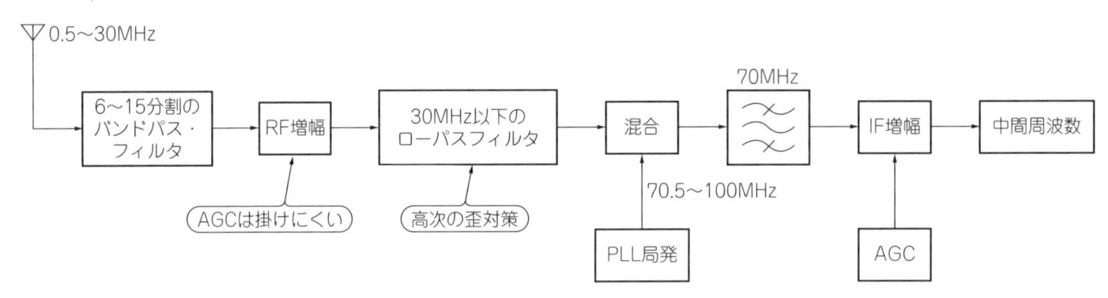


**図8-4　アップコンバージョンの実際のフロントエンド**

受信部最後の狭帯域フィルタを通った後の受信信号です．そしてAGCを掛けると，どうしても素子の動作点が最適点からずれてしまいます．この信号だけを受けているのなら問題ないのですが，ゼネラルカバレッジ機ではRFアンプに多数の信号が来ているので，AGCを掛けたことで直線性を損なっては元も子もないのです．多数の信号全体からAGC信号を作る，RF-AGCと呼ばれる手法もありますが，直接の受信信号とは関係ない信号でもこのAGCは動作しますから，受信時のフィーリングに影響を与えてしまうことがあります．このため第3章にも書いたようにゼネカバ機ではRF増幅回路にはAGCを掛けずに，IF回路で受信信号のレベルをそろえるのがセオリーとなりました．

多くのリグでは**図8-4**のようにRFアンプと第1ミキサ(混合)との間に30MHzのローパスフィルタが入っています．一見無駄なようですが，これはRFアンプが作り出した高次の歪がミキサで受信周波数に変換されるのを防ぐためのものです．たとえば，IFが40MHzのリグで14MHzを受信している時の局発は54MHzですが，この局発の第2高調波と13.6MHzの第5高調波が出合っても40MHzになってしまいます．13.6MHzに信号があれば妨害が生じるわけです．しかし途中に30MHzのフィルタがあればこの第5高調波は阻止されますので，妨害は生じません．

### ゼネラルカバレッジの局発

**図8-4**では局発を簡単に書きましたが，ゼネラルカバレッジの場合には局発は広い周波数範囲をカバーしなくてはいけないので，とても複雑になります．

それまではシンプルでした．ゼネラルカバレッジが始まる直前の時期は，第5章で紹介したようなアナログVFOから置き換わった可変範囲500kHz程度のデジタルVFOが使われていました．多くのリグではこれ

## Column　AMの出力

多くのSSB機でAMの出力はSSBの1/4ですが，この理由はご存じでしょうか．第2章に書いたようにAMの100%変調ではパワーが4倍になるから…なのですが，SSB機ではこれでは△です．○は付けられません．答えは，「AMの100%変調ではパワーが4倍になり，これを超えるとALCが動作してしまうから」です（**図8-A**）．

ほとんどのリグではAMのためにALCを切り替えてはいません．ですから100W機であればピークで100Wを超えるとALCが動作し，キャリアを含めた全出力を抑え込んでしまうのです．このためキャリア（無変調）25Wで運用する必要があります．

さて，マイナス変調という言葉をご存じでしょうか．音声のピークでキャリア出力が減少する現象を指します．電波法上はキャリアシフトと呼んでいて，AM放送では5%以内という基準があります．このキャリアシフトの原因は電源の容量不足であることがほとんどです．終段変調のピークで電圧が倍になったら電流も倍になりますが，これが流せないような電源を使うとキャリアシフトは増加します．

しかし近年のアマチュア無線でのマイナス変調は前述のALC動作で発生します．キャリアを多めにしていたり変調音が強かったりするとピークでALCが動作してしまい，送信出力全体の減少を招くわけです．

100W機でキャリア40Wとしているリグがありますが，これについてはALCを切り替えているものとそのままの設定にしているものがあるようです．

八重洲無線のFT-2000（2006年）のAM送信には面白い工夫がありました[注4]．それは100%以上の変調にならないようにAF側にリミッタが入っているのです．このリグでも変調を深くしすぎると音が割れ始めますが，それはリミッタによるもので過変調で音が割れているわけではありません．そしてマイナス変調にもなりません．

さらにガンガン変調を深くするとリミッタが手に負えなくなり初めてALCが動作しますが，この範囲（20dB以上）で深い変調をかけられます．

このリグの説明書にはAMではRFスピーチ・プロセッサが使えないという記述しかなく筆者は不思議に思っていたのですが，実は最初から動作をセッティング済み，しかも高性能なAFタイプが入っていたというわけでした．

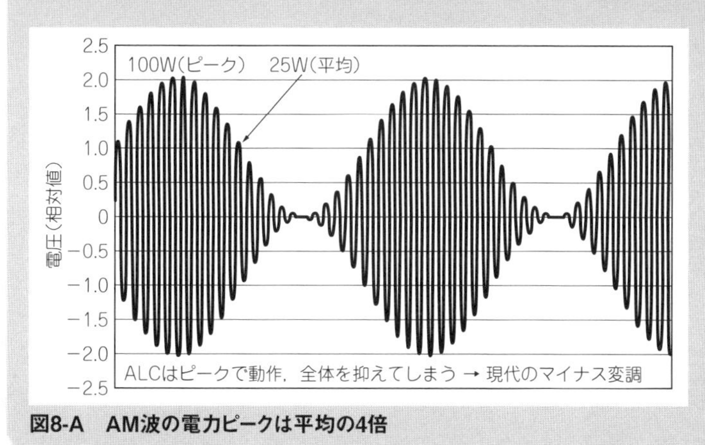


**図8-A　AM波の電力ピークは平均の4倍**

注4）まるで隠し機能のように入れられていたので，当初は気が付かなかった．同社の他のリグにも付いているのかもしれない．八重洲無線のFT-1011やJVCケンウッドのTS-890（2018年）にも同様の動作が見られる．この処理を安定して行うためには変調器がデジタルであることが望ましい．

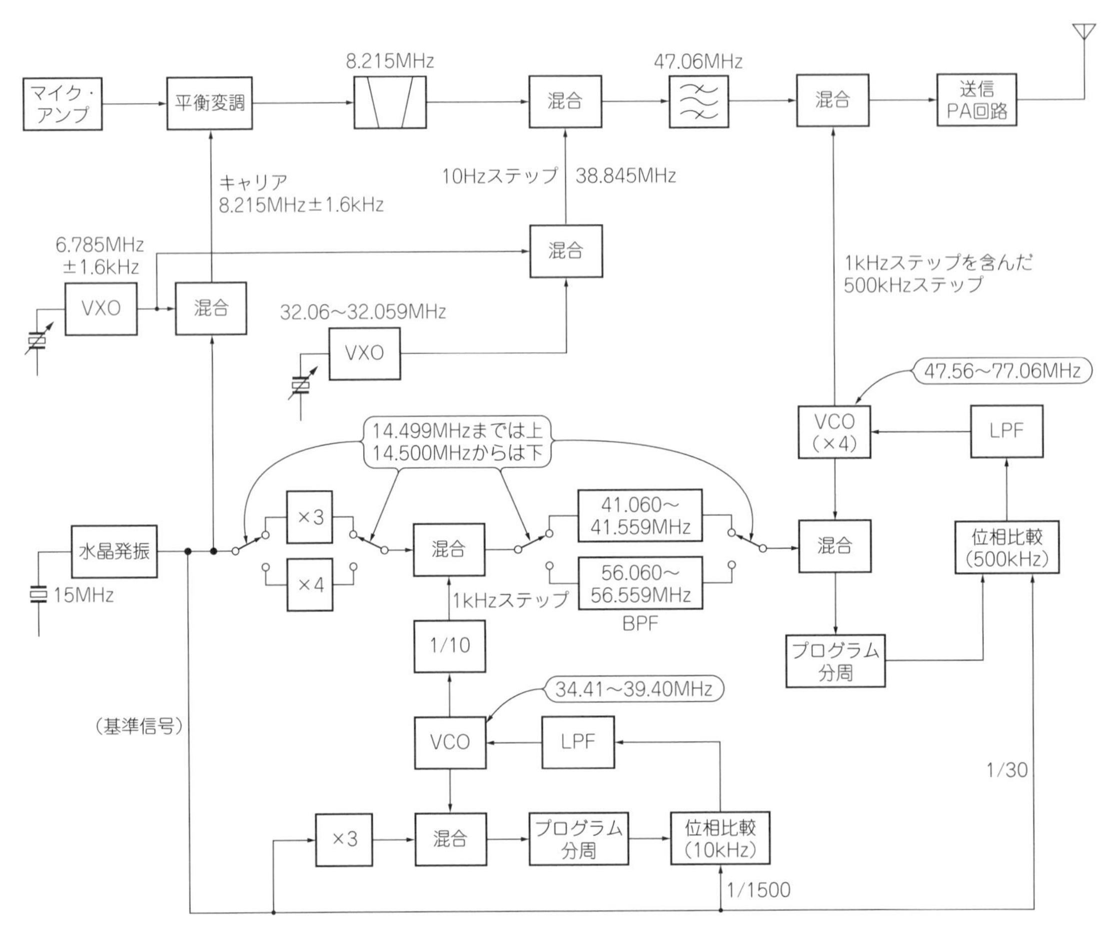


**図8-5　八重洲無線 FT-757GXの局発系統図**

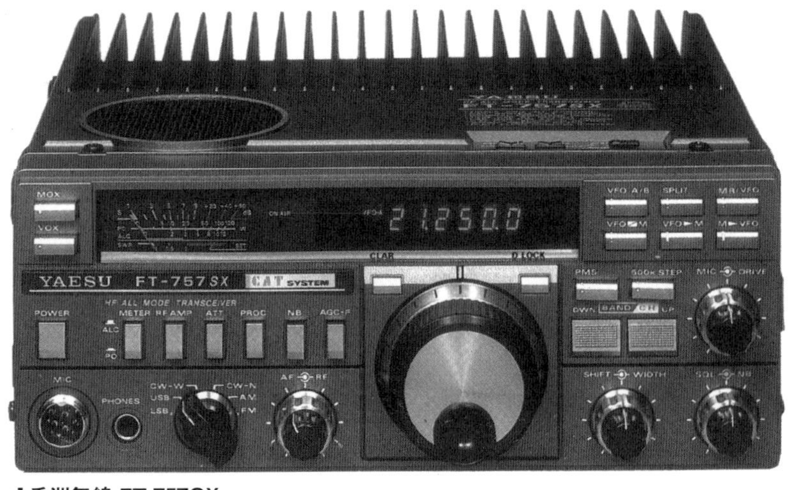


**八重洲無線 FT-757GX**

にバンド別局発を持つPLLを付加してHF帯各バンドに対応していたのです．

ところがゼネカバ機では局発回路は30MHz幅全体を細かいステップでカバーすることが求められるようになりました．**図8-5**は八重洲無線のFT-757GXの局発の系統図です．苦心していることがわかります．ミックスダウンを3倍(45MHz)と4倍(60MHz)で切り替えているのは，分周器の最高周波数の都合のようで，最大20.5MHzまでに抑えています．

**図8-6**は10Hzステップまでデジタル的に作っているアイコムのIC-741の局発です．一見シンプルに見えま

すが，これはパルス・スワロ・カウンタ(**図8-7**)を使用することで実現した回路です．**図8-6**では約70MHzを直接分周しています．スワロ・カウンタでは最初の分周器の分周数が固定なので高速のものが使え，このような構成が可能になります．でもスワロ・カウンタのメリットはこれだけではありません．事前に分周したりして位相比較器の比較周波数が低くなるとVCO出力の純度が低下しロックにも時間が掛かるようになってしまうのですが，スワロ・カウンタでは高い比較周波数のままとすることができるのです．しかもミックスダウンと違い広範囲の分

**アイコム IC-741**

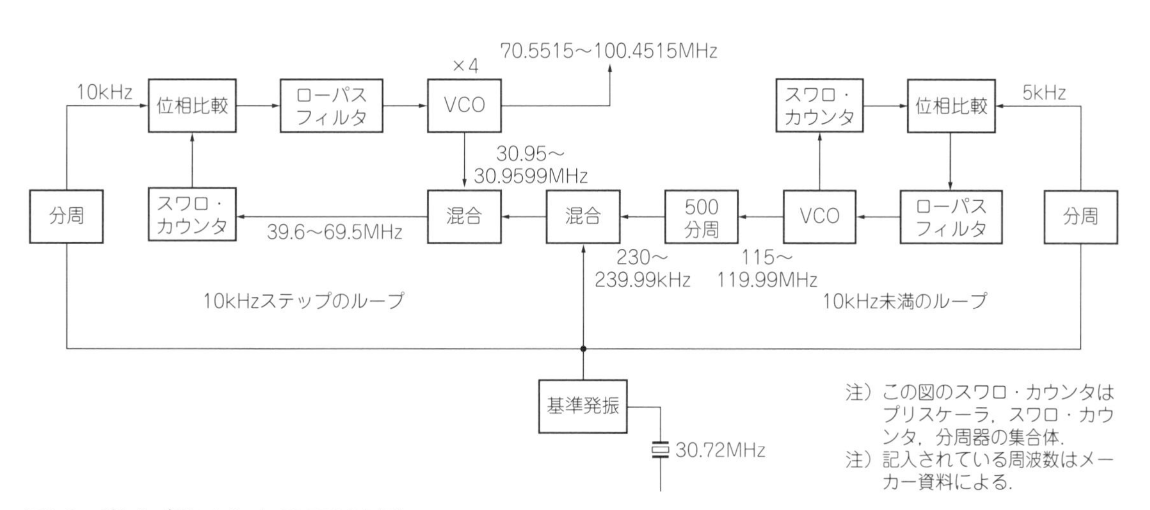


**図8-6　ゼネカバ機 アイコム IC-741の局発**

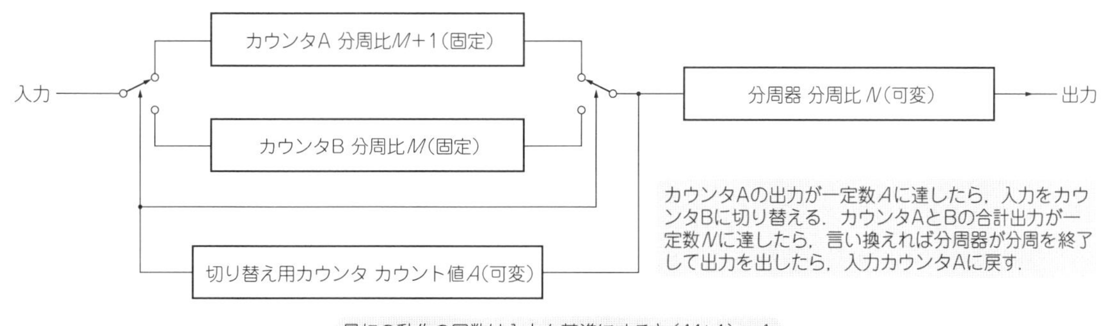


**図8-7　スワロ・カウンタの動作の一例**

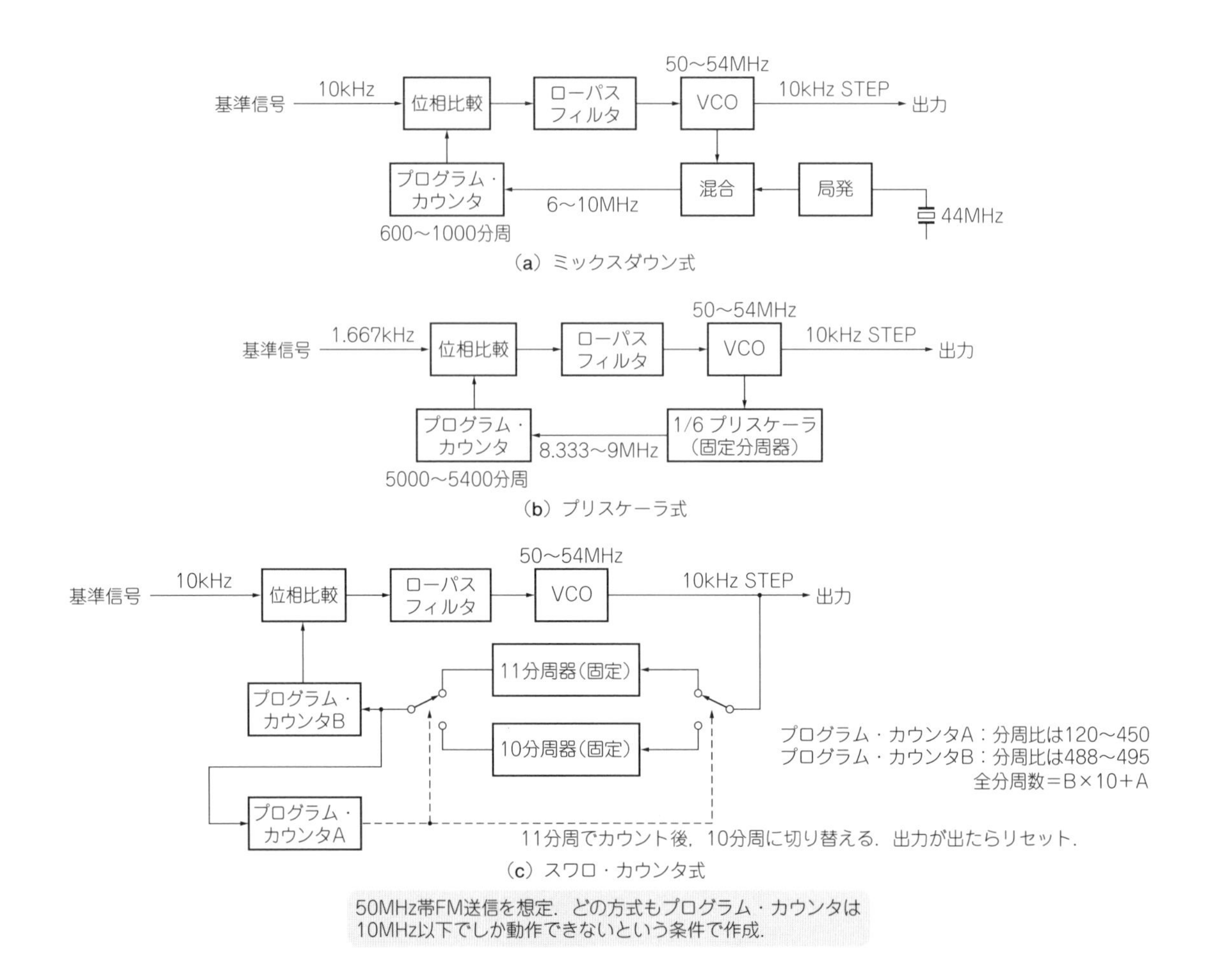


**図8-8 PLLのカウンタ処理の違い**

周が可能です(**図8-8**).

## ゼネカバがもたらしたもの

受信部がゼネラルカバレッジになると，リグにはいろいろな変化が生じました．たとえばアップダウン式のバンド・スイッチはハムバンド用とゼネカバ用の2系統になります．HF機でテンキーでのダイレクト周波数入力は八重洲無線のFT-ONE(1981年)，バンド別のボタンによるバンド切り替えは杉山電機製作所のF-850(1979年)やトリオのTS-930(1982年)で採用されましたが，この2つが合体した，つまりテンキーでのバンド切り替えが始まったのは意外に遅く，トリオのTS-940(1985年)

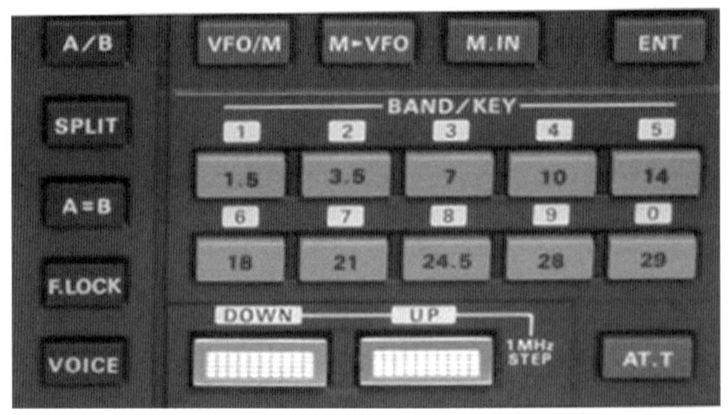


**写真8-2 テンキーとバンド切り替えの共用**
ケンウッド TS-940S

からです．普段はダイレクトにハムバンドを選択，GENなどのスイッチを押すとテンキーからダイレクト入力ができるという形になりました（**写真8-2**）．高周波回路の同調回路を直接スイッチで切り替えるということもなくなりましたから，重いロータリースイッチがパネル面から消えています．

HF帯全体を送信する「ゼネカバ送信」という言葉が生まれたのもこの頃です．イメージ混信皆無の受信回路が作れるならスプリアス送信皆無の送信回路が作れるわけです．

とはいえ，送信部のローパスフィルタはハムバンドに合わせてありますから，ゼネカバ送信では必要な高調波の抑圧がなされない周波数があります．他の回路にも無理がかかる場合があるのでこういった使い方は止めておいた方が無難です[注5]．

**八重洲無線 FT-ONE**

**杉山電機製作所 F-850**

**トリオ TS-930**

注5）送信回路自体は広帯域送信に対応しているので，局部発振器や送信RF回路にノイズが多いとそれがそのまま放射されてしまうという問題もあった．送信スプリアスよりはるかにレベルは低いが，別のリグで別バンドを受信しようとするときに支障が出る．

トリオ TS-940

もうひとつ，AMモードの復活という現象もありました．HF帯では交信にAMモードが使われることは少なく，ついていないリグもたくさんあったのですが注6，受信回路がゼネカバになり短波の放送バンドが受信できるようになるとAM受信は必須のものになりました．そしてHF機のゼネカバ化で消えたものもあります．それはアマチュア無線家向けの通信型受信機です．局発，ケースなどの費用を考えると送信部の有無によるコストアップはそんなに大きくないので，価格的な差が付けにくくなったのでしょう．

## 第2 IFのフィルタが決め手…初期のアップコンバージョン

**写真8-3　初期のゼネカバ機のルーフィングフィルタ**
八重洲無線 FT-757GX

典型的なアップコンバージョン機の受信部全体の構成を**図8-9**に示します．一旦(いったん)40MHzもしくは70MHz台に持ち上げてから，9MHz付近，455kHzに落としています．トリプル・コンバージョンです．

最初のIFはアップコンバージョン用です．一旦受信範囲外の高い周波数に変換することでIF妨害を防いでいます．またここには最初の狭帯域フィルタ(ルーフィングフィルタ，**写真8-3**)を

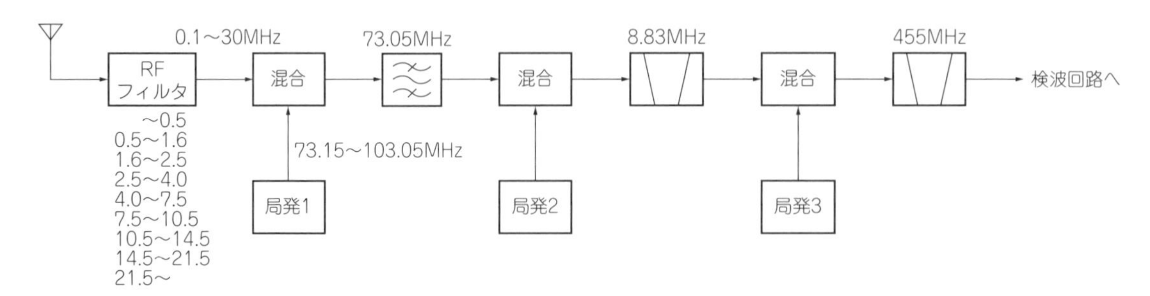

**図8-9　ゼネカバ機 トリオ TS-450の周波数構成**

注6）AMが付いていると27MHz帯の違法通信用のリグと思われやすかったのも事実だが，この周波数帯での運用に適さないIF周波数が9MHzのシングル・コンバージョン機にまでその指摘があったのはいかがなものかと思う．

置くことで良好なゼネカバ受信を可能にしています．比較的近年までこの段のフィルタは1個だけでした．帯域幅は15kHzないしは20kHzです．一番広いモード(FM)に合わせてある感もありますが，**写真8-3**のフィルタの大きさを鑑(かんが)みるに，適切な価格で入手可能なフィルタの帯域がこのぐらいだったという事情もあったのでしょう．帯域を狭めすぎるとノイズの波形が鈍りますから，次のIFで処理するノイズブランカの動作にも悪影響が出ます．

でもこれでは広すぎますから，次の9MHz付近(8.83MHzあたりが多い)のフィルタは狭帯域です．ここでSSB，CWの必要帯域まで受信範囲を狭めて混信のない受信が可能なようにします．

この時期のゼネカバ機のルーフィングフィルタは最近のリグより広めではありますが，コリンズタイプでは500～600kHzあった第1IFの帯域幅が15～20kHzに狭まったわけで，混雑したバンドでの受信性能が一気に良くなりました．

## IFは混信除去のために

ゼネラルカバレッジ直前の頃はハム人口がどんどん増えていた時代でもあります．明らかにバンドが混雑してきましたので，シングルコンバージョンによる静かな受信回路が誕生した後はリグの付属回路，特に混信除去回路を充実させる方向にリグの設計が向かっていきました．トリオの例で言えば，コリンズタイプ・ダブルスーパーのTS-520D(1973年)の次に発売されたのがシングルコンバージョンのTS-820(1976年)ですが，その次のTS-830(1980年)はもうシングルコンバージョンではありません．この事情は他社も同じで，コンバージョンが増えることの弊害はわかっていても商品性が大切！[注7]，結果的に普及価格帯のシンプル機以外にはほとんどシングルコ

トリオ TS-830

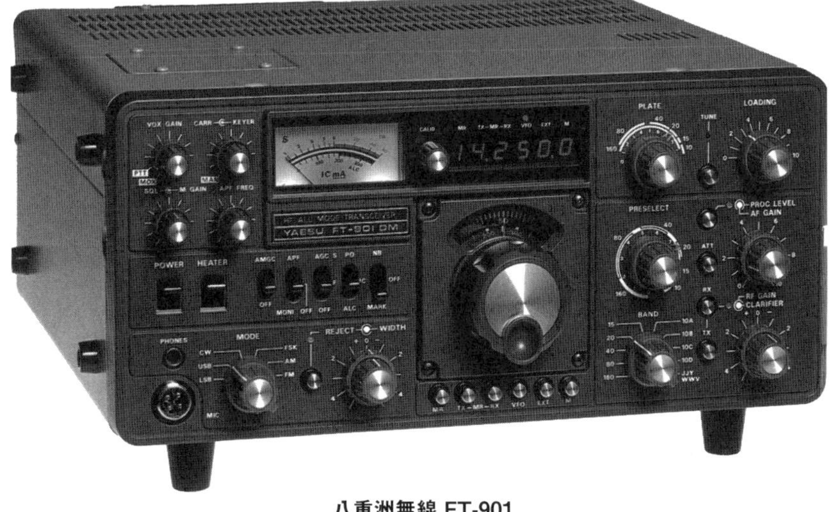


八重洲無線 FT-901

注7) TS-820はシングルコンバージョンでフィルタの見かけ上の通過帯域をずらすことで混信から逃げるIF-SHIFTが装備されていたが，帯域が狭くなるわけではないのでシフトさせると新たな混信が生じる場合があった．

アイコム IC-710

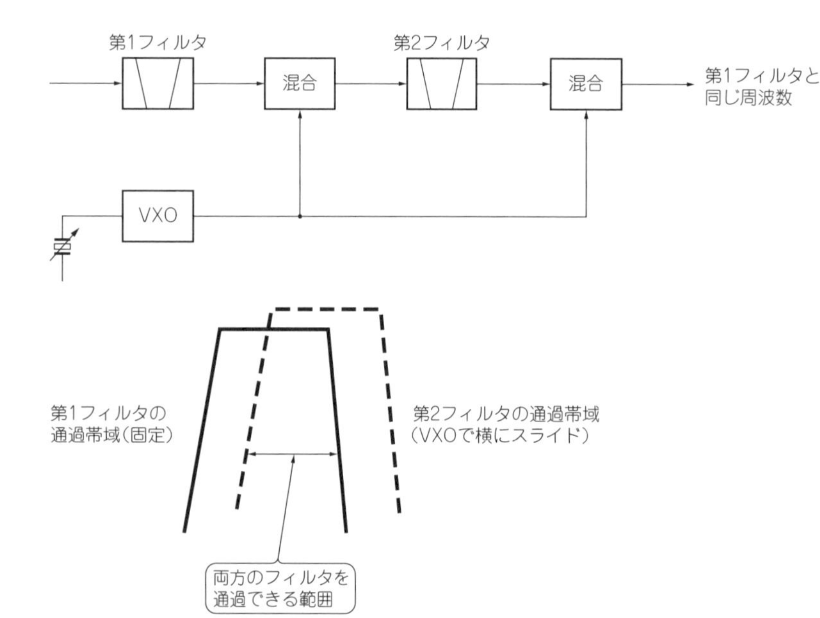


**図8-10　帯域可変機構の原理**
PBT，WIDTH，VBT

ンバージョン機は誕生していません．

八重洲無線のFT-901(1977年)，井上電機製作所のIC-710(1978年)には連続的に受信帯域を可変する機構(WIDTH，またはPBT，VBT)が組み込まれました．

周波数の違う2個のIFフィルタの重ね合わせを変えています(**図8-10**)．このためにFT-901には8.9875MHzのIF以外に10.76MHzのIFが組み込まれていますし，IC-710は9.0115MHz以外に10.75MHzのIFを持っています．

初期のPBTやWIDTH搭載機では，プロセッサ用フィルタ(第3章参照)も持っていましたので，10MHz前後のSSBフィルタを最大で3個内蔵していましたが，その後，IFに455kHzも使われるようになると，PBTやWIDTHにこの周波数のフィルタを組み合わせるようになります．455kHzのセラミックフィルタは安価で普及機にはもってこいであり，高級機では9MHz帯では得られないような良好なスカート特

◀**写真8-4**
**八重洲無線 FT-757GXのフィルタ**
455kHz(ケイカコミ)は安価なセラミック

写真8-5　日本無線 JST-245の9.455MHzのフィルタ

写真8-6　同じくJST-245の455kHzのフィルタ

表8-1　1992年頃の八重洲無線のフィルタ構成

| 公称帯域 | FT-1021（X以外） | | FT-1011 | | FT-850 | FT-747GX |
|---|---|---|---|---|---|---|
| | 8.2MHzIF | 455kHzIF | 8.2MHzIF | 455kHzIF | 455kHzIF | 8.2MHzIF |
| FM用 | スルー | 15kHz | スルー | 15kHz | 15kHz | 8kHz |
| 6kHz | スルー | 6kHz | 未公表 | 6kHz | 6kHz※ | **6kHz** |
| 2.4kHz | 2.4kHz | 2.4kHz※ | 2.6kHz？ | 2.4kHz | 2.4kHz※ | 2.4kHz |
| 2.4kHzハイシャープ | | **2.4kHz** | | | **2.4kHz** | −−− |
| 2.0kHz | **2.0kHz** | **2.0kHz** | **2.0kHz** | | −−− | −−− |
| 500Hz | 500Hz | **500Hz** | 500Hz | | **500Hz**<br>または<br>**250Hz** | **500Hz** |
| 250Hz | **250Hz** | **250Hz** | | **250Hz** | | −−− |
| オプション価格（各） | 8,000円 | 16,500円 | 7,000円 | 12,000円 | 12,000円 | 7,000円 |

太字がオプション　※ 廉価タイプ　−−− 設定なし

性のクリスタルフィルタが使えたのです（**写真8-4**，**写真8-5**，**写真8-6**）．

そして，アップコンバージョンの時代になると，多くのリグは**図8-9**の構成でしたが，日本無線はNRD-505（1977年，同社の初代アマチュア機）の頃からJST-135（1988年）まで，70MHz台から直接455kHzに落とす9MHz台のIFのないリグを出していました．1980年代終わりには他社からも同様の構成のリグが発売されます．70.455kHzから455kHzに直接変換してはいますが，多くのリグではPBT，WIDTHのために再度別の周波数に変換していましたから単なるコストダウンではなく，性能の良い455kHzのフィルタに早く到達させようという考え方だったようです．455kHzと9MHz付近ではフィルタのスカート特性が全然違うことが理由です．とはいえ，この回路構成のリグの中には弱い信号やノイズが潰れて聞こえるようなリグもあったことを[注8]注記しておきます．

その後，当時の好景気を受けてそれぞれのIFのSSBフィルタのグレードが上がるようになると，リグは○○万円，フィルタは○○万円と，購入時に予算立てをするような時代がやってきます．『日本アマチュア無線機名鑑Ⅱ』のp.165

注8）シングルトーンでの受信感度測定では表現できない現象．IFのダイナミックレンジもしくは局発の信号純度の問題だと思われるが，中には内蔵スピーカに問題があったリグもあった．

日本無線 NRD-505

日本無線 JST-135

◀日本無線 JST-245

にはケンウッドのリグの例を挙げていますので，本書では八重洲無線のリグの例を示します(**表8-1**)．FT-1021のフィルタをフル装備にするとそれだけで82,000円かかりました．

## フルブレークイン

CWのセミブレークインはキーダウンすると送信になる機能で多少ホールドしてから受信に移りますが，

フルブレークインはCWの送信中，長短点の間でも受信をするものです．FT-ONE(1981年)で初めて採用されました．

CWを運用している商業局(船舶局など)は古くからフルブレークインでした．筆者が員外通信士(実習生)として乗った貨物船では3台の受信機，1台のFAX受信機，2台の送信機，1台のSSBトランシーバ(遠洋船舶電話用)がありましたが，送信するたびに他の機器をOFFしていたのでは大変ですから，キーイングで動作するブレークインリレーですべての受信装置にSTBY信号(受信停止信号)を送っていました．

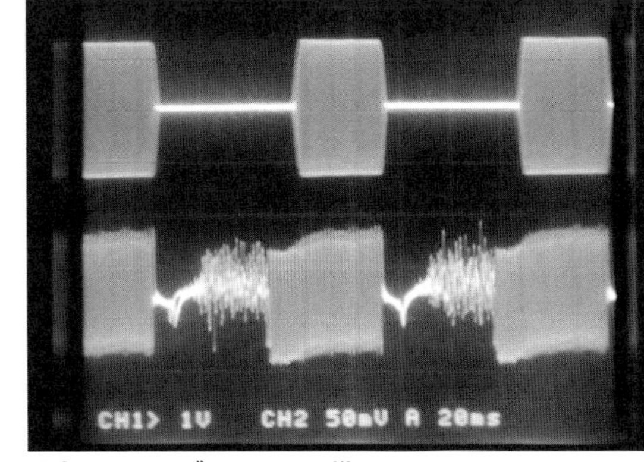


**写真8-7　フルブレークインの様子**
上が送信波，下がオーディオ出力．八重洲無線 FT-1021

フルブレークインを前提としたCW通信では，先方が電文を受信をしそこなった際には長いキャリアを被せて送信してきます．これに気が付いてこちらが送信を止めると，先方は正常に受信できたところまでを送ってきます．これに続ける形で改めて電文を送ることで，スムーズな電文のやりとりが可能となるという運用方法がなされていました．

アマチュア無線の場合は一言一句間違えずに送る必要はありませんから，大事なところは数回反復することで済ませていて，フルブレークインの存在はわかっていても特にこれが必要だという論はありませんでした．しかし送信中に自分が送信している周波数の混雑状態がわかるのですから実際に使ってみると便利で，筆者には手放せない機能です．

実はこのフルブレークインにもグレードがあります．簡単に言えばどれだけ受信できるかということに尽きるのですが，キーイングを早くすると受信できないリグや受信に移るときに一瞬ノイズが出てしまうリグも見られます．

最近のリグの中には受信部のデジタル処理による遅延分だけ復帰が遅くなっているものもあるようです．**写真8-7**はDSP化される以前のリグ，FT-1021の受信復帰の様子です．130字／分(欧文)で送信している間でも短点間で22mSの間受信ができていることがわかります．

セミブレークインの時代には受信から送信になる瞬間に頭が欠けるリグがありました．調整状態が悪いとキークリックを発生させてしまいます．昔はこのぐらいは許されていましたが，今使用するとひんしゅくを買うことでしょう．お気を付けください．

## オート・アンテナチューナ　その素晴らしきメリット

初めてオート・アンテナチューナを内蔵したのはトリオのTS-930(1982年)で，工場オプションのような形でした．また，このリグの発表よりも半年以上前にアイコムからIC-AT500という外付けのオート・アンテナチューナが発売されています．

半導体ファイナルは不整合による電圧上昇で破壊されやすいのですが，広帯域アンプを利用したリグではさらに負荷インピーダンス変動に弱いという特性も持っていて，*SWR*を十分下げて使用することが求められていました[注9]．

注9) 実際は保護回路が動作して出力を抑制．

アンテナとの間にマニュアル・チューナを付ければ問題はなかったのですが，整合終了まではフルパワーを出せない，毎回調整しなければいけないなどの手間があり，あまり使われていなかったようです．

しかし内蔵型のオート・

アイコム IC-AT500

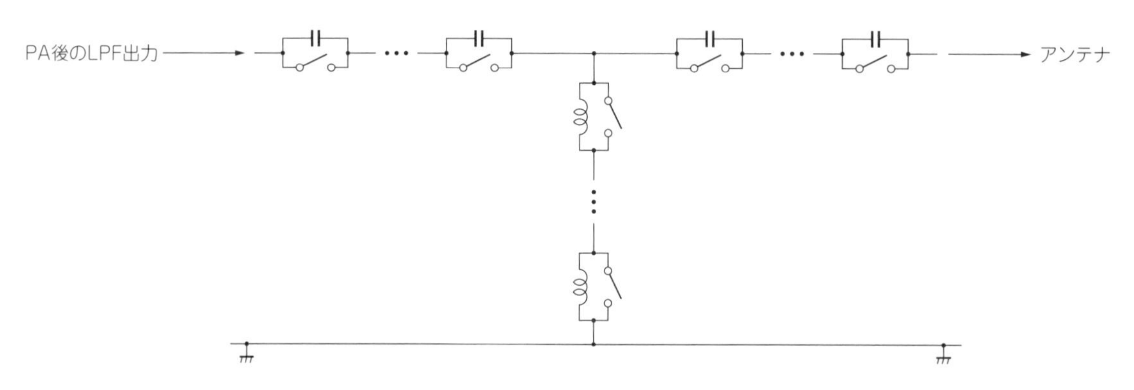

図8-11　リレー式T型アンテナチューナの回路例

◀写真8-8
リレーによるオート・アンテナチューナのコイル切り替え
八重洲無線 FT-991A

◀写真8-9
モータでバリコンを回すタイプのアンテナチューナ
ケンウッド TS-690

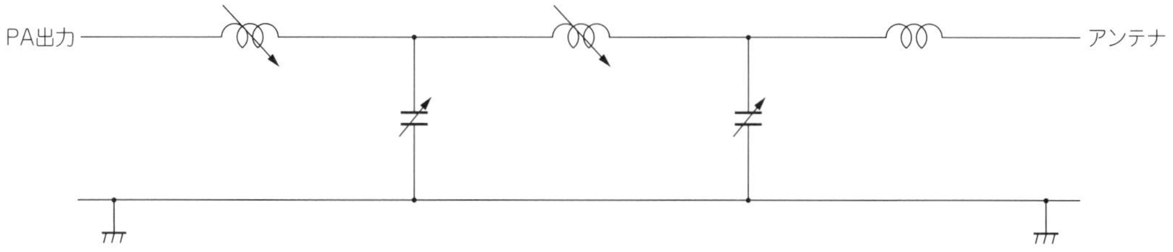

PA出力
アンテナ

注）各可変素子はリレー式

**図8-12　日本無線 JST-245のアンテナチューナの回路**

アンテナチューナがあればこの問題は解決します．送信する前にTUNEボタンを押せば整合は完了，整合位置を記憶しているリグなら次からはその操作すら不要になるのです．このためオート・アンテナチューナはほとんどのリグに搭載されました．

このオート・アンテナチューナはリグ内蔵の切り替え器でアンテナを複数切り替えて使用する際に特に生きてきます．というのはアンテナ別のチューニング位置を記憶できるためで，外付け切り替え器を併用するとこうはいきません．

オート・アンテナチューナの回路構成としては**図8-11**のような$C$-$C$の間に並列$L$を入れたT型が多く使われています．多くの場合リレーで素子を切り替えています(**写真8-8**)が，バリコンをモータで回しているものもあります(**写真8-9**)．また日本無線のJST-245のチューナはちょっと変わっています．$L-\pi-L$という独特の構成となっていて，LPFを兼ねているのです(**図8-12**)．このリグでは送信波は常時チューナを通るようになっています．

## 2波受信

アップコンバージョンによる高性能化が一段落した後で出てきたのがこの2波受信です．V/UHFのFM機の場合は受信回路は別々に用意されるのが一般的ですが，HFの場合，その形態はいろいろあります(**図8-13**)．

アイコムがIC-780(1988年)で採用したデュアルワッチは2つの局発と2つのミキサで2波受信を実現するもので，あたかもメイン・ダイヤルが2つあるかのような動作をします．

八重洲無線のFT-1021(1989年)にオプションのBPFユニットを装着すると受信機がもう1台出現し，バンドを問わない2波受信が可能になります．またケンウッドのTS-950(1989年)やオプションなしのFT-1021では受信バンドこそ制約を受けますが，AGCは独立しているので，強い信号，弱い信号を別々に拾うことができます．

HF機の場合スプリットQSOの機会が多いので，2波受信機能がなくてもたいていスプリット機能(送受信別周波数)が付いています．しかし2波受信があると送信周波数の状態を確認できるのでよりスプリットQSOがしやすくなります．

HF機では受信感度に余裕がありますから，2波受信のために分岐をしても感度低下は感じられないはずです．

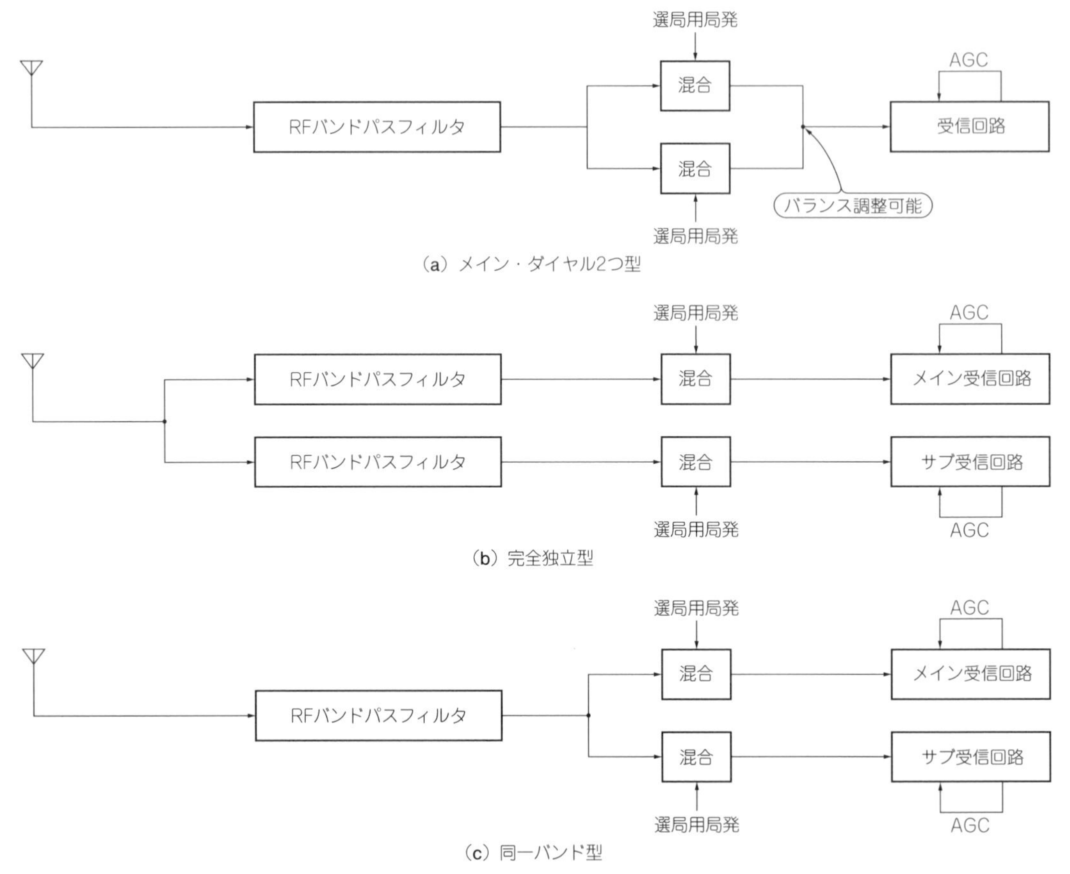


**図8-13　2波受信回路のいろいろ**

◀アイコム IC-780

▶八重洲無線 FT-1021

ケンウッド TS-950

## メモリ付きキーヤと受信音録音

どちらも本体性能とは直接関係のない付属回路ですが，あればとても便利なものです．

メモリ付きキーヤ注10は，TS-850(1991年)にデジタル・レコーディング・システム(D.R.S.)の名称で標準搭載されました．オプションを装着すると送信音声も記録できます．このメモリ付きキーヤは1995年には他社機にも搭載されるようになります．また受信音の録音はFT-1021(1989年)にオプション設定されています．操作ボードを外付けする形態です．受信用録音機能が標準搭載されたのは意外と遅くこの10年後ぐらいからですが，おそらくこれはデジタル録音での明瞭度への不安があったのではないかと思われます(**写真8-10**)．

ケンウッド TS-850

**写真8-10　録音用ボタンの例**
八重洲無線(バーテックス・スタンダード) FT-2000

注10) 符号送出中に次の符号をキーイングされたことを覚えておく長短点メモリとは別．文章を覚える機能．

JVCケンウッド TS-890(□が録音・再生および停止ボタン)

最近のリグには常時録音機能があります．たとえばTS-890の場合は直近30秒を常に録音することが可能です．再生は再生ボタンのみ，聞きたいところにいくまで最大30秒掛かりますが，操作はとても簡単です．

## 意識しないで使える機能　バンドメモリ(バンド・スタッキングレジスタ)

リグがゼネカバ受信になってからバンド・スイッチを兼ねたテンキーがパネル面に出現していますが，このボタン化されたバンド・スイッチには新しい機能が追加されました．それがバンドメモリ(もしくはバンド・スタッキングレジスタ，**写真8-11**)で，各バンドでの最後の状態を覚えていて，周波数だけでなくモードやフィルタの設定も変えてくれるというものです．そしてこの機能は複数記憶可という形でさらに進化しました．同じバンド・スイッチを2度，3度と押すと違うモード・周波数での最終運用状態になるのです．

これは意外と便利で，たとえば50MHz帯でSSB⇔FMの移動をする時にはモードと周波数を切り替えるよりもバンド・スイッチ【50MHz】をもう一度押した方が早くQSYできます．

**写真8-11　アイコム IC-9700はバンド・スタッキングレジスタ(メモリ)内容を直接表示**

この機能は最近の多バンド機であれば必ず入っていますが，多くの方は気にせずに使っているはずです．動作について気が付くと，へえ！って思われるのではないでしょうか．

## DDS

ダイレクト・デジタル・シンセサイザ (Direct Digital Synthesizer, DDS)は，固定のクロックを基にして任意の波形や周波数をデジタル的に生成するための回路で，無線機用途で使われるDDSの構成は**図8-14**，**図8-15**のようになっています．DDSは波形データを一定間隔で飛ばし読みして出力することで，任意の周波数の信号を作り出すものです．

たとえばサイン波1周期分の波形データを10000に分割して，クロック(読み出しの間隔)を100MHz(10ナノ秒)とした場合，1000ずつ飛ばし読みをすると1周期に100ナノ秒かかりますから10MHz，1001ずつ飛ばし読みすると99.99001ナノ秒かかりますので，その逆数，10.01 MHzの波形を構成するためのデータが得られます．つまりDDSでは設定数(飛ばし読みの数)を変えるだけで任意の周波数を作り出すことができるというわけで，この飛ばし読みをさせる加算器を累積加算器と呼び，DDSの特徴的な構造となっています．

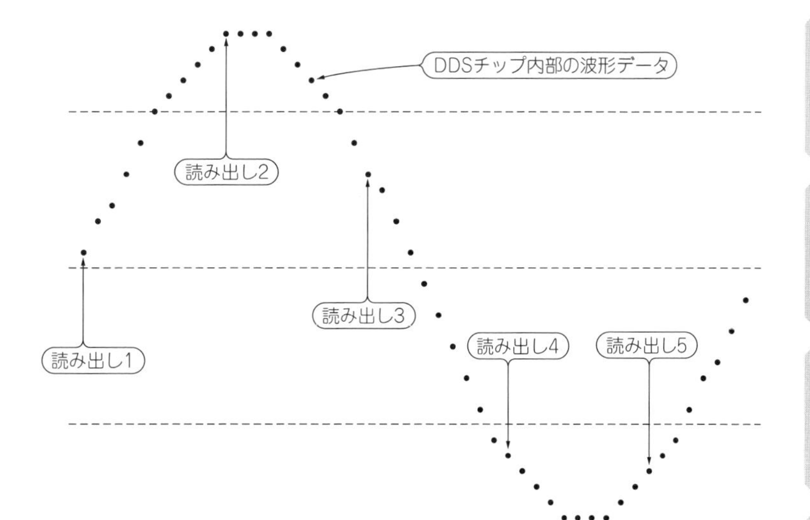
DDSでは，波形データを飛ばし読みして
その数値を出力する．
データを読む速度(クロック)は一定だが，
飛ばし読みの飛ばし方を変えることで，
1波形当たりの所要時間が変わり，周波
数が変化する
DDSチップ内部の波形データ
読み出し1
読み出し2
読み出し3
読み出し4
読み出し5

図8-14　DDSの原理

高速で演算する必要がありますので通常はDDS専用チップを使用しますが，筆者は以前PICと呼ばれる汎用のワンチップ・マイコンを使用した135kHz帯用の50HzステップDDSを製作しています注11．18F1220を用いて16ステップでメインルーチンを構成し，DDSとしてのクロックは614.4kHz，累積加算器は13ビット，D/A変換出力は5ビットです(**写真8-12**)．

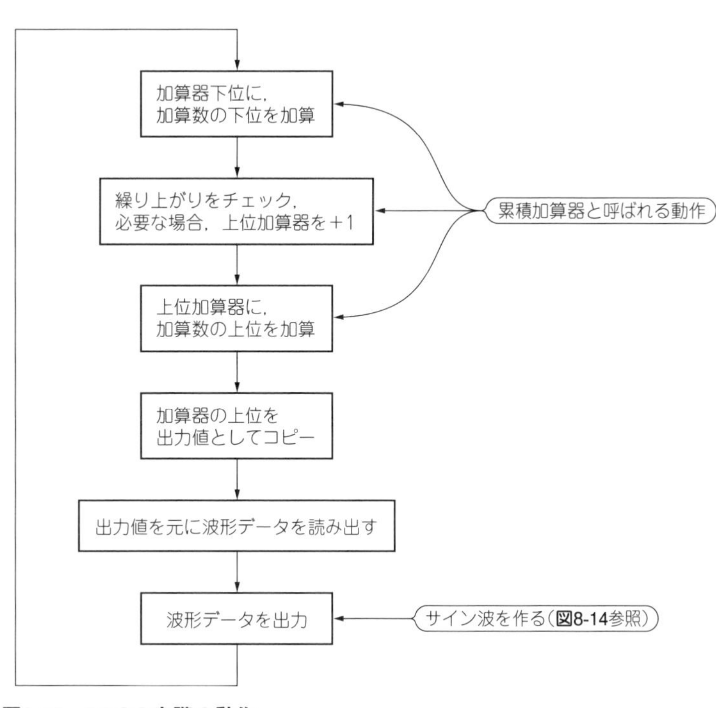
加算器下位に，
加算数の下位を加算
繰り上がりをチェック，
必要な場合，上位加算器を＋1
上位加算器に，
加算数の上位を加算
加算器の上位を
出力値としてコピー
出力値を元に波形データを読み出す
波形データを出力
累積加算器と呼ばれる動作
サイン波を作る(図8-14参照)

図8-15　DDSの実際の動作

筆者製作のもののようにビット数が少ないと，出力信号にジッタ(周波数の揺らぎ)やスプリアスが出ます(**写真8-13**，**写真8-14**)．メーカー製リグであればもちろん十分考慮されていますが，ほとんどのリグではさらに念を入れて，PLLのループ内にDDSを使用することでこれらを押さえ込んでいます．このDDSの出現でデジタルVFOは回路がシンプルになり，1Hzステップ，そして自由なデジタルコントロールが

注11）プログラムと参考回路のダウンロードは筆者ホームページにて．**http://jj1grk.c.ooco.jp/dl_page.htm**

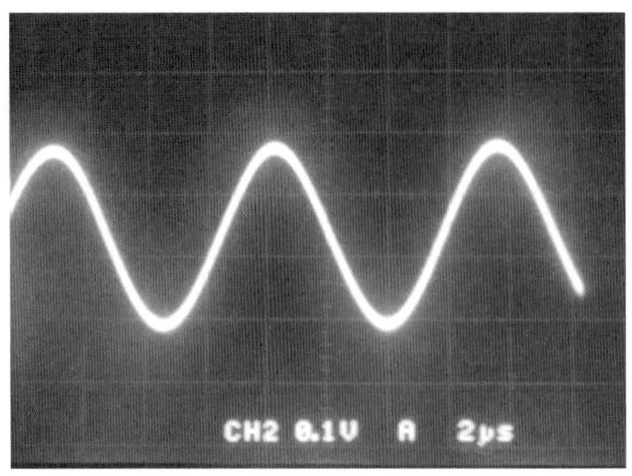

**写真8-12　135kHz帯用自作DDSの出力波形．こうしてみるときれいだが…**

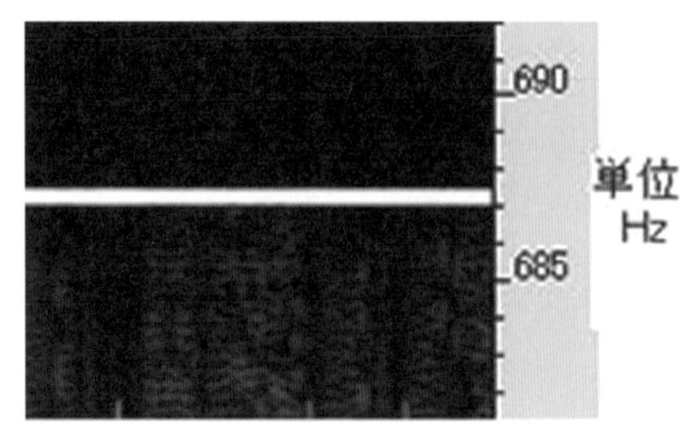

**写真8-13　写真8-12のジッタ**(周波数的ゆらぎ)
QRSS用ソフト，Spectran V2による帯域解析．帯域幅0.5Hz ticksは30秒

可能になりました．

このDDSにも泣き所があります．それは出力1サイクルの内に複数のデータを読み出さなくてはいけないので出力周波数をあまり高くできないことです．1990年代初めのDDSはジッタの問題がなくてもPLLで周波数を上に持ち上げる必要がありました[注12]．現在のHF機ではDDSクロックが400MHzのものまで使われていますから，PLLを併用する必要は薄れています．

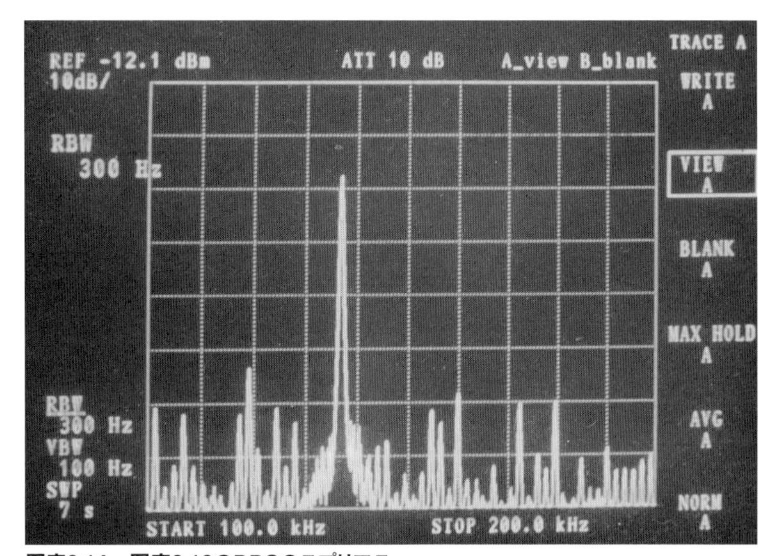

**写真8-14　写真8-12のDDSのスプリアス**
100～200kHzの間を表示

## 周波数一発管理

周波数一発管理[注13]というのは，ひとつの発振器(基準発振器)でリグの周波数管理をすべて賄(まかな)うもので，基準発振器の精度がそのままリグの周波数精度になります．

以下の2種類があり，当初のものは加減算で最終的に基準発振器の精度とするものです．リグの内部にはキャリア(BFO)のように周波数に端数が生じるものがあり，それを直接基準発振器から作り出すことができないので，一旦普通の発振器で発振させておいて加減算でその影響を排除するという手法が取られました．例を**図8-16**に示します．

BFO(キャリア発振)の周波数が上がったら，PLL内で減算をしてその分第1局発の周波数が上がるようにしておくのです．こうするとBFOの周波数変化がキャンセルされます．

その後，DDS(前項)がリーズナブルな価格で使えるようになると基準発振器からDDSのクロックを供給することで回路が単純化されます(**図8-17**)．キャリア周波数を変化させたら同じだけ第1局発の周波数設

注12）455kHz付近のBFO／キャリア発振は直接得られていた．
注13）JVCケンウッド，鳥居氏の電子情報通信学会・通信ソサエティマガジンへの寄稿が「周波数一発管理」となっていたので本書はこの表現で統一．

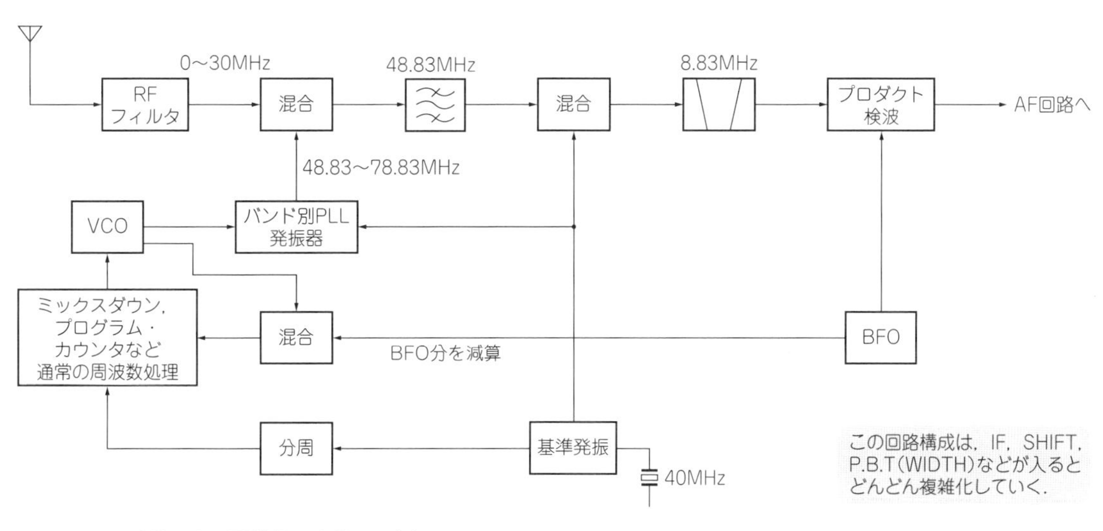


**図8-16　DDSを使わない周波数一発管理の例**

**トリオ TS-440**

定を補正してしまえば良いわけです．これはIF SHIFTに他なりません．また第2局発も巻き込めばPBT(WIDTH)が可能です．

『日本アマチュア無線機名鑑Ⅱ』に記載したとおり，メーカーでは周波数一発管理へのハムの期待度に気が付いていなかった可能性があります．というのは，事実上最初の周波数一発管理機であるトリオのTS-940(1985年)では本当にどうでも良いところに管理されない発振器を入れていますし，次のTS-440(1986年)では当初PRがなされていません．数カ月してから広告に登場，その後1年ぐらいで広告の記述が増えました．この周波数一発管理と高精度基準発振の力で，リグの安定度，そして周波数確度が飛躍的に向上し，今日に至っています[注14]．

最近の周波数一発管理のリグの精度を確認するのは簡単です．ウォームアップ後，10MHz，15MHzなどの外国の標準電波をCWで受信します．

次にCWのBFOを反対側にします．(CW-Rに切り替える，もしくはCW-USBとCW-LSBを切り替える)この時の復調音の周波数の差の半分がそのリグが受信している真の周波数との差になります．たとえばCWモードで15.000000MHzを表示させて15MHzの電波を受信したとします．CW-USBで700Hz，CW-LSBで710Hzのビート音が出力されていたなら実際にはリグは15.000005Hzを受信している，つまり表示より実際の受信周波数が5Hz上にずれているというわけです．復調音の周波数は3桁程度しか確認しませんから，ここには普通の安物カウンタが使えます．

注14）最近の国内QSOでは端数のない周波数での送信を求められ，ゼロインという言葉が死語になりつつある．

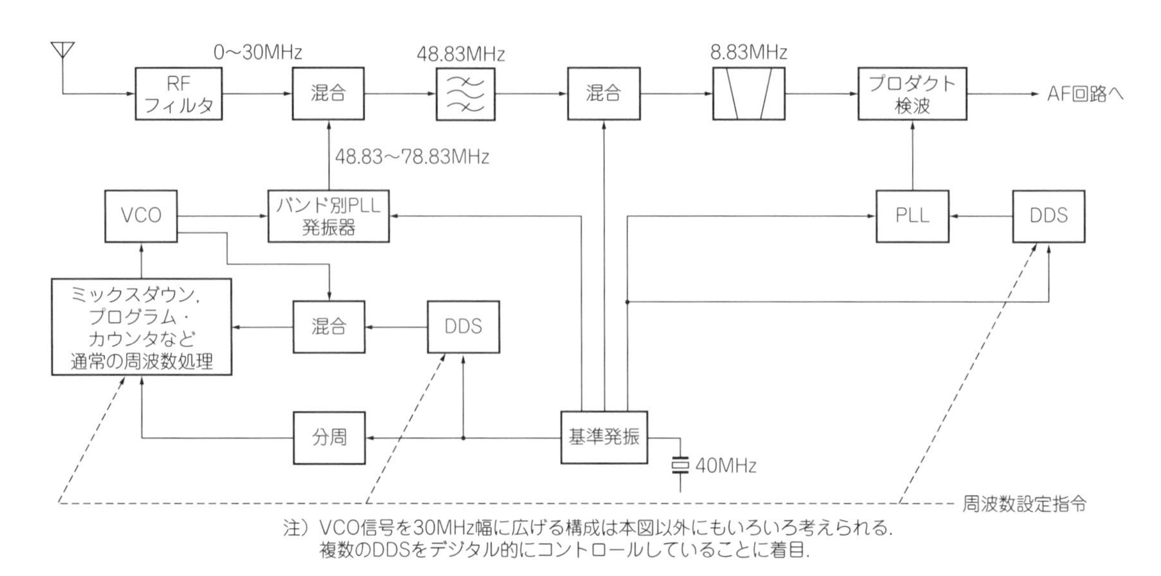


**図8-17 DDSを使った周波数一発管理の例**

## フルデューティ・サイクルはRTTY対応

1990年代のHF機にはもうひとつ大きな進化がありました．それはフルデューティでの送信が可能になったことです．

もともとSSBは間欠動作故にAMに比べて小さな放熱器で送信ができるという特徴がありました．CWも間欠送信です．しかしRTTYのような連続送信のモードが使われるようになるとこれでは耐えられなくなり，1990年ごろからフルパワーで連続送信可能と銘打ったリグが発売されるようになりました(**写真8-15**)．

**写真8-15 フルパワー連続送信可能なHF機の強制空冷式放熱板**
日本無線 JST-245

近年，JT65，FT8といったデジタルモードでの通信が行われていますが，フルパワーで送信できるのはRTTYでフルパワー送信できることを明記している最近のリグだけだと考えるべきです．気を付けないとすぐにリグを壊してしまいます．

## アップコンバージョンの進化

一般的なスーパーヘテロダインの欠点を大きく軽減したアップコンバージョンはその後も進化を続けます．まずはアップコンバージョン直後のフィルタ(ルーフィングフィルタ)の改善です．15～20kHzの帯域

八重洲無線（バーテックス・スタンダード）FTDX9000

アイコム IC-7700

幅のものが多かったこのフィルタですが，モード別に切り替えるようになりました．たとえば八重洲無線（バーテックス・スタンダード）のFTDX9000（2004年）やアイコムのIC-7800中期型（2005年）やIC-7700（2007年）は15kHz，6kHz，3kHzを切り替えています．これらのフィルタはスカート特性が良いだけでなく，従来では考えられないぐらいの強入力に耐えられるものです[注15]．

ルーフィングフィルタが改良されたことで，従来は9MHz付近と455kHzのフィルタで作っていた可変帯域動作を70MHz付近と455kHzのフィルタで作るリグも現れました．

他にも改良点はあります．クラブ局などで複数のリグが同じ場所で運用されたり，スーパーローカル局の信号が被（かぶ）るときのために，DIGISELやVRF（μ同調のものもある）といった強入力用プリセレクタの入っているリグが開発されています．

またDDSの項に書いたように局発の純度を上げる改良もありました．これはレシプロカルミキシング・ダイナミックレンジ（Reciprocal Mixing Test Dynamic Range：RMDR）を改善するもので，近年は大きく取り上げられるようになっています．

注15）ゼネカバ初段のフィルタ切り替えはIC-7800初期型（2003年）が最初だと思われる．2つのフィルタを切り替えていた．サードパーティのフィルタの中にはロスが多いもの，強入力に弱いものがあるので注意が必要．

## 同期検波

ゼネラルカバレッジになり，どのリグにもAMモードの受信機能が搭載されるようになりましたが，ここにも進歩が見られます．AM専用AGCの搭載，AMでも歪まないノイズブランカなどがその代表的なものですが，もうひとつ同期検波も挙げられます．

**図8-18**のようにAM波は包絡線(搬送波振幅のピークレベル)に情報が

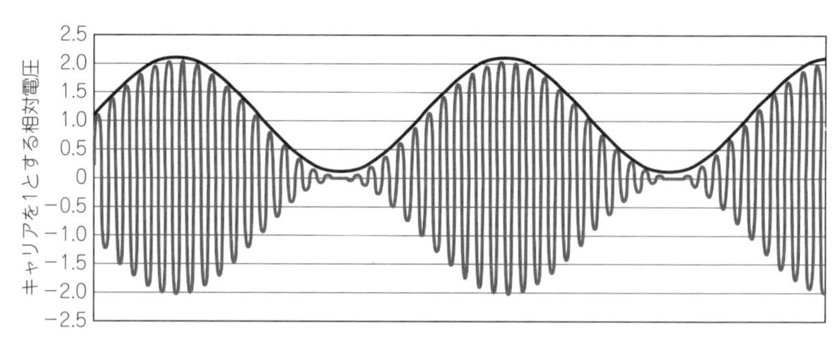


**図8-18　AM波は包絡線に情報がある**

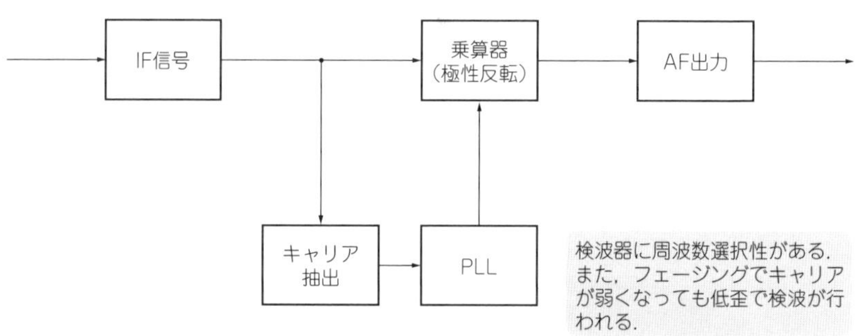


**図8-19　AM同期検波回路**

## Column　電波は電源になるか？

ゼネラルカバレッジの解説で，強力な電波が飛び交っていると説明しましたが，これを電源にはできないものでしょうか．

実は我が家のアンテナにはFM放送の送信所からの強力な電波が届いています．HF用ダイポール・アンテナで受けると開放端で600mVp-p(**写真8-A**)，これは何かに使えそうです．AM変調が掛かっているように見えるのは2波あるためで，その位相差が振幅変化を作り出しています．

これ以外はどうでしょう．実は意外な伏兵がいます．それは50HzのAC誘導(**写真8-B**)[注16]．なんと8Vp-pあります．でもこれを使ってはいけません．この誘導の元は自宅の電気配線ですから理屈のうえでは電気メータが回ります[注17]．

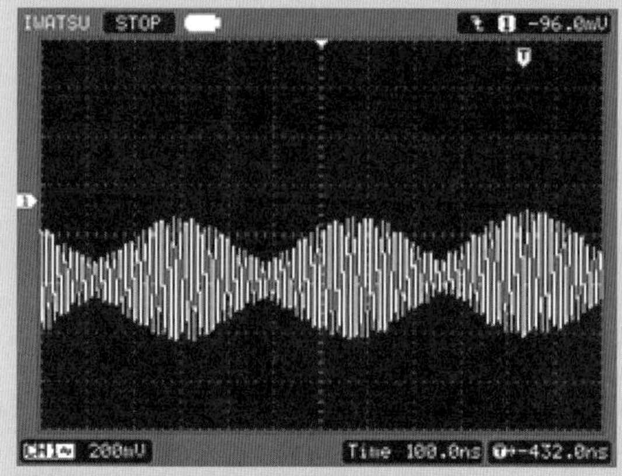


**写真8-A　わが家ではFM放送波がとても強い**
600mVp-p

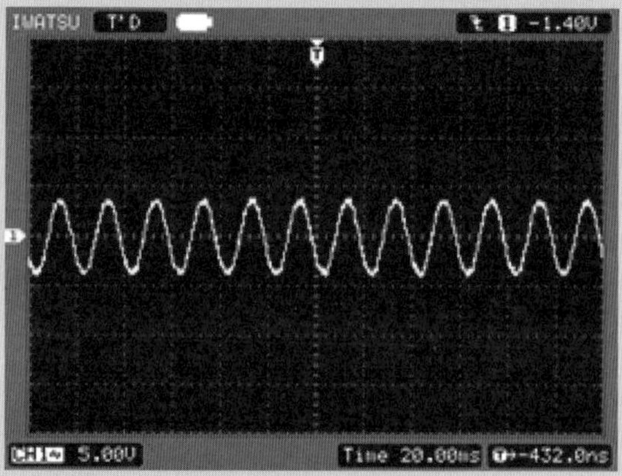


**写真8-B　アンテナ系に誘導していたACハム**

注16）波長がきわめて長く，放射界(遠方電磁波)の状態になっていないため，普通は誘導と呼ぶ．
注17）では，送電線に平行にアンテナを張って…とは，考えないように．

あります．±の振幅なので平滑するとなくなってしまいますから，ダイオードで片方だけを取り出す（検波する）ことが行われていますが，同期検波は**図8-19**のようにキャリアに同期して受信信号をスイッチングするものです．ダイオード検波ではフェージングの谷間でキャリアの打ち消しがあった時に過変調と同じ状態になり歪みを発生してしまいますが[注18]，

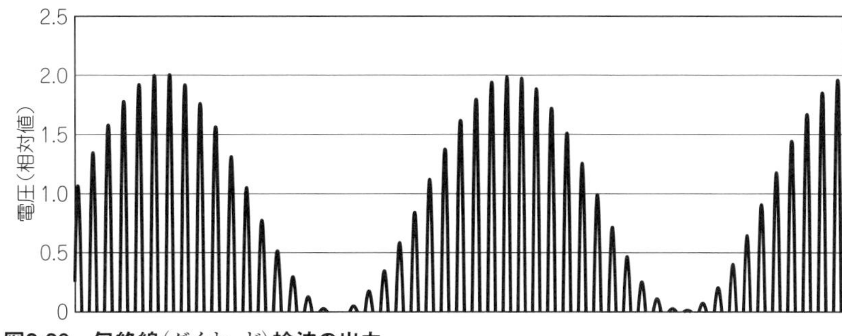


**図8-20　包絡線**（ダイオード）**検波の出力**

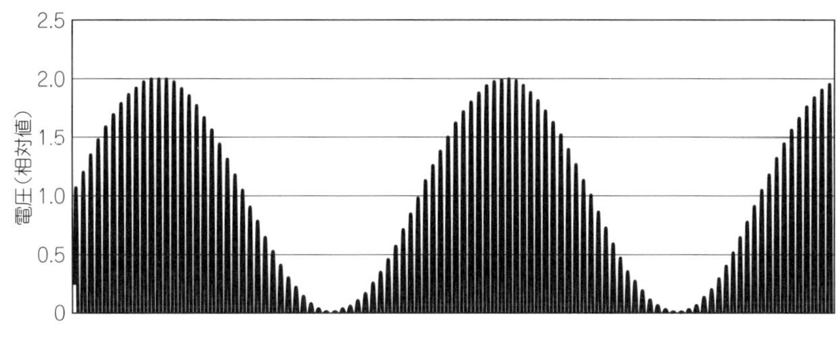


**図8-21　同期検波の出力**

フィルタを掛けてこの両者以外を見てみると，**写真8-C**のような信号が見られます．1MHz付近の信号の合成波，つまりAM放送波です．ゲルマニウムラジオの電源!? としても有名ですが，強いところでも200mVp-p，我が家ではFM放送波に負けています．

では，普段私たちを悩ませている雑音のレベルはどのくらいでしょうか．スペアナ写真（**写真8-D**）をご覧ください．雑音があるはずの短波帯とFM放送帯の間で，放送波に近いレベルの成分は見当たらないことが分かります．15MHzあたりに強い信号がありますが，これは短波放送で10波程度が届いていました．多くは中国語の放送です．こうして確認してみると放送波に比べると雑音は明らかに低く，雑音を電源に使うには何らかの工夫が必要なようです．通信には支障があるのに電源にはならない，雑音はやっぱり厄介者です．

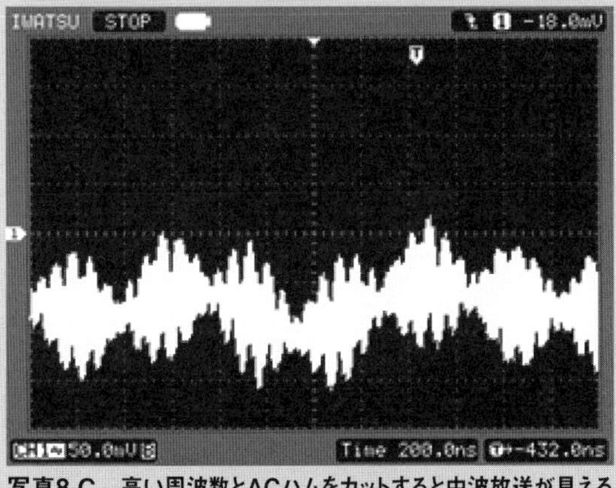


**写真8-C　高い周波数とACハムをカットすると中波放送が見える**
200nS/div

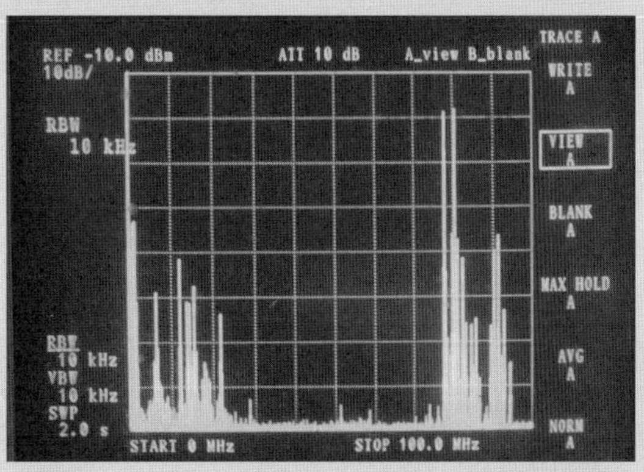


**写真8-D　わが家で受けられる0～100MHzの電波を表示**
アンテナは14MHz用DPを使用．国内の中波と海外の短波，近所のFM放送が見えるが，雑音のエネルギーは低い

注18）キャリアが打ち消されるとAGCの効きが悪くなり受信音が増大する．歪んだ瞬間に増大するのでとても不快感が大きい．

同期検波ではキャリアをスイッチングのタイミング取得に使うだけにすることでこれを防止しています．ダイオード検波(**図8-20**)と同期検波(**図8-21**)の出力では検波出力の包絡線のスムーズさにも差が出ます．

この同期検波自体は昔からある技術ですが，ものによってはキャリアが極めて弱い時や無信号時にヒューという音を作ってしまう欠点がありました．近年のものはこの点を改善しています．

日本無線のJST-135(1988年)は側波帯選択機能を持たせた同期検波をオプションで用意しました．これは9kHzしか離れていない別の局の側波帯をカットできるのですから，混信がある場合だけでなくラジオの夜間聴取でも有効です．ただしオプションボードの価格はハンディ機1台分でした．

同じく日本無線のJST-245(1993年)では受信信号のキャリアをそのまま用いてスイッチングしています．一見手抜きのようですが，無信号時の聞こえ方はダイオード検波と全く変わらず，ある程度のキャリアの打ち消しがあっても低歪み検波が可能という優れた方式です．

また八重洲無線のFT-1000MP(1995年)では同期検波とフィルタを組み合わせることで側波帯選択機能付きの同期検波を実現しています．標準装備でした．

## 超小型HF機

全体としては回路を複雑化して性能向上を狙っていたHF機ですが，1980年代には面白い考え方のリグも登場しています．

ひとつは北米規格の輸出用CB機をベースにしたリグで，28MHz帯のAM機は意外と少なく，FM機，SSB/AM機のいずれかが多かったようです．販売店オリジナルのものも多数あり，28MHz帯のFMは一定の人気を得るようになりました．

もうひとつはとにかく小型化に徹したモノバンド機で，代表的なものはミズホ通信のピコシリーズです．集積度を上げただけでなく，クリスタルフィルタのような部品まで小型化しています(**写真8-16**)．このシリーズではVXO式に徹することで，安定度，周波数読み取りの問題もクリアしました．

さらにお買い得感もあるハンディも開発されました．**写真8-17**の右は東京ハイパワーのHT-750(1993年)で7MHz帯，21MHz帯で3W，50MHz帯で2W出力，500kHzをカバーするデジタルVFOを搭載しています．どうしてもある程度は大きさのある部品を使わざるを得ないHF機ですが，大きな部品が乗った基板の裏面にぎっしりと表面実装部品が乗った基板を取り付けることで小型化をしました．

**写真8-17**左のケンウッドのTH-F28と比べるのは酷かもしれませんが，とても薄いCPU基板(**写真8-18**)と，

ミズホ通信 ピコ・シリーズ

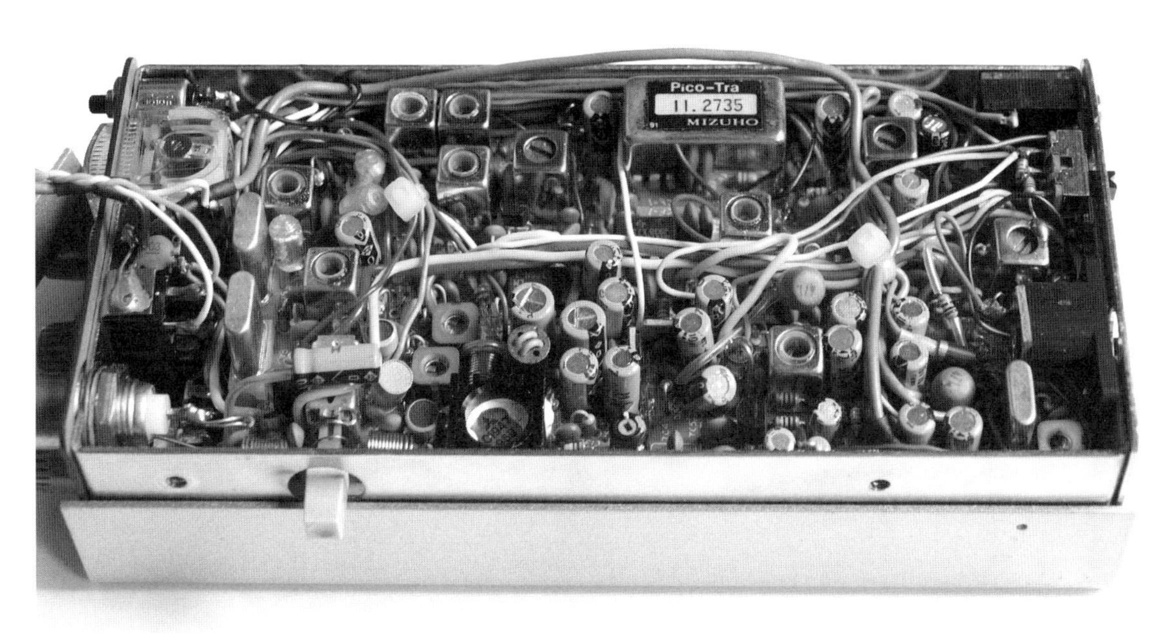


**写真8-16　集積度を上げた小型機の例**
ミズホ通信 MX-21S

**写真8-17　3バンドSSBハンディ機，東京ハイパワーのHT-750**(右)
左は大きさ比較用のケンウッド TH-F28

コンパクトにまとめた広帯域パワーアンプ(**写真8-19**)を内蔵して，スティック・サイズのハンディ機としています．

2002年に発売された八重洲無線(バーテックス・スタンダード)のFT-817は少々変わったリグです．HFから430MHz帯までをカバーするオールモード5W機ですが，HFオールバンド機には珍しく内蔵乾電池による運用が可能[注19]だったのです．

13.8V動作時の消費電流はわずか2A，100W機と同じ送信PAアンプを使用した10W機の消費電流が10A前後であることを考えるとはるかに電源の負担は少なく，1.2kg弱という軽さも相まって新しい運用スタイルを作り出しました．

またほぼ同じ頃(2003年)に発売されたアイコムのIC-703は9.6Vで5W，

注19）単3アルカリ電池8本で動作可能．単3では少々荷が重いようだが，その分軽量化できている．

**写真8-18　HT-750のコントロール基板**
薄く作り，他の基板に被せている

**八重洲無線**（バーテックス・スタンダード）**FT-817**

**◀写真8-19　HT-750のファイナル**
大型HF機のものをそのまま小さくしている

**アイコム IC-703**

13.8Vで10Wの出力を持つHF＋50MHz帯のリグで，オート・アンテナチューナも内蔵しています．10W時の消費電流は3Aとこれまた少なく，HF帯では第4級アマチュア無線技士の上限パワーを出せるのも魅力でした．

9Vから動作するので12Vの充電式電源が使えるなどコンセプトには似た部分もありますが，パネル面にもアンテナ端子を持ちハンディ機としても使えるFT-817と，本体をマルチバックに収めてコントローラ(パネル面)を持って運用することができるIC-703では明らかに視点が異なっており，どちらのリグも好評を博しました．

## 高級機の出現

**松下電器産業 RJX-1011**

1970年代前半のHF機の価格はだいたい10～20万円でした．新日本電気のCQ-210の(約30万円)や松下電器産業のRJX-1011(43万円，1975年)などの高価格帯のリグもありましたが，どちらかというと例外的なものです．高卒の国家公務員(初級)の初任給が68,000円の頃の話ですから….

1989年の初任給は106,600円(Ⅲ種)，TS-140やIC-726といった，定価13万円台のリグがボーナスで買えるようになります．そしてその後安価な価格帯のHF機の値段は上がっていません．2022年の原稿執筆時でも10万円を割り込むリグが売られています．

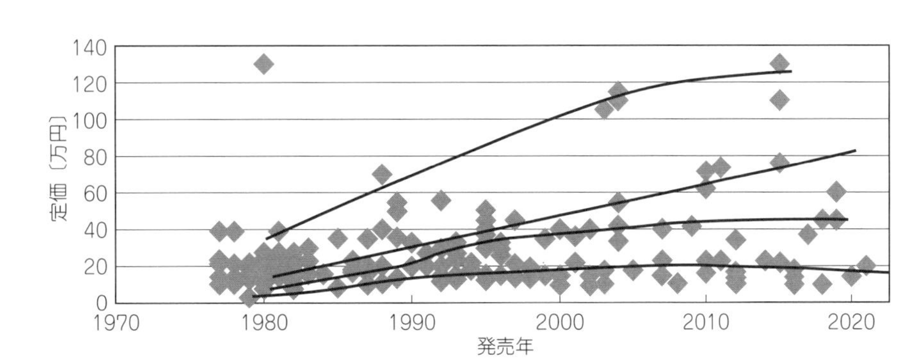


**図8-22　HF機の価格分布の変化**

普及価格帯のリグが安価に感じられるようになると高級機にも手が届くようになります．このためリグの価格帯は最高級(100万円以上もしくは70万円前後)，実戦機(40万円前後)，エコノミー機(10万円台)の4分布に分かれて現在に至っています(**図8-22**)が，エコノミー機でも1980年代前半の最高級機並みの性能を持っています．本当にありがたい限りです．

# 第9章 V/UHF新時代

**本章では1980年代後半以後のV/UHF機について解説します．バブルの崩壊による需要の縮小などで新機種が激減した時期もありましたが，着実に中身は変化していき，今日に至っています．**

## 衛星通信対応

1980年代以後のV/UHF固定機の一番の進化はこの衛星通信対応でしょう．144MHz帯，430MHz帯の2バンドに対応し[注1]，同時送受信ができて送信中にも送信周波数，受信周波数が動かせるといった機能が備わっています(**表9-1**)．LSB送信もできなくてはなりません．

当初は送受信で別リグを使用して衛星通信をしていましたが，1983年4月のPhaseⅢB衛星打ち上げの頃から衛星通信対応を謳ったリグが発売されています．その先陣は八重洲無線のFT-726(1983年)で，オプションではありますが衛星対応の別バンド同時送受信機能を持っていました．

衛星通信に対応するための要求性能はわかっていたので，その後発売された対応機はどれも十分な水準に対応していましたが，操作性には大きな違いがありました．1980年代後半，衛星通信対応が一般的になってきた時期のリグの操作方法について，発売順に説明します．

**表9-1　アマチュア衛星通信で使われる**(使われていた)**主なモード**(周波数構成)**と代表的な衛星名**

| | | アップリンク(衛星へ) | ダウンリンク(衛星から) |
|---|---|---|---|
| Aモード | | 144MHz帯 | 28MHz帯 |
| | AO-7 | 145.85～145.95MHz | 29.4～29.5MHz |
| Bモード | | 430MHz帯 | 144MHz帯 |
| | AO-73 | 435.15～435.13MHz | 145.95～145.97MHz |
| Jモード | | 144MHz帯 | 430MHz帯 |
| | FO-29 | 146～145.9MHz | 435.8～435.9MHz |

八重洲無線 FT-726

注1) 29MHz付近をダウンリンクに利用する衛星もある．表9-1を参照．1.2GHzのアップリンクを受ける衛星もあるが，IARU(International Amateur Radio Union)が1.2GHzのダウンリンクを禁止していることもあり，衛星通信対応のリグのほとんどは1.2GHzがオプションもしくは非対応．

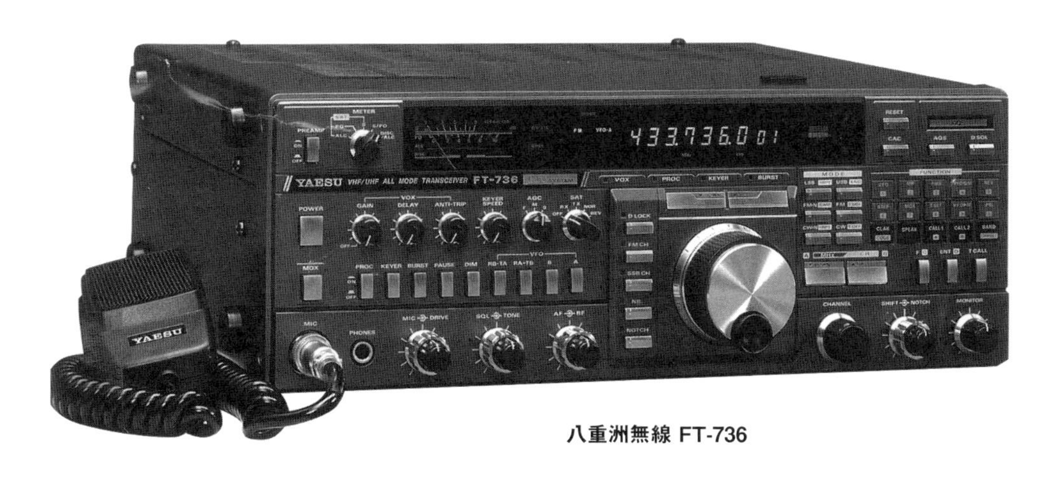


八重洲無線 FT-736

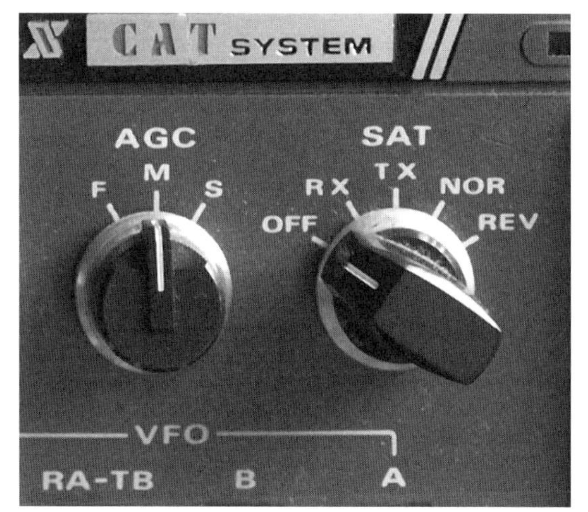


**写真9-1　衛星通信セッティング用SATスイッチ**
八重洲無線 FT-736X

八重洲無線のFT-736(1987年)ではパネル面にSATつまみがあります(**写真9-1**). ひとつひねって受信周波数とモードをセット，もうひとつひねって送信周波数とモードをセット．そのままなら送信周波数を，ひとつ戻せば受信周波数をメイン・ダイヤルで動かすことができます．さらにスイッチをひねることで送受信周波数の変更をそれぞれ順方向に，もしくは逆方向に連動させることが可能です．

ケンウッドのTS-790(1988年)の場合はMAIN系を送信用，SUB受信系を受信用に割り振ります．微妙に作業は増えるのですが，受信中は送信周波

トリオ TS-790

アイコム IC-970

数と受信周波数を同時にワッチすることが可能です．

IC-970(1989年)はサテライト通信モードにするとサテライト・メモリを読み出します．メモリは10あり各衛星のセッティングを事前に入力しておけば便利です．メモリを読みだした後はVFOと同様に可変ができますし，送受信周波数の連動もできます．

衛星は移動しますのでドップラ効果が生じます．普通に送信していると衛星からの受信周波数がどんどんずれていきますので，衛星から受ける信号(ダウンリンク)の周波数を一定にするようなコントロール，つまり地上からの送信(アップリンク)周波数を変えていくことが求められます[注2]．

また，このような衛星対応のリグでは144MHz帯と430MHz帯のアンテナ・コネクタは必ず別々に出ています．少しでも回り込みを減らしたいということなのでしょう．このため多バンド対応のGPを使って手軽にラグチュウを楽しむ場合などには逆に配線が面倒になります．

## HF機がV/UHF対応

今でこそHF機がV/UHFまでカバーしているのは珍しくありませんが，その初代機，八重洲無線のFT-767GXX(1986年)が発表された時は衝撃的でした．それまでのアナログVFOの親機(HF機)とトランスバータの組み合わせではFMの運用がしにくかったのですが，デジタルVFOの誕生でこの問題がなくなり，実用的な「オールバンド・オールモード機」が誕生したのです．

FT-767シリーズはHF機にトランスバータを付けて，コントロールを一体化したような造りになっています(**写真9-2**)．基本的にはHF機でV/UHFトランスバータ部がオプション，そのフルオプションがFT-767GXXという位置付けです．その後継機，八重洲無線のFT-847(1997年)ではV/UHFをオプションにするという構成をやめて全体を一体化して小型化しました．

2001年のケンウッドのTS-2000ではHF～1.2GHzまでを1台でカバーしています．部品の小型化によって個々の回路が小さくなり，マルチバンド化しても十分持ち運べる大きさ・重さに収まるようになったのでしょう．

小型機では1995年にHFから144MHz帯までをカバーするオールモード機アイコムのIC-706が誕生しています．また1998年に発表されたIC-706MarkⅡG，八重洲無線(スタンダード)のFT-100はカバー範囲を

注2) 受信周波数を動かすというやり方もある．

八重洲無線 FT-767GXX

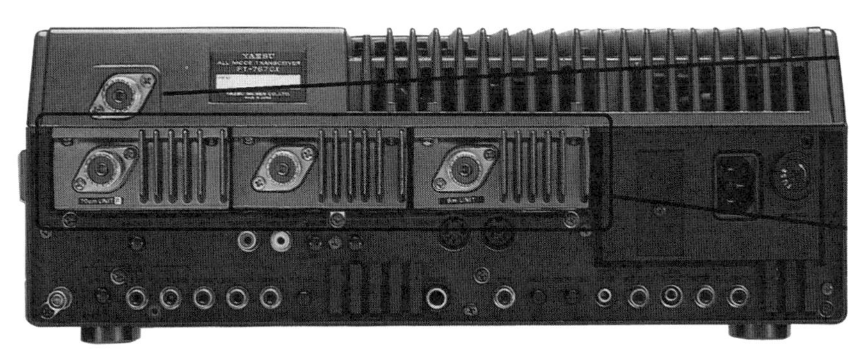


**写真9-2　初期のマルチバンド機はHF機にトランスバータ・ユニットを付けた構造**
八重洲無線 FT-767GXX．カタログ写真より

八重洲無線 FT-847

430MHz帯までに広げました．いずれも移動運用・モービル運用が可能なリグです．144MHz帯と430MHz帯の両方に対応する広帯域PAの採用で小型化しました(**写真9-3**)が，ハイパワー機では小型化には限度があるようで，FT-991A(2016年，**写真9-4**)でもPA(パワーアンプ)とフィルタが機器の上半分を占めています．

ケンウッド TS-2000

また1990年前後から50MHz帯がHF機に取り込まれています．ケンウッド(トリオ)の600番台のリグを例にして追いかけてみると，TS-600(1976年)は50MHz帯モノバンド，TS-660(1981年)は21～50MHz帯をカバーしTS-670(1984年)は7，21～50MHz帯で，TS-680(1987年)はHF＆50MHz帯をフルカバーと，だんだん低い周波数に対応すようになりますが，いずれも400番台のHF機よりも廉価な存在でした．次のTS-690(1991年)でHF機TS-450のアンテナチューナなしのタイプに50MHz帯を付けたものになります．1994年に追加されたTS-690SATはTS-450のアンテナチューナありのタイプに50MHz帯を付けたものと同等で，こ

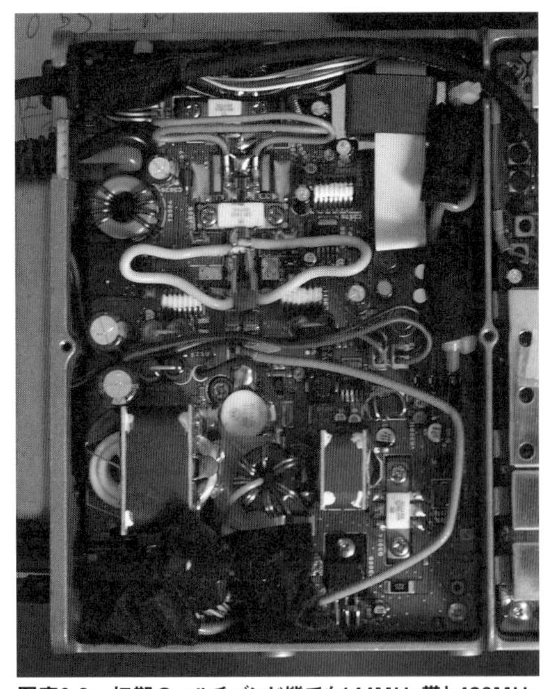

**写真9-3　初期のマルチバンド機でも144MHz帯と430MHz帯は同じファイナルで増幅(写真上)**
八重洲無線 FT-100．同軸線を利用したトランスを使用しているが，この形状は何パターンかある

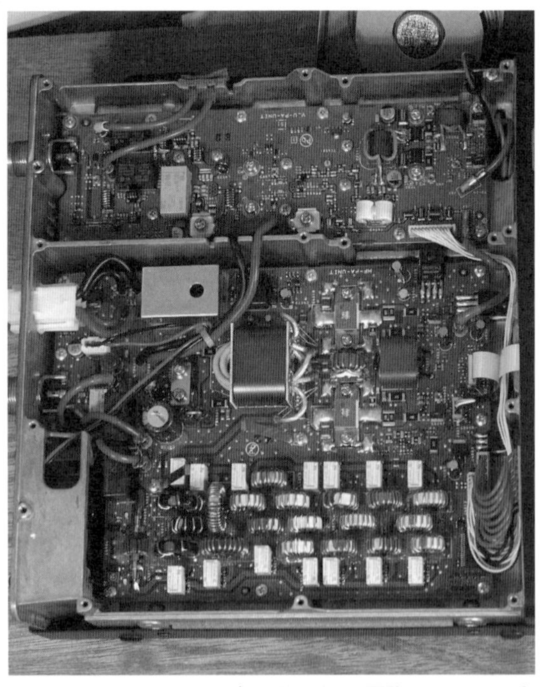

**写真9-4　最近のマルチバンド機でもPA回路がシャーシの上半分を占めている**
八重洲無線 FT-991A．写真上1/3はV/UHF，下2/3はHF

アイコム IC-706

八重洲無線 FT-100

八重洲無線 FT-991A

の時はじめて600番台のリグが400番台より上位の存在となりました．

当初は50MHz帯は別ファイナルでした．放熱の問題もあり，HF帯が100Wでも50MHz帯の出力は10Wというリグがいくつもありましたが，すぐに50MHz帯のパワーアップ競争がスタートし，TS-690で50W出力

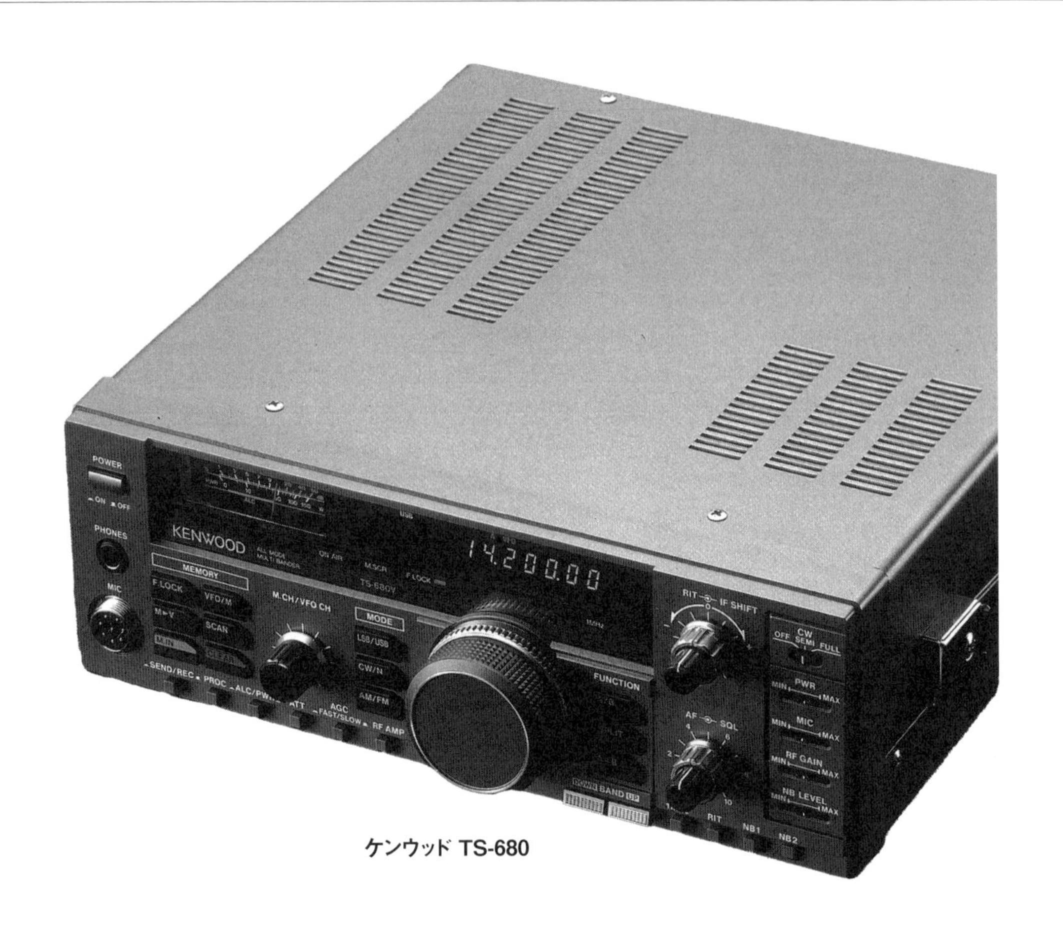


ケンウッド TS-680

ケンウッド
TS-690SAT

が実現します．

HF帯のパワーアンプが50MHz帯も兼ねるようになったのはIC-736，JST-245(日本無線)(いずれも1993年)からではないかと思われます．どちらもFETファイナルで実現しました．

V/UHFだけの大型機には割高感が出たためか，1990年代になるとV/UHFの固定運用機はあまり多く発売されていませんし，価格を抑えるためか1.2GHz帯はオプション扱いとなっています．2000年以後新規に発売された大型固定機の中で1.2GHz帯を標準装備しているリグは，2001年発売のTS-2000SX，VXの次が2019年のIC-9700となります．

アイコム IC-9700

## 意外と大変なキー照明

固定機には不要だけれどモービル機，ハンディ機に必要な機能として，キー照明があります．これが意識されだしたのは1980年代中ごろで，主要な全ボタンが照明されるようになったのは1980年代後半[注3]です．それまでは暗い場所では懐中電灯で表示を読んでいました．

一般的な手法としては，透明なプラスチック(ライトガイド，**写真9-5**)で光の通り道を作り，いくつかの光源からの光を必要な各所に分配しています．“いくつかの”なので，光源となる豆電球のうちのひとつに球切れが起きても光り続けるところがミソです．光量にむらはできますが，実用にならないほど暗くはなりません．

余談ですが，業務用の高信頼機器にはタリーバックという考え方があります．普段はアンバー(薄い黄色)の照明のボタンが押されたら赤くなるとします．この赤くする制御はボタンのところから取り出す(自照式と呼びます)のではなく，ボタンからの信号を受け取った回路が制御を戻すというやり方をするのです．回路までの配線が断線したり，制御される回路に故障があったらいくら押しても赤く光りません．アマチュア無線機のボタン照明にもこの考え方を取り入れたらどうかなと思ったことがあるのですが,「光の道」を使って照明しているので

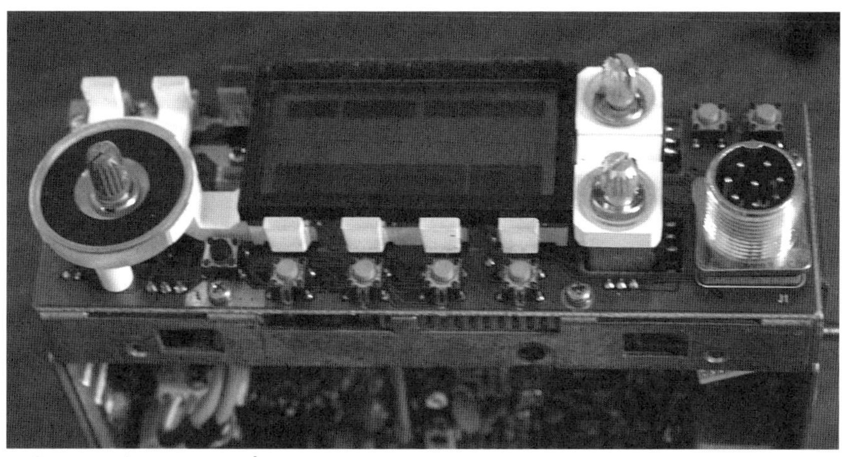

**写真9-5　パネル面の白いプラスチック部分は光の通り道であるライトガイド**
アイコム IC-338D

注3) サムホイールのハンディ機では照明すること自体が難しかったが，アルインコ電子のALX-2，ALX-4(1986年)は照明付き．

個別のボタンの色を変えるのは難しそうです．

## パネル分離

車載時に運転席周りが狭くなるのを避けるために，福山電機研究所のFM-50A，FM-144V（1965年）などV/UHF機では早くからパネル（操作部）だけを独立させたリグがありましたが，これは本体内部の配線を延長したもので，チャネル固定のFM専用機にも関わらず12接点のコネクタを取り付けた太いケーブルが必要でした．

その後リグ全体がマイクロコンピュータ・コントロールになると，リグ内部の基板間配線がシリアル（直列）データを伝送するようになります．またマイコンチップが小型化した頃にはパネル面に直接CPUを取り付けてしまうことで，パネル～本体の通信をシンプルにすることができるようになりました．メイン・ダイヤルが回されたら，パネル部についているCPUが周波数をカウントし，表示を作成するとともに各部に必要なデータを送り出すようになったのです（**写真9-6**）．

このパネル面分離型のリグで設計者が少々手こずったと思われる部分があります．それはマイクロホンとスピーカの扱いです．

パネル面を小さくすると設置場所の自由度が上がりますが，そこからマイクロホン・コードが出ていると邪魔であるとともにマイクのコードを引っ張ったときにパネル面が動いてしまうのです．またスピーカは大きい方が音が良くなりますが，正面につければより明瞭に聞こえます．大きなスピーカを本体に付けるか，正面のパネル面に付けるかは悩ましいところです．パネル分離型オールモード機のはしり，ケンウッドのTM-255，TM-455（いずれも1994年）では，本体に別スピーカを接続するのを標準としていました．

もっとも，車のフロントガラスが斜め前に出るようになってからは，わざわざセパレート化

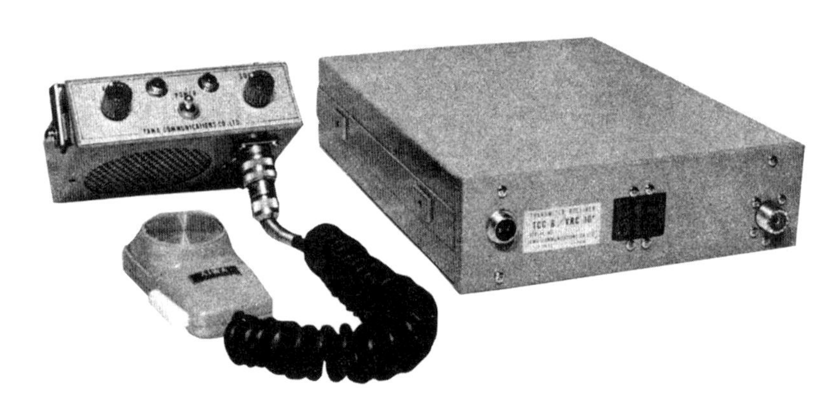

福山電機研究所 FM-144V

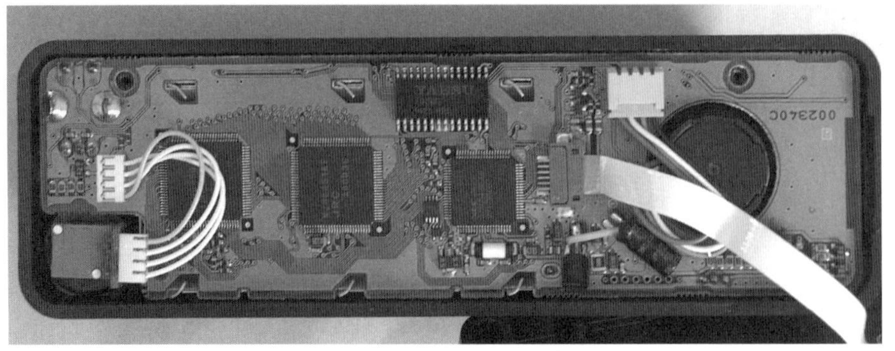


**写真9-6　近年のリグでは，パネル面後ろにコントロール基板がある**
八重洲無線 FT-100

しなくてもダッシュボード上にリグを取り付けできるようになってきています．インコンソールと違って工夫をしないと配線が見えてしまうのが難点ですが，モービル機のほとんどが黒なのもこういった設置をした際にフロントガラスに映り込まないように考慮している可能性があります．

## DTMFスケルチ，デジタル・スケルチの登場

信号がないときに受信しないのが普通のスケルチですが，特定の局の信号だけを受けたいという要求は昔からあり，セルコールそしてトーンスケルチ(CTCSS，第6章参照)が使われていました．

その後，DCL/AQSを経て，1986年ぐらいからアイコムはデジタルコード・スケルチ[注4]をオプション設定しています．これは1200Hz，1800Hzの1200bpsの信号を前置するもので，AQSの機能の一部でもあります．一方ケンウッドはTH-25，TH-45で(1987年)CTCSS(トーンスケルチ)で呼び出しを受けるとそれを知らせるベル機能を搭載していますが，この機能は同じ頃にポケット・ビープの名前でIC-3Gにも取り入れられています．八重洲無線はオプションのボイスメモリーユニット“DVS-1”を利用したDTMFで伝言をコントロールできる機能をFT-212，FT-712(1987年)に搭載しました．

スタンダードのC150(1988年春)にオプションながらコードスケルチの名前で初めて取り入れられたのが，DTMFスケルチです．名前のとおり特定のDTMF信号を前置した信号だけを受信するシステムですが，スタンダードの製品では相手局の番号を表示することで送信者がわかる機能(ページング)も用意していました．ページングは他社ではページャーという名称がつけられ，DTMFスケルチはコードスケルチ以外にもDSQ＝コード・スケルチ，DTSS＝デュアルトーン・スケルチ・システムという名前でも呼ばれています．

ケンウッド TH-25/TH-45

アイコム IC-3G

DTMFの利用はあっという間に各社に広がり，既存機にDTMFの送信機能だけを追加したリグまで現れていますし，DTMFで外部機器をコントロールする

注4) 後のDCS(本項後半参照)とは違う．

八重洲無線
FT-212/FT-712

日本マランツ C150

DTMFコントローラTC-33が1988年夏にアドニス電機から発売されています．

DTMFは各社で互換性があったため1990年ごろには広く普及しています．これにはCTCSSを使用するとレピータ利用時にトーン周波数の再設定が必要という事情もあったと思われます[注5]．後に定型文を相手に残せる機能や，応答を促す機能，アルファベットエンコード機能も追加されています．

八重洲無線のハンディ機FT-10，FT-40(1995年)には，音声より低い周波数を利用した134.3bpsの呼び出し用データ信号を連続重畳するDCS(デジタル・コードスケルチ，デジタルスケルチ)が装備されました．9bitの識別情報に誤り訂正符号などを加えた全23bitで構成されていて，9bit＝512通りの番号が存在しますが，実際に設定できるDCS番号は104種類(FT-10，FT-40の場合)です．これはDCS信号が固定の長いヘッダを持たないためで，受信スタート時に他の番号と間違えやすいコードを使用しないようにしています．またDCSには送信終了(スケルチ閉)のコードを持っているという特徴もあります．

実は，トーンスケルチとDCSは業務機用に開発されたものです．複数のグループ(会社)が同時に同じ周波数を共用する場合には必要な信号だけを受信したいのですが，DTMFスケルチのような前置信号方式ではこれが意外と難しいのです．ノイズや混信でスケルチが開きっ放しになると他の通信も聞こえてしまいます．でも相手が送信している間だけ受信するようにできる連続信号方式の選択装置であれば問題ありません．アナログの簡易無線でこれらを使用する場合には工事設計書の付属装置欄に使用するトーンやDCS番号を記入する必要があります．そのぐらい重

注5）メモリがCTCSS周波数を記憶できるリグではこの機能を活用することで回避できる．

要なものです.

## どっこい残ったモノバンド機

日本市場ではほとんど売れませんが，海外市場では定番となっているものに，モノバンド・ハイパワー機があります．アルインコ電子のDR-135TmarkⅢ，八重洲無線のFT-2980R，アイコムのIC-2300H，IC-V3500(2022年)，JVCケンウッドのTM-281A(アルファベット順)，144MHz帯のリグを例にとりましたが，どのリグも50Wもしくはそれ以上のハイパワーのモノバンド機です.

人口密度が低い地域において，つけっぱなしの連絡用という使い方を想定しているように思われますが，ほとんどのリグがMILスペックをクリアしていて，高信頼をPRしています．何時も受信するのは同じ周波数なのだからマルチバンド化する必要はないのでしょう．そして静かなところではファンの音も気になるということでしょうか，自然空冷としているリグもみられます．多くの場合スピーカは上面か前面にあります．固定で使用する場合は下に取り付けるとスピーカが塞(ふさ)がれてしまうのでこうなっているのだと思われます．たとえばDR-135TmarkⅢはどこをどう見てもモービル機にしか見えませんが，説明書ではBASE STATIONへの設置方法を先に説明しています.

## データ・パケット通信

1980年代終わりから1990年代にかけて爆発的に流行ったものにデータ・パケット通信があります．データ・パケット自体は**図9-1**のような構成のもので，X.25という業務通信向けの規格を米国のTAPRという団体がアマチュア無線用に手直しして1981年ごろから実験を開始，AX.25という規格として制定したもので，1984年のV2.0で世界的に広がりました[注6].

実際に電波となるときには，Bell 202規格もしくはBell103規格の音声周波数を利用したFM変調，もしくはGMSK(ガウス最小偏移変調)，もしくは周波数偏移を減らしたFSK(G3RUH，GMSKと互換性あり)での

### Column 多バンドハンディ機考

ハンディ機の進化が止まらなかった1990年代，製品はどんどん多機能化していきました．その中でとくに注目されたのが多バンド化です．当初は144MHz帯と430MHz帯の2バンド，その後，アイコムのIC-⊿1(1993年)など3バンドに対応するものも現れましたが，筆者がそれ以上に驚いたのが，このハンディのディスプレイが3バンドの状態すべてを同時に表示できることでした.

多バンドハンディ機はモノバンドハンディ機を複数持つより経済的で，運用の自由度も上がりますが，手に持って運用するときなど，使わない回路まで持たされているのではないかなぁと思ったこともあります.

もっとも電池は重いので，これがひとつで済むだけでも良いという考え方もあるかもしれません.

付属ホイップアンテナでの運用で多バンドハンディ機の飛びが悪いと感じたら，ぜひモノバンドのホイップアンテナを付けてみてください．多バンドハンディには多バンドアンテナがたいてい標準で付いていますが，アンテナの状態が常に良いとは言えないハンディ機の世界では，帯域が広く動作が単純なモノバンドのアンテナのほうが有利ではないかと思われます.

注6) 詳しい規格はここに掲載されているが，これはV2.2であることに注意．**http://www.ax25.net/AX25.2.2-Jul%2098-2.pdf**

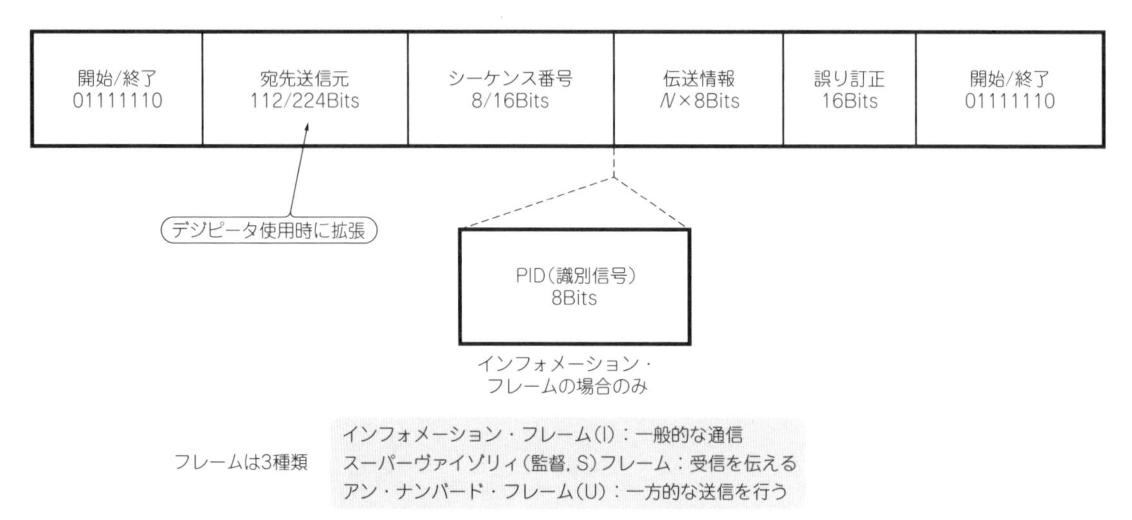


**図9-1　AX.25 データ・パケット通信の伝送内容**

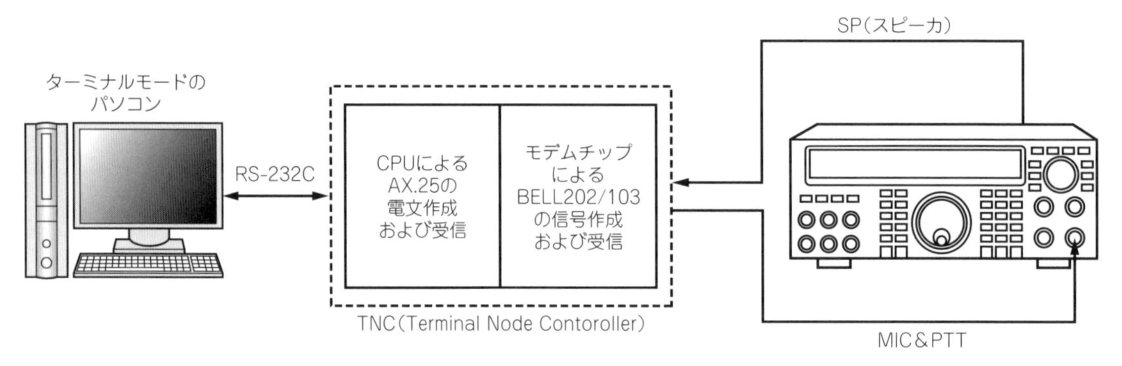


**図9-2　AX.25 データ・パケット通信の機器構成**

**写真9-7　SMC-NETのTNC，TNC-1296**

伝送が行われます．

『日本アマチュア無線機名鑑Ⅱ』にも記載したように機器の構成は**図9-2**のようになります．パソコンはあくまでもターミナル(入出力装置)として使っていますからポケットワープロのようなものでも使用できましたし，ターミナルモードを持つパソコンでは特にソフトウェアを使用することなく運用することも可能でした．

CPU部はターミナルとFSK用2値信号の橋渡しをします．またモデム部は2値信号からFSK信号を作る，またはその逆をします．リグはこれを電波に乗せます．HFではSSBモードを利用した300bps，V/UHFではFMモードの1200bpsですが，高速化したGMSK，G3RUHなどでは9600bpsや19200bpsも使われています．

データ・パケット通信は，相手とコネクトし，データを送信したら，受信したという信号(ACK)を受け取ってから次を送信する，1対1の順次送信システムです．しかしAX.25ではコネクトしない信号を送信することが可能で，逆に別の局向けの信号をワッチすることもできました．またデジピータと呼ばれる転送動作もあります．これはAX.25で運用している他局のシステムでメッセージを転送してもらうものです．

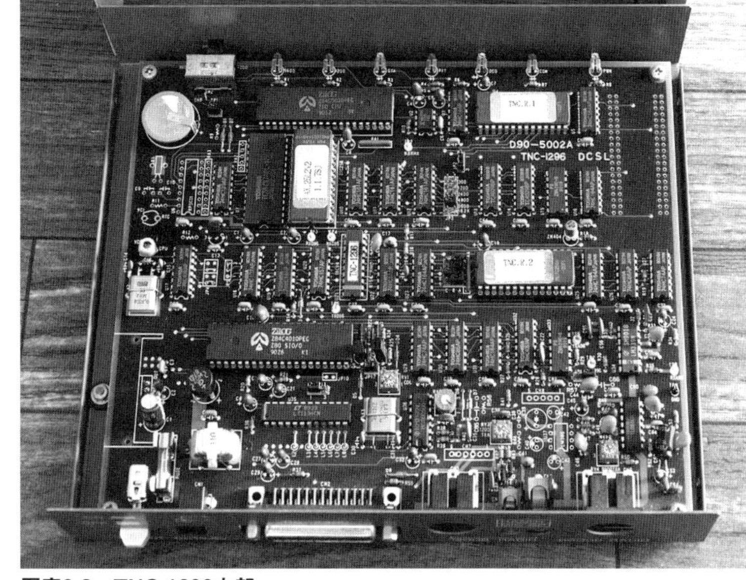

**写真9-8　TNC-1296内部**

パケット通信が始まるとすぐにBBSと呼ばれる電子掲示板が整備され，いろいろと書き込みがなされるようになりました．BBS間で書き込みを転送するシステムも運用されましたが，有線電話回線(インターネット)を使ったパソコン通信が使われるようになるとこのタイプのパケット通信は下火になっています．

このデータ・パケット通信のTNCは，メーカー製だけでなくアマチュアが作ったものも多々ありました．TAPRが作ったTNC-2，WTKグループが作ったNECO-2，SMC-NETが作成したTNC-1296(**写真9-7**，**写真9-8**)などが代表的なものです．

## APRS　ナビトラ　ARTS

前項で解説したAX.25は，APRS，ナビトラ(JVCケンウッドの商標)などで使われています．APRSとはAutomatic Packet Reporting System　(古くは　Automatic Position Reporting System)です．これはAX.25によるパケット通信を使って緯度経度の位置情報をやりとりするもので，各無線局の位置情報，気象情報，メッセージ交換なども行われています．またナビトラはGPS衛星から自分の位置を調べ，それをアマチュア無線の電波を使って不特定多数の人に見てもらおうというもので地図との連動も可能です．日本語が使えるという特徴もあります．

| | | | |
|---|---|---|---|
| | 自動車による移動局 | | 気象状況発信局 |
| | 徒歩，ジョギングによる移動局 | | Sパラメータのデジピータ |
| | オペレーターが運用中の固定局 | | デジピータ+I-Gate(オーバーレイ) |
| | ミーティング会場(開催案内) | | 気象局+デジピータ(オーバーレイ) |
| | ハムフェアなどイベント会場(開催案内) | | 地震発生情報(震源地) |

**図9-3　APRSで一般的なアイコン**
CQ ham radio 2022年9月号 p.216より

機能的には似ている部分も多くあり，ケンウッドのTM-D700のように国内向けはナビトラ，海外向けはAPRSという例も見られましたが，近年は

ケンウッド TM-D700

ARPSに統一されているようです．ARPSで一般的に利用されているアイコンを**図9-3**に示します．

ARTSは八重洲無線(スタンダード，バーテックス・スタンダード)のリグに付いている，相手局が圏内にいるかどうかを自動的にチェックする機能で，15秒もしくは25秒間隔(標準)で同じDCSコードを持つ局がいるかいないかを通知してくれます．この機能では10分間隔(標準)でCW IDを送信することも可能です．

## デジタル音声・データ通信　D-STAR

1998年に日本アマチュア無線連盟(JARL)での検討が始まり，アイコムの協力の元，2004年に運用が開始されたのがデータ通信と音声通信を融合したD-STARです．2005年にはレピータの運用も始まりました．

規格書上は**表9-2**のように表現されています．運用上は電波変調型式としてGMSKが使われています．またAMBE(2020)というのはどうもチップの名前のようです．AMBE-2020で検索すると資料が入手できます．AMBEの場合は細かいアルゴリズムが公表されていないので，このような記載方法になったのでしょう．20mSごとの，圧縮されエラー訂正信号を付加された音声信号とデータ信号はGMSKで変調されます．このGMSKはGaussian filtered Minimum Shift Keyingの略で，ガウシャンフィルタを用いることで信号の変化速度を最小にした変調指数0.5の位相連続FSKを示します(**写**

**表9-2　D-STARの3つのモードとその規格**

| | 項目 | 規格 |
|---|---|---|
| 音声通信 | 通信変調方式 | GMSK，QPSK，4値FSK |
| | 伝送速度 | 4.8kHz以下 |
| | 音声符号化方式 | AMBE(2020)　変換速度2.4kbps<br>FEC付符号　3.6kbps |
| | 占有周波数帯域幅 | 6kHz以下 |
| データ通信 | 通信変調方式 | GMSK，QPSK，4値FSK |
| | 伝送速度 | 128kbps以下 |
| | 占有周波数帯域幅 | 150kHz以下 |
| アシスト局 | 通信変調方式 | GMSK |
| | 伝送速度 | 10Mbps以下 |
| | 占有周波数帯域幅 | 10.5MHz以下 |
| | 運用周波数 | 5.6GHz帯　10GHz帯 |

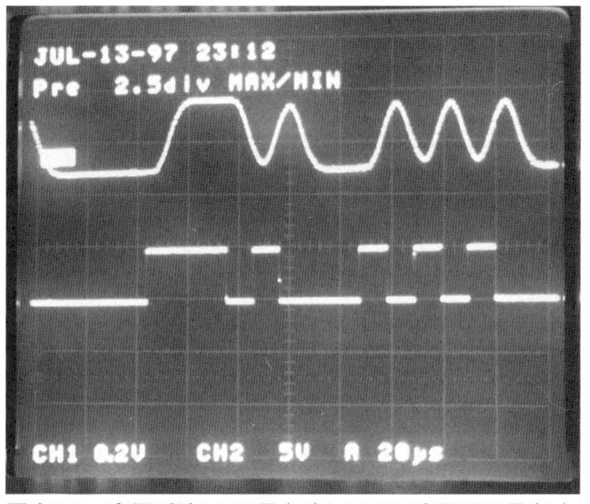


**写真9-9　変調デジタル信号**(下)**とGMSK変調用信号**(上)
自作回路のため不完全な遷移も見られるがご容赦を

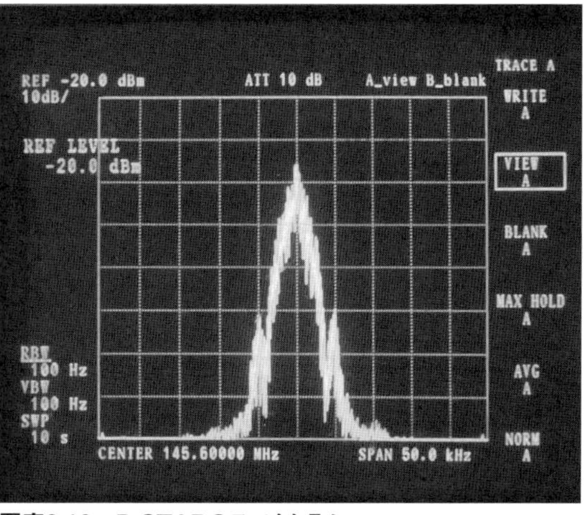


**写真9-10　D-STARのスペクトラム**
アイコム ID-800で観測．横軸は5kHz/div

**真9-9**)．

FSKですから周波数をシフトさせて10(イチゼロ)のデジタル信号を伝送するのですが，本来は無限の側波帯を持つはずのFM波の側波帯が理論上なくなる(**写真9-10**)，特別なパラメータを指定した方式です．D-STARに使われる4.8kbpsで変調したGMSK信号は，理論的には3.6kHz離れた点で－80dBまでレベルが低下します[注7]．このため10kHz間隔での運用が可能です．

D-STARシステムでは，一般のユーザー以外に，レピータ局，アシスト局，ゲートウェイといった中継局が用意されます．レピータ局は一般的なレピータで，アシスト局はレピータ局間をつなぎます．このレピータ局とアシスト局を結んだサービスエリアをゾーンと呼び，このゾーン内にあるゾーンレピータ局と

――――――――――――→ この方向に順次送信

| 信号内容 | ビット同期 | フレーム同期 | フラグ1 | フラグ2 | フラグ3 | 送り先中継局コールサイン | 送り元中継局コールサイン | 相手局コールサイン | 自局コールサイン1 | 自局コールサイン2 | ヘッダ部エラーチェック | 音声セグメント | データセグメント | ～ | (音声・データ交互送出) | ～ | 音声セグメント | ラストフレーム |
|---|---|---|---|---|---|---|---|---|---|---|---|---|---|---|---|---|---|---|
| 長さ | 64ビット | 15ビット | 1バイト | 1バイト | 1バイト | 8バイト | 8バイト | 8バイト | 8バイト | 4バイト | 2バイト | 72ビット | 24ビット | ～ | | ～ | 72ビット | 48ビット |

エラー訂正付き音声は3.6kbps、全体では4.8kbps.

- フラグ1の上位4ビットは信号の識別.
  5ビット目は緊急性の識別(電波法上の緊急通信とは別)
  下位3ビットはレピータ・再送などの制御用信号.
- フラグ2の上位4ビットはID(コールサイン記述部分)のフォーマット変更時に使用.
  フラグ2の下位4ビットはシステム上で管理をしない.
- フラグ3は将来予備.
- 自局コールサイン2は／(斜線)以後の表示．システムは関わらない.
- 最初の「データセグメント」と「音声セグメント」21個ごとの次のデータセグメントに変調方式に対応した再同期信号を挿入する．この部分で同期を取り直すことによって，通信途中からの信号を含めた送受信間の同期クロックのズレを補正する.

**図9-4　D-STARの符号構成**(音声通信の場合)

注7) **写真9-10**を見ると±5kHzにあるピークが気になるが．実際はその手前にヌル(減衰点)があるために目立っているだけ．伝送にはヌルからヌルの間があれば良い．

インターネットを介するのがゲートウェイとなります．インターネットを介する場合は管理サーバを利用して相手方の情報を得ることで適切なゲートウェイに接続されます．もちろん，レピータを介しない通信，インターネットにVPNで接続する通信も可能ですし，dmonitorのような，インターネット経由で遠方のレピータに直接接続するソフトウェアもあります．

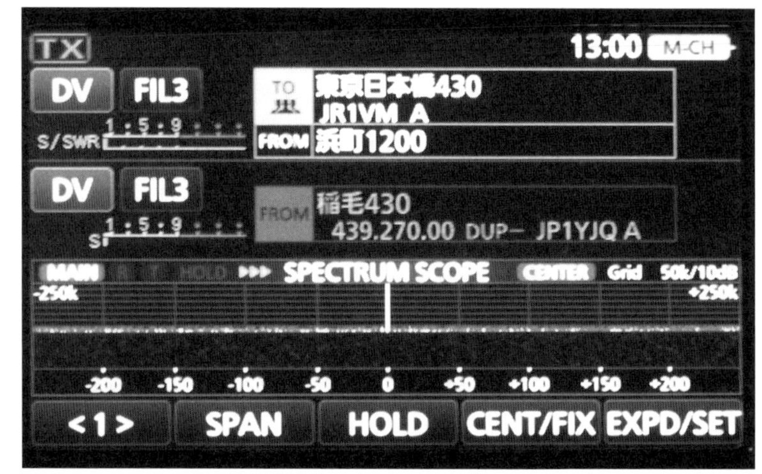


**写真9-11　D-STARの接続を簡単にするDRモード**（D-STARレピータ・モード）**画面**

実際の無線電波に載せられる音声パケットの内容を**図9-4**に示します．AMBEチップからのFEC（エラー訂正）付き信号を20mSごとに72bit（＝3.6kbps）受け取って，DATAなどの情報を載せた4.8kbpsで送出します．

## Column　2種類の音声圧縮

非圧縮の音声規格であるITU-RのG.711によると，電話の音声はサンプリング周波数8kHz（帯域は3kHz強），8ビット程度とされています．これをそのまま伝送すると64kbps，変調指数0.5のGMSKで変調したとして周波数偏移は±16kHz，側波帯は片側32kHzで，計96kHzの帯域幅となってしまいます．

筆者が1998年にアダプタ方式（**写真9-A**）でG.711準拠の音声デジタルのアマチュア無線局の免許を受けた時には，同期信号を含めた通信速度は96kbpsで帯域幅は144kHzあり，指定はF9（帯域指定は省略された，**写真9-B**），1.2GHz帯の全電波型式の使用区分で運用するという形になっていました．

その翌年（1999年），AD-PCM（G.721準拠，信号は32kbps）に改良した時の帯域幅は同期信号などを含むと約70kHz，もっと本格的な音声圧縮の必要性を感じたところで本業がいつにも増して忙しくなり筆者は実験を中止しています．2001年頃出てきたメーカー製デジタル音声通信機器はAMBEとなり，悔しいかな，筆者お手製のAD-PCMよりはるかに高い圧縮率で，20kHz間隔の既存のチャネル内での運用が可能な帯域幅に収まっていました．

以上，筆者の昔話で何を言いたいのかですが，デジタルで音声を伝送する場合，帯域圧縮は必要不可欠だということです．

大きく分けてこの音声圧縮には2通りあります．ひとつは波形符号化，もうひとつはパラメトリック符号化[注8]です．

前者の代表的なものはMPEGに代表される離散コサイン変換を用いたもので，波形を一定の時間で区切って，その波形に近い波形を合成できるように周波数成分の係数を伝送するというものです．区

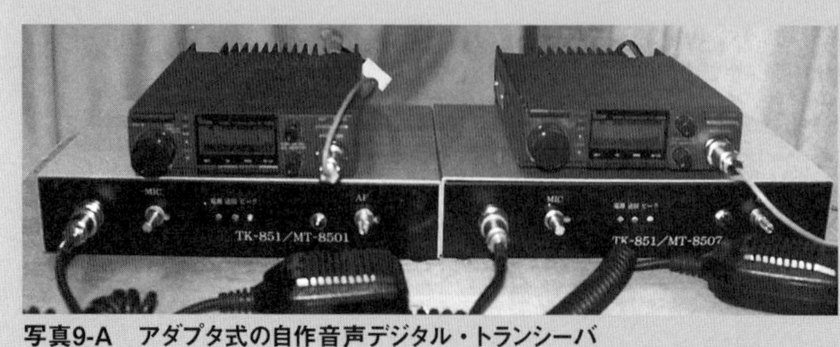


**写真9-A　アダプタ式の自作音声デジタル・トランシーバ**

注8）分析合成符号化とハイブリッド符号化の両方を指す．

**図9-4**を見ると，無線で接続するのに必要な情報はD-STARのヘッダにすべて書きこまれているのに，インターネットで必要となる部分は書かれていないことがわかります．インターネットに接続する場合はネット環境があるわけですから，管理サーバに問い合わせればよいという考え方でしょう．これによってヘッダが肥大化するのを防止しているようです．なお，自局コールサインの2はコールサインに付属する情報を扱いますが，D-STARシステムはこれには関わりません．移動情報など，アマチュア無線特有のサブ情報を扱うエリアです．

D-STARでは有線パケット，つまりインターネット上を流れるパケットについていろいろ記述をしているだけでなく，管理サーバのログのしかたのような細かいものまで規定を作っています．強くインターネットを意識した通信システムと言えるでしょう．

なお，最近のD-STAR機にはDR機能というものが備わっています．これは内部にあるリストを使用することで，アクセスレピータと相手先(レピータなど)を選択すればあとは自動設定となるものです(**写真9-11**)．リストはインターネット上からダウンロード可能でSDカードを使ってリグの内部データを更新します．

## デジタル音声・データ通信　C4FM

2013年に八重洲無線が発表したのがデジタル通信方式C4FMです．規格名がC4FM，電波型式もC4FM

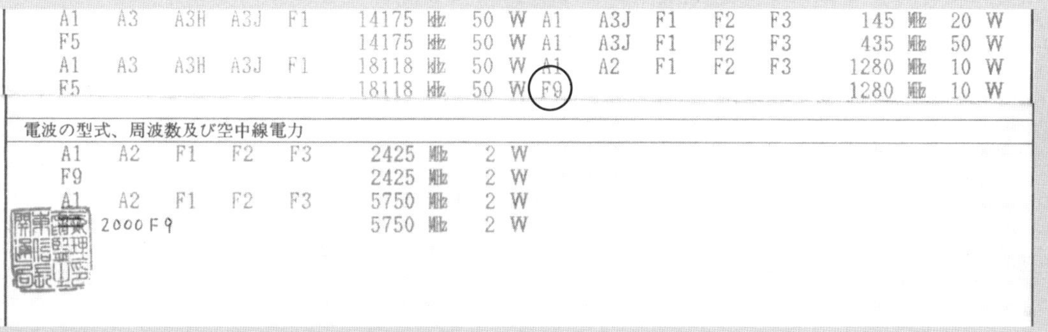

A1　A3　A3H　A3J　F1　14175 ㎑　50 W　A1　A3J　F1　F2　F3　145 ㎒　20 W
F5　14175 ㎑　50 W　A1　A3J　F1　F2　F3　435 ㎒　50 W
A1　A3　A3H　A3J　F1　18118 ㎑　50 W　A1　A2　F1　F2　F3　1280 ㎒　10 W
F5　18118 ㎑　50 W　F9　1280 ㎒　10 W

電波の型式、周波数及び空中線電力

A1　A2　F1　F2　F3　2425 ㎒　2 W
F9　2425 ㎒　2 W
A1　A2　F1　F2　F3　5750 ㎒　2 W
2000F9　5750 ㎒　2 W

**写真9-B　帯域の広い音声デジタルは昔はF9指定だった**
2000F9はスペクトラム拡散．この写真では別紙を重ねて撮影してある

切るので遅延が起きますし，合成して結果を確認するので音質を良くしようとするとどんどん演算量が増えますが，この方式はどんな波形にも対応できるという特徴があります．筆者が第3世代携帯を利用した高音質・音声中継装置を各社と共同開発した際には，音楽伝送の要求もあったのでこのMPEG系しか選択肢がないという判断の中で，遅延を減らすことに全力を注ぎました．まだ遅いと各方面からお叱りをいただきましたが[注9]．

後者はV-CELPやAMBEなど，人間の発声をモデル化してそのモデルを伝送するものです．区切る点ではMPEG系と変わらないのですが，発声方法に着目しているので発声として想定できる音を符号化します．前者より高速かつ大きな圧縮が可能になりますが，自然界の音は苦手でかなり音の劣化がみられます．日本語は声帯中心の発声なのに英語は口(舌)中心という違いもあるようで，日本語の場合は子音の母音化という現象も指摘されています．放送事業者用連絡無線ではこれが問題になり，AMBE++コーデックの前後に音声処理を入れる研究もなされました[注10]．

ちなみに音声圧縮器が一番苦手な音はホワイトノイズ，自然界の音で言うと渓流のせせらぎと大観衆の拍手です．デジタル圧縮の音質比較をしてみるのでしたら，ぜひ，この2つの音をお試しください．

注9）この時のCODECはもちろん専門家が作成したもの．実はG.711の初代CODECも知人に依頼している．
注10）**https://www.jstage.jst.go.jp/article/itej/70/1/70_J29/_pdf**．日本テレビと沖電気とJVCケンウッドの共同研究．連絡無線のデジタル化には筆者も少しだけ縁があったが，この研究には関わっていない．

と，ちょっとややこしいのですが[注11]，電波としては±900Hz，2700Hz(ナローはその半分[注12])の２つの周波数偏移を持つFSKでベースバンドにはロールオフ率0.2の帯域制限が掛かっています(**写真9-12**，**写真9-13**)．GMSKとは逆に狭帯域化に特化しておらず，アマチュア無線の場合は既存の20kHzセパレーションの中での運用になります[注12]．

C4FMは4値(00，01，10，11)を同時に伝送できるため9.6kbpsでの伝送が可能ですが，4値である分だけ所要*S*/*N*は大きくなります．そこでC4FM(規格)ではコールサインを送るヘッダ部分やデータ伝送について，データ160ビットに対して誤り訂正用チェックビットを200ビット割り振るような強力な誤り訂正を入れています．なおヘッダには途中で経由したVoIP局のID番号も含まれています(**図9-5**)．

C4FM(規格)の誤り訂正はもうひとつあります．それはV/D mode TYPE2にあるもので，多数決型の誤り訂正用情報を埋め込んだ音声データを送るというものです．八重洲無線のFT-991Aについて調べたところ，V/D mode TYPE2がデフォルト，Voice FR mode(高音質音声)は自動(信号受信に連動)またはマニュアルで切り替えができます．V/D mode TYPE2はデータ伝送力が低いので，多くのデータが入ってきた場合はTYPE1に移行するという動作も用意されているようです．

もともと八重洲無線は，ワイヤーズ(WIRES：Wide-coverage Internet Repeater Enhancement System)というインターネット接続システムを開発していました．これは接続先を示す5桁のDTMF信号をインターネットに接続しているアマチュア局(ノード局)に送ること

**表9-3　C4FMの4つのモードとその規格**

| | 項目 | 規格 | |
|---|---|---|---|
| 音声通信 | 通信変調方式 | C4FM(4値FSK) | |
| 音声通信 | 伝送速度 | 9.6kbps | |
| 音声通信 | 音声符号化方式 | AMBE+2　変換速度2.45kbps　FEC付符号　3.6kbps | TYPE1，2 |
| 音声通信 | 最大音声符号化速度 | AMBE+2　変換速度4.4kbps　FEC付符号　7.2kbps | Voice |
| 音声通信 | 占有周波数帯域幅 | 12.5kHz(ナローモードあり) | |
| データ通信 | 通信変調方式 | C4FM | |
| データ通信 | 音声併用伝送速度 | 3.6kbps | TYPE1 |
| データ通信 | データ専用伝送速度 | 約2.5kbps(FECを除いた実データ) | Data |
| データ通信 | 占有周波数帯域幅 | 12.5kHz(ナローモードあり) | |

| TYPE1 | V/D mode　TYPE 1 | 音声とデータを伝送 |
|---|---|---|
| TYPE2 | V/D mode　TYPE 2 | 誤り訂正をさらに付加した音声とデータを伝送 |
| Data | Data FR mode | データだけを伝送 |
| Voice | Voice FR mode | 高音質音声を伝送 |

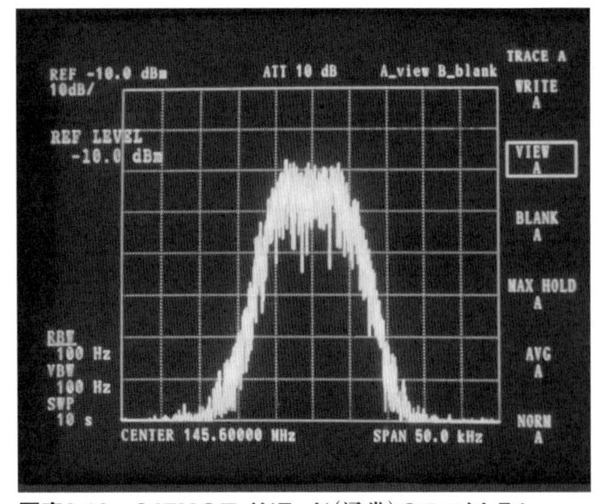


**写真9-12　C4FMのワイドモード(通常)のスペクトラム**
八重洲無線 FT-991で観測．軸は5kHz/div

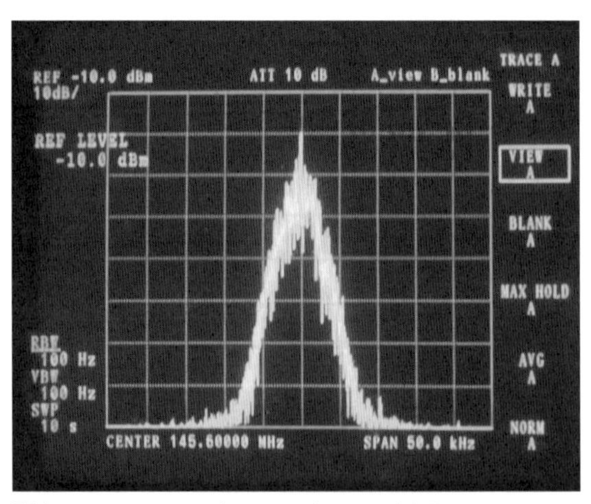


**写真9-13　C4FMのナローモードのスペクトラム**
八重洲無線 FT-991で観測．軸は5kHz/div

注11）4値FSKの一方式の名称がC4FM，これを電波，アマチュア無線用デジタル通信(**表9-3**)規格の通称もC4FM，これを規格と記述する．C4FMの正しい規格名はアマチュアデジタル標準規格．
注12）C4FM(電波)を使用した北米のデジタル式公共無線規格(P25)はナローで12.5kHz間隔から．

→ この方向に順次送信

| 信号名 | 同期シンボル | フレーム情報チャネル | データ・チャネル1-0 | データ・チャネル2-0 | データ・チャネル1-1 | データ・チャネル2-1 | ～ | データ・チャネル1-4 | データ・チャネル2-4 | コミュニケーション・チャネル1 | コミュニケーション・チャネル2 | ～ | コミュニケーション・チャネル7 | ターミネータ |
|---|---|---|---|---|---|---|---|---|---|---|---|---|---|---|
| 信号長 | 40ビット | 200ビット | 72ビット | 72ビット | 72ビット | 72ビット | ～ | 72ビット | 72ビット | 960ビット | 960ビット | ～ | 960ビット | 960ビット |

ヘッダ部.
ターミネータもフレーム情報チャネル内のフレーム種別の値が違うだけで同様の構成.

データ・チャネル1-0～1-4にはコールサイン・データ1を5分割した物が入る.
内容は宛先と送信元のコールサイン.
データ・チャネル2-0～2-4も同様.
内容はレピータまたはVoIPのアップリンク局，ダウンリンク局のコールサイン.

コミュニケーション・チャネルは　V/D mode1の場合,
- 同期シンボル　40ビット
- フレームインフォメーション　200ビット
- データチャネル　72ビット×5
- ボイスチャネル　72ビット×5

(データとボイスは交互送出)で構成される.

**図9-5　C4FMの符号構成**

で，インターネットでつながれた他のノード局経由で電波を発射できるというものです．FMアナログ波でインターネットを介した遠距離通信ができるようになっていました[注13]．その進化版であるWIRES-Xではこれと C4FM(規格)を組み合わせることができるようになり，C4FM局とアナログFM局が交信できるようになるなど自由度が大きく上がっています(**写真9-14**).

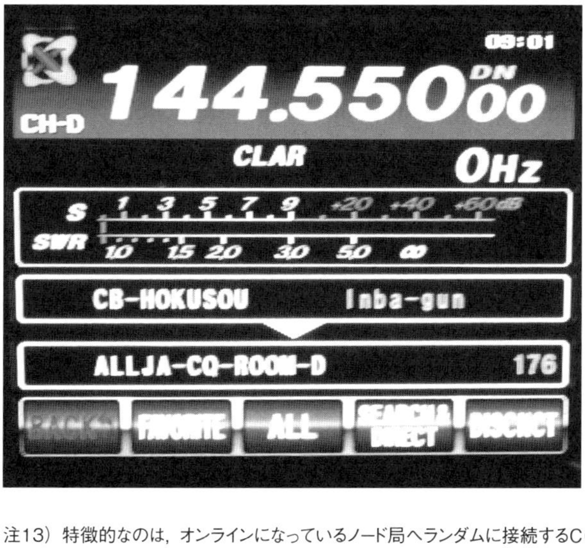

**写真9-14　WIRES-Xで，JS1YBI(CB-HOKUSOU)経由でALLJA-CQ-ROOM-Dに接続した画面**
名前のCBは千葉県を表すSSコードで，これがついていると地域検索がしやすい

## EchoLink

EchoLinkはK1RDF　Jonathan Taylor氏が2002年に開発し，Synergenics, LLCが米国で登録商標としたシステムです．VoIP(ネットワークを経由した音声通信)を利用してアマチュア無線を中継するもので，無線機から近くの中継局にアクセスしDTMFで接続先を指定します．専

注13）特徴的なのは，オンラインになっているノード局へランダムに接続するCQコマンドがあることと，ノード局をユーザーがルーム(特定の目的を持った人が集まる場所)として活用できること.

用ソフトウェアを使用してインターネット接続のパソコンやスマートホンから無線交信することもできます．この中継局を運用したり，パソコンやスマートホンから交信するためには，管理団体に登録し専用ソフトウェアを使用する必要があり，バニティ・ノード番号(短い番号)の取得時には寄付が必要です．無線機からEchoLinkの中継局にアクセスするだけの場合はDTMFが出せれば大丈夫ですが，トーンが必要な場合もあります．

## 2.4GHzと5.6GHz

市販のリグの周波数上限はおおよそ1.2GHz帯です．モービル機は1995年頃，ハンディ機と固定機は2000年ごろまで複数の新しいリグが発表されていました[注14]．

2.4GHz帯のトランシーバは原稿執筆時点では過去に2機種しか発売されていません．アイコムの固定機 IC-970(1989年，オプション)と，ケンウッドのモービル機 TM-2400(1992年)です(**写真9-15**)．後を継ぐリグがなかったところを見ると，需要はあまりなかったものと思われます．

他業務を含めると2.4GHz帯はとても混雑しています．**図9-6**をご覧ください[注15]．アマチュア無線は優先度の低い2次業務なので他の通信システムと共用するのはやむ終えないとして，その相手はISM[注16]と無線LANですから，常に込み合っている状態です．

5.6GHz帯もアマチュア無線は2次業務，込み合っています．しかし，**図9-7**を良く見てみると，クリアなチャネルとはいきませんが，5.725GHzから5.770GHzの間はISMとレーダーとの共用しかありません．無線LANが被らないのです．レピータ入出力，ビーコン，呼び出し周波数などはすべてこの範囲に入っていますから，5.6GHz帯は案外遊べるバンドかもしれません．両周波数帯の混雑具合を**写真9-16**，**写真9-17**に示します．日曜日の午前11時に筆者宅で自作デ

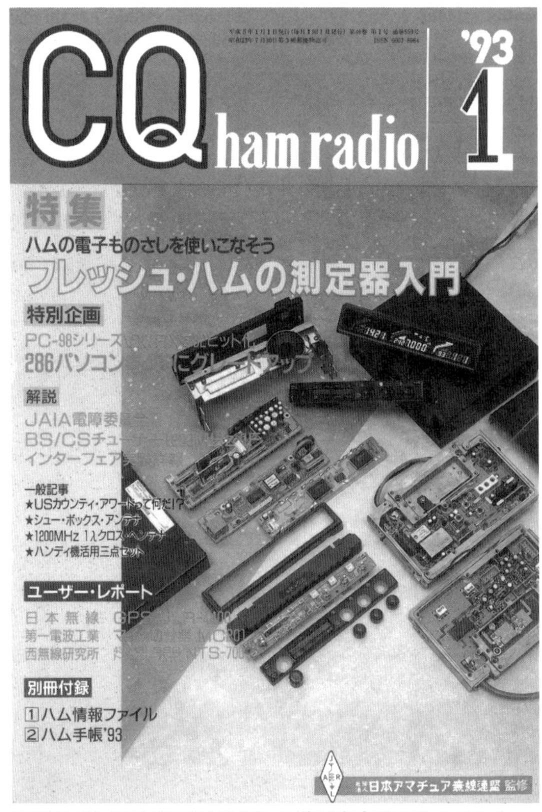


**写真9-15　TM-2400を分解した様子を表紙にしたCQ ham radio誌．** 1993年1月号

ケンウッド TM-2400

注14) 4アマ増力による派生機はその後の発売のものもある．
注15) **図9-6　図9-7**　共に総務省，電波政策ビジョン懇談会(第9回)資料より．資料はちょっと古く，現在では5.7GHz台に空間伝送型ワイヤレス伝送システムが，また5.8GHz付近のDSRC周波数で無線LANの共用がある．
注16) Industrial(産業応用)，Scientific(科学技術応用)，Medical(医学応用)の頭文字を取ってISMバンドと呼ばれている．加熱用の需要が大きく，電子レンジもここ(2.45GHz)を利用．

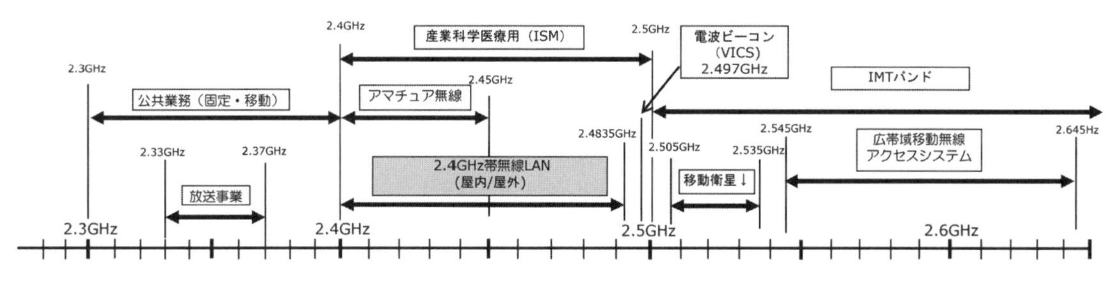


**図9-6　2.4GHzの電波利用状況**
総務省 電波政策ビジョン懇談会資料9-3 より

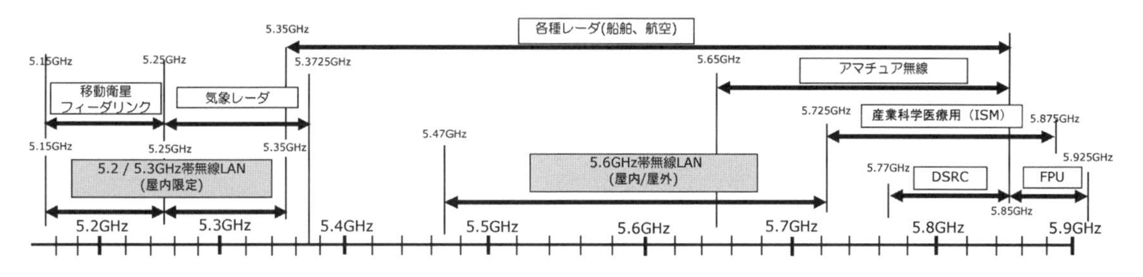


**図9-7　5.6GHzの電波利用状況**
総務省 電波政策ビジョン懇談会資料9-3 より

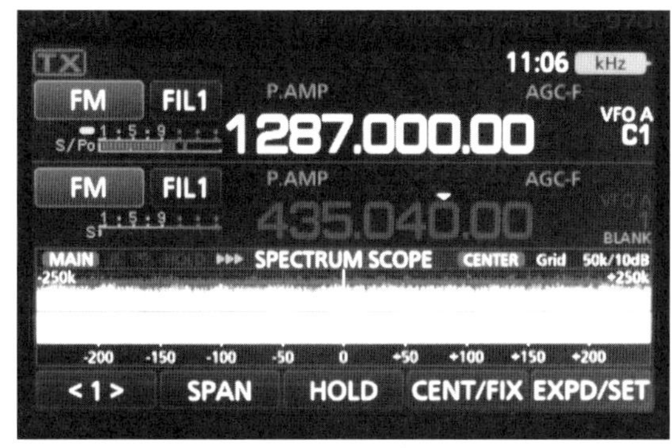


**写真9-16　2.4GHz帯は無線LANなどの他の通信で混雑している**
トランスバータを使用して2427MHz付近を受信

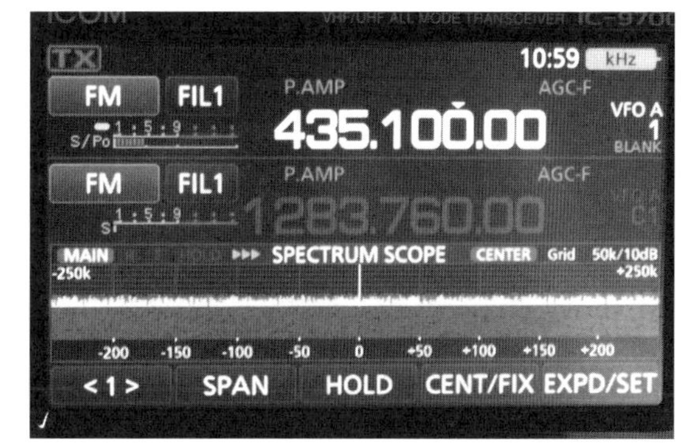


**写真9-17　5.6GHz帯には静かな範囲がある**
トランスバータを使用して5760MHz付近を受信

ィスコーン・アンテナで受信したものです．

最近では5.6GHz帯がドローンの画像伝送に使われています．アマチュア業務に限ること，10分に一度コールサインを映すことなどが求められていますが，民生用ドローンの多くは2.4GHz帯でコントロールしますから5.6GHz帯での画像伝送との相性は良く，このバンドだけの免許を持っているアマチュア局は軽く1000を超えています．画像伝送のモードはアナログのFM-ATV（F8Wなど）一般に帯域幅は17MHzとなります．JARD（日本アマチュア無線振興協会）の資料によると，海外仕様の送信装置が32波搭載していても日本の電波法やバンドプランに合致するのは7波だけとのことです．実際は周波数が被る部分もあるので同時運用は4波までとなります．なお操縦席目線（VTX）で操縦を楽しむドローンもありますが，これでなにか競技をしようとすると波（周波数）が足りません．このため，F3F波を使った帯域9MHzの画像伝送も使われています．

ドローン以外のアマチュアテレビももちろん運用されています．方式はFM-TV → DVB-Sとデジタル化し，現在DVB-S2や，一般の地上デジタル放送と同じISDB-T方式が一般的となっているとのことです[注17]．

注17）WEBページ，FBニュース2022年1月号の記述より．ISDB-Tモジュレータは海外品で5万円，国産品では本多通信工業のXHEAD-2などが9万円程度からあるが，ホテルの共聴システムなどでの独自番組送出を主目的としているので5.6GHz出力のものはない．周波数変換装置（たとえばコスモ電子のTRV5600G-UNIT-2E-IS700と局部発振器）が必要．

# 第10章 DSPからSDRへ

**本章では，近年の技術を紹介します．SDRについて多くのページを割いていますが，デリケートな問題がありますので，SDRについては一般的な技術について記述しました．特定の市販機の動作について解説しているものではないという点にご留意いただき，お読みいただければと思います．**

## AF-DSP

八重洲無線のFT-1011(1990年)で新しく採用された技術が検波後の信号をデジタル処理でフィルタリングする手法です[注1].

**写真10-1 デジタルフィルタ操作部**
八重洲無線 FT-1011

それまでにも検波後の信号をアナログ的にフィルタ処理をしたリグはありましたが，いったんA/Dコンバータを通してデジタル化し数値演算で処理をしてD/Aコンバータで戻すという手法はさまざまな処理を可能にしました．

FT-1011ではデジタル式フィルタを採用して可変型のローカット，ハイカットを行っていました(**写真10-1**)が，その後，DSP(Digital Signal Processor)チップが使われるようになると，受信時のローカット，ハイカットだけでなく，デジタル型のノッチ，ピークフィルタも装備されるようになりました．送信時にはプロセッサやイコライザとして動作させることも可能となっています．

DSPチップはデジタル信号処理に特化したCPUで，プログラム・バ

**八重洲無線 FT-1011**

注1）実は次項のTS-950SDigitalの方が発売は先だが，このリグのスロープチューンの主体はアナログ回路．

スとデータ・バスを分けるなど高速で演算をするための工夫を凝らしたものです．AF-DSPはAF段で処理するため通常のアナログ無線機に付加機能として搭載することが可能で，オプション設定されたリグもありました．処理をデジタルにするとアナログフィルタにありがちな特性劣化を防げるだけでなく，アナログ処理よりもはるかに高機能なものが得られます．

## IF-DSP

ケンウッドのTS-950SDigital(1989年)に最初に搭載された回路です．一般には狭帯域IFフィルタ，検波段，変調段も含めてデジタル処理とするものをIF-DSPと呼んでいますが，TS-950SDigitalのDSPはSSB発生以外はAF処理でした[注2]．しかし送信音の低域を100Hzまで伸ばすのは従来のフィルタ方式では困難でしたから，SSB発生をDSP処理した意義は十分にありました．

その後DSPでの処理はどんどん進化し，フィルタの帯域を細かく変えることが可能になり，イコライザ機能も付きました．同社のTS-870(1995年)ではノッチ，ビートキャンセルもIFで行い，AGCもDSP処理としましたので妨害信号で不用意にAGCが動作することがなくなっています．

受信系でもIF-DSPを採用した最初のリグ，TS-950SDX(1992年)の構成は**図10-1**のようになります．処理速度に限りがあるため入力するIF信号周波数を低くする必要がありますので，TS-950SDXでは送信時の中心周波数は11.09756kHz，受信信号AD変換時のクロックは44.4kHzでした(**写真10-2**)．使用されていたのはTEXAS INSTRUMENTS社のTMS320E15Jというもので，これはTMS32010シリーズのROMとRAMを増やし，EPROMを搭載したクロック20MHzのC-MOSチップです．

1995年ごろから出始めた第2世代のIF-DSP機では，IFフィルタもDSP処理となっています．このためア

▶ケンウッド TS-950Digital

注2) 受信はAF-DSP．送信もハイ・ローカット(各4種類)についてAFでDSP処理した後にDSP内で変調．TS-850，TS-450，TS-690用外付けDSPであるDSP-100も類似の構成だが受信はデジタルPSN検波．

ケンウッド TS-870

**写真10-2　ケンウッド TS-950SDXのDSPユニット**
右上に囲ってあるのがDSP本体

ナログのIFフィルタにはシビアな特性を求めなくなりますから信号に影響を与えないようなものが使用できますし，アナログフィルタでは難しい狭帯域化[注3]やスカート特性の変更などもできるようになりました．

通常，受信信号のDSPへの入力周波数は12kHz前後です．このため通常は455kHzのアナログフィルタで帯域を十分狭くしてから周波数を再変換してDSPに送り込んでいますが，中には

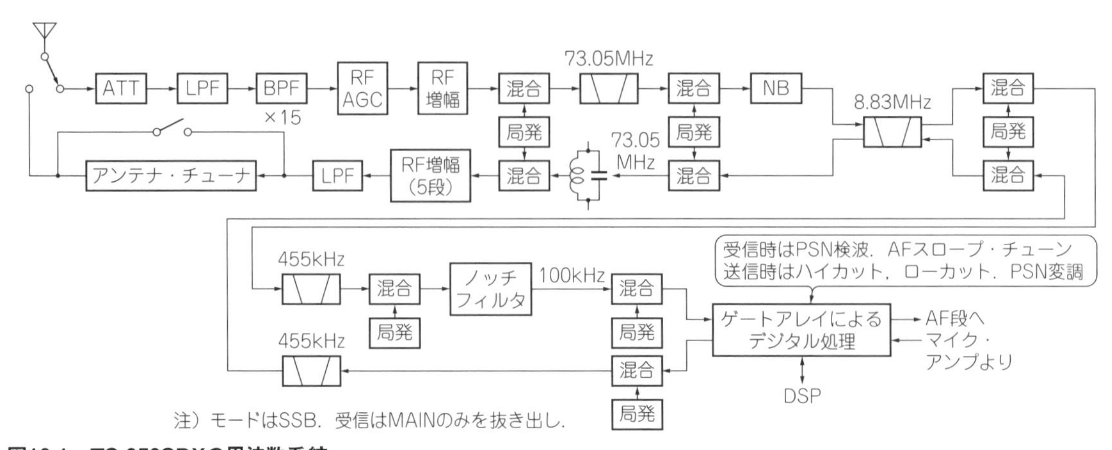


**図10-1　TS-950SDXの周波数系統**

注3）DSPを利用したCWフィルタがあまりにも高性能だったために聴感上の問題を指摘され，希望者にROM交換対応をしたリグもあった．

IF-DSPの入力周波数を高め(30kHz台)に取っているリグもあります．こうすると455kHzのフィルタの負担が軽くなるというメリットがあり，DSPの動作が厳しくなるというデメリットがあります．またこのタイプのリグでは帯域の広いFM信号もDSP処理が可能です．

DSPでのSSBの発生はPSN法で行うのが普通です．このタイプの生成器は広帯域のSSB信号の発生が可能でフィルタエッジの群遅延歪[注4]による音の劣化も防ぐことができます．DSPを利用すると経年劣化がありませんから，SSBのキャリアポイントの調整も逆サイドバンド抑圧の確認も必要ありません．

受信帯域幅を自由に設定できるようになったので，オプションのIFフィルタはあまり重視されないようになりました．たとえばケンウッドのTS-870の解説パンフレットには「オプションフィルタの追加を全く必要としません」と明記されています．

しかしその後，更にリグが高性能を求められるようになると，可能な限り回路全体を狭帯域で動作させたいというところに話が戻り，ルーフィングフィルタを複数切り替えるリグが発売されています(第8章参照)．

## 大型ディスプレイ

リグのVFOがデジタル化された1980年前後から，ずっとパネル面には周波数の表示器とSメータがありましたが，1988年発売のアイコム IC-780ではブラウン管ディスプレイによる表示が採用されました(**写真10-3**)．この表示器は周波数だけでなくスペクトラムスコープやメモリ・チャネルのリストなども表示できる多才なものです．

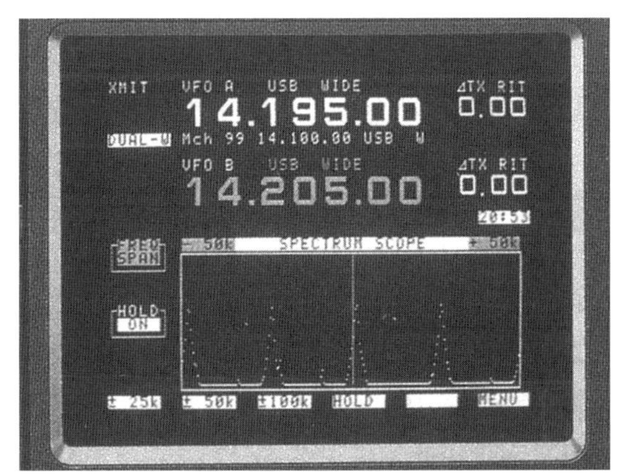


**写真10-3　初めて集中情報型ディスプレイを搭載したアイコム IC-780**

それまでのアマチュア無線機とは外観が大きく変わり，中央にディスプレイ，左に調整頻度の少ないツマミ，右に良く操作するツマミという配置になりました．ディスプレイ下にはファンクション・スイッチが6つ設けられていますが，その機能はディスプレイ上に表示されるようになっています．

**アイコム IC-756**

注4) フィルタを通過する時間が周波数によって違うことで生じる歪み．ポール(減衰極)のあるフィルタエッジで遅れる傾向にある．

アイコム IC-7600

この表示器はアイコムのIC-756(1996年)に受け継がれています．4.9インチの白黒LCD画面を採用し，メモリ・キーヤの内容表示などもできるようになりました．メニュー画面のメニュー内容は下部と左に表示され，スイッチの整理にも役立っています．IC-756PRO(1999年)ではカラフルな5インチのカラーLCDに変わり，RTTYの受信文字表示といった“画面”がないとできない機能が加わりました．

後継機種IC-756PROⅡ(2001年)ではフォントや色のバリエーションが増え，IC-756PROⅢ(2004年)では各種設定中でも周波数表示やスペクトラムスコープ表示が消えないように画面を細分化できるようになりました．

ところで，これらのアイコムのリグにはひとつ興味深い特徴があります．それはどの機種もアナログ・メータが残してあったのです．IC-7400(2001年)のような下位機種ではメータ表示もディスプレイに含めていましたから，技術的な問題ではなく読みやすさを優先したものと思われます．その後，IC-7800(2003年)やIC-7600(2009年)ではさらに画面が大型になり微細化するとともにメータも画面上に表示されるようになりました．IC-7600ではバックライトがLED化され，より長寿命が期待できるように改良されています．

## ダウンコンバージョン

2009年から2010年にかけて，2つのちょっと変わったリグが発売されます．それは八重洲無線のFTDX5000とケンウッドのTS-590です．FTDX5000は2つの受信回路(**図10-2**)，TS-590は2通りの受信系統を持っていて，どちらもひとつは従来と同じアップコンバージョンですが，もうひとつはダウンコンバージョンでした．TS-590を例に取ると，アップコンバージョンとなるバンドでは73.695MHzを経て

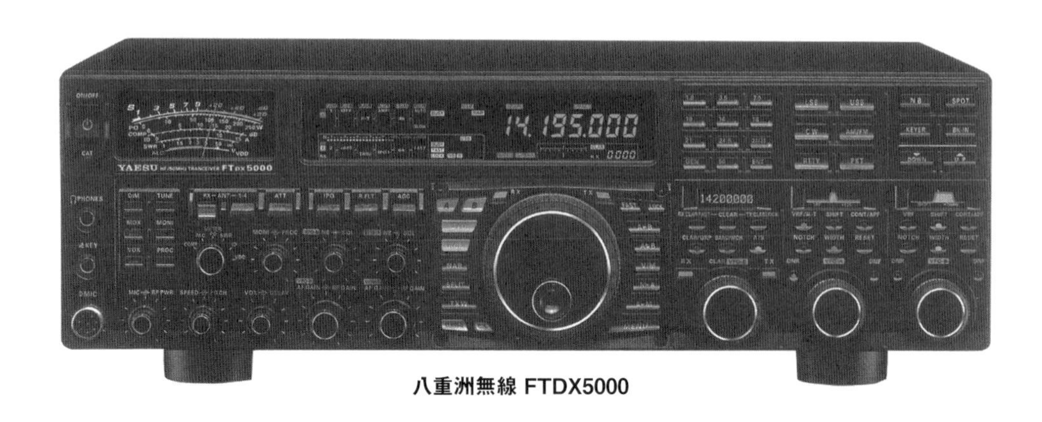


八重洲無線 FTDX5000

ATT　μ-TUNE　VRF　BPF ×15　RF増幅/IPO　混合　局発　9MHz　IF増幅　9MHz MCF　混合　局発　30kHz　IF増幅　DSP　AF段へ

MCF：モノリシック・クリスタル・フィルタ

VFO-A系統からVRFを省くとFTDX3000になる

(a) VFO-A RECIVER(ダウンコンバージョン)

ATT　VRF　BPF ×8　RF増幅/IPO　混合　局発　40.455MHz　IF増幅　混合　局発　455kHz メカニカルフィルタ　混合　局発　30kHz　IF増幅　DSP　AF段へ

(b) VFO-B RECIVER(アップコンバージョン)

**図10-2　FTDX5000の受信系統**(SSB，CW)

10.695MHzに変換されますが，ダウンコンバージョンとなるバンドでは73MHz台のIFを通らないように設計されていたのです．その後2012年に発売された八重洲無線のFTDX3000ではアップコンバージョンをやめてダウンコンバージョンだけに絞りこんでいます．フロントエンドだけをみると昔のシングルコンバージョンの時代に戻ったのかのような回路です．もともとアップコンバージョンに移行したのはゼネラルカバレッジで良好なイメージ特性を得るためでした．広帯域の局発を用意すれば無理なくゼネラルカバレッジが実現できたのです．しかし要求性能が高くなるにつれ，アップコンバージョンの弊害も見られるよう

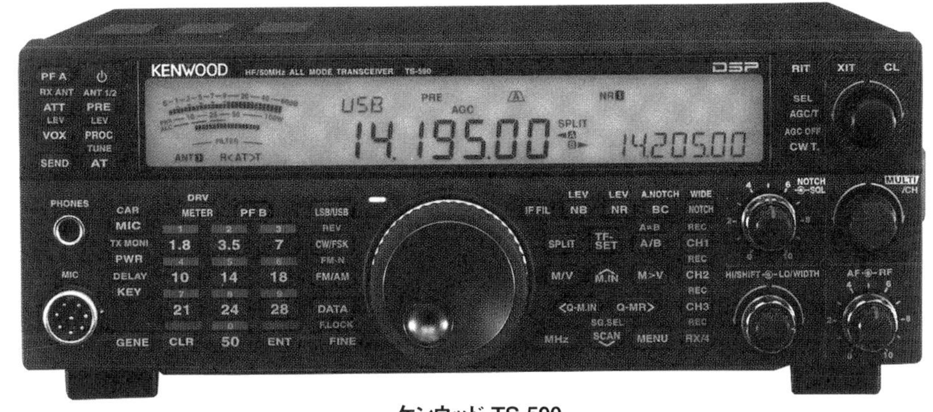


**ケンウッド TS-590**

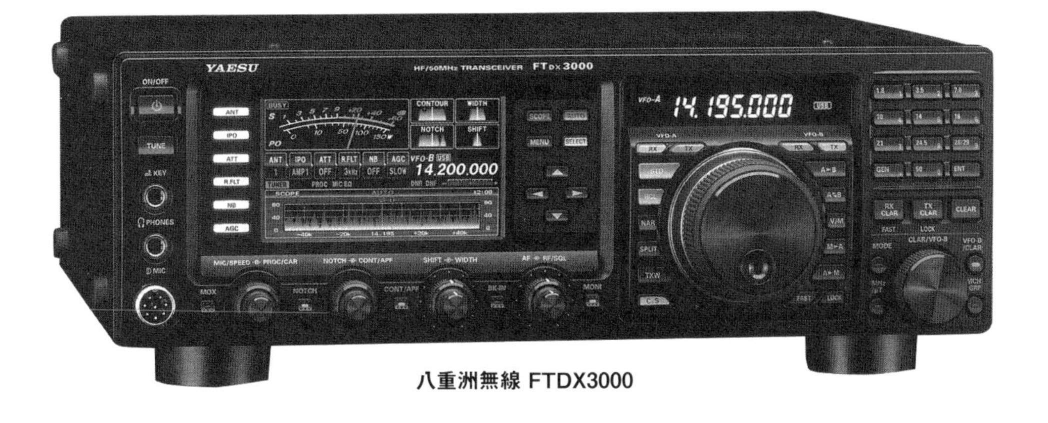


**八重洲無線 FTDX3000**

になり，ダウンコンバージョンへの回帰がはじまっています注5.

従来のシングルコンバージョンでは局発に難がありました．直接発振では安定させるのが難しく，プリミクスだとスプリアスが生じやすかったのです．しかしDDSを利用したPLLを利用することでこの問題はクリアされています．またクリスタルフィルタを狭帯域化する場合には周波数が低い方が良好な特性となります．受信フロントエンドのバンドパスフィルタが細分化・高性能化されたこともダウンコンバージョンへの追い風となりました．

ダウンコンバージョンでは受信範囲の中(たとえば9MHz付近)にIF周波数があります．このためIF妨害をなくすトラップには良いものが必要で，ゼネラル・カバレッジと言いながらもアマチュアバンドの7MHz帯と短波放送の31mバンド(9.250〜9.900MHz)の間は受信感度が大幅に低下してしまいます．しかしブロッキング・ダイナミックレンジ150dB(プリアンプOFF)という驚異的な数値が得られるようになったのはダウンコンバージョンの大きなメリットです．アンテナ端子に数ボルトの電圧が掛ってもブロッキングが生じないため，八重洲無線ではFTDX3000で強入力妨害排除プリセレクタ(VRF)を省いています注6.

## ノイズリダクション　ノイズリデューサー

アイコムのIC-775DXⅡと八重洲無線のFT-1000MP，ケンウッドのTS-870，いずれも1995年に発売された3機種に搭載された機能で，アイコム，(JVC)ケンウッドはノイズリダクション，八重洲無線はノイズリデューサーと呼んでいます．機能としてはデジタル的な処理で雑音を軽減するものです注7.

適応フィルタはフィルタ出力と所望の信号との2乗平均誤差を最小にするようにします．“所望の信号”をどう設定するかが難しく，これが効果を左右します．**図10-3(a)**のものはFIRフィルタで構成されていますが，もちろんこれはIIRフィルタでも実現できます注8．音声の基本周期に合うように重み付けを変化させるなど，入力信号に適応した重み付けを行うのが特徴で，2値信号のように推定しやすいものの場合には特に威力を発揮します．

**図10-3(b)**の雑音推定型は雑音を推定してそれを引き算します．もちろん難しいのはこの推計で，ある瞬間の信号のスペクトラムを検出してマスク情報を作り，入力からこれを引いた残りを雑音とする手法が一般的です．雑音下にある信号を蘇らせるのは苦手ですが，BGM付き音声からBGMを抜くといった処理

**アイコム IC-775DXⅡ**

注5) 40MHz以上の周波数では，ナローのCWフィルタに良いものがないということを除けば，コストを掛けることで良好な特性が得られることにも留意．最上級機にはアップコンバージョン，実戦機にはダウンコンバージョンという例も見られた．
注6) オプションのμTUNEは装着可能．このμTUNEはFTDX101系ではVC-TUNEに改良されている．
注7) TS-950SDX搭載のコムフィルタも一種のノイズリダクション．

八重洲無線 FT-1000MP

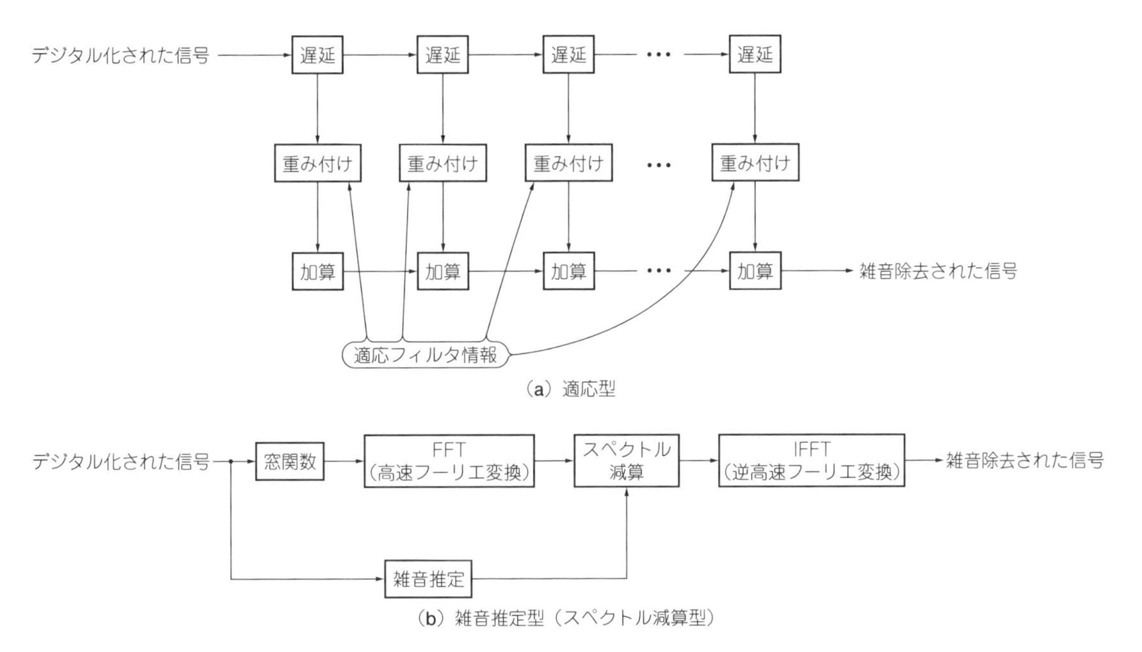


**図10-3 ノイズリダクション(ノイズリデューサ)の構成例**

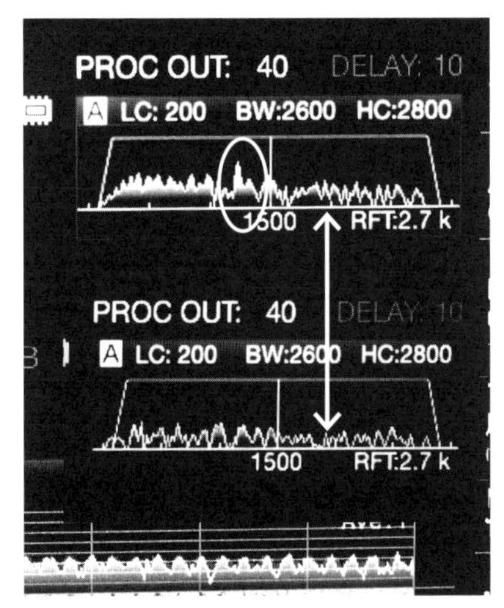


**写真10-4 ノイズリダクション処理前(上),処理後(下)の信号波形の違い**
波形はSSB信号.JVCケンウッド TS-890

に適しています.

実際の動作例を**写真10-4**に示します.上下どちらもSは同じなのに,オーディオスコープの情報が異なっています.1.2kHz付近の不自然な強信号(写真の丸印)が消えるだけでなく,2kHz付近でも雑音と思われるものが消え(写真の矢印),1.5~2.5kHzの子音域のスペクトラムが細かくなっています.

もうひとつ,SPAC法と呼ばれる方法もあります.これはCW受信音のような信号に対応するもので,信号は周期的,雑音はランダムという特性を利用して周期的な音を重ね合わせること

注8) FIRは逐次処理型.IIRは帰還付き処理型.詳しくは専門書を参照のこと.

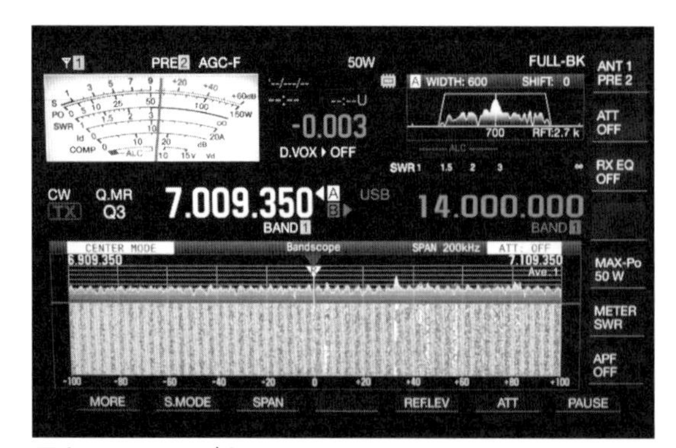


写真10-5　ノイズ交じりのCW信号の様子
JVCケンウッド TS-890

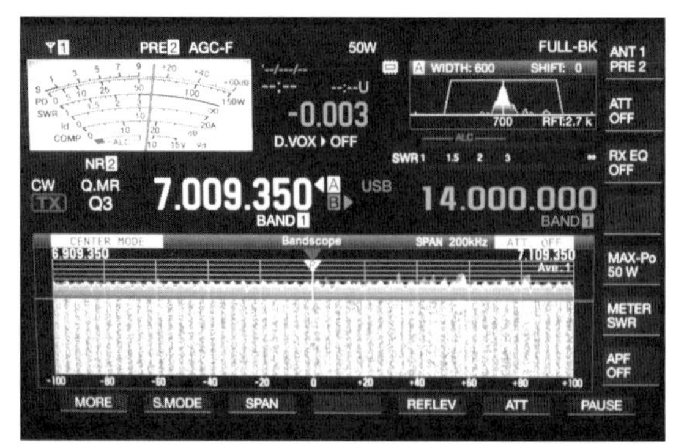


写真10-6　写真10-5をSPAC法で処理した後の信号
JVCケンウッド TS-890

で雑音抑圧を行うものです．効果を**写真10-5**，**写真10-6**に示します．

## SDR

SDR(Software Defined Radio)に明確な定義はありませんが，通常はハードウェアを減らしてソフトウェア処理とし，そのソフトウェアの入れ替えで機能を変化させられるような送信機，受信機，送受信機を指します．理想的なSDRは**図10-4**のようなものです．受信機の場合，アンテナの次にA/D変換器があり，増幅，AGC処理，フィルタリング，復調をすべてソフトウェアで行います．また送信機の場合は変調，増幅をソフトウェアで行い，D/A変換後に電波を発射します．

実際には**図10-4**のような製品は作れません．A/D変換，D/A変換に起因するスプリアス問題は大きく，送信の電力増幅をソフトウェアでというのも現実的ではありません．現実のSDRは理想的なものとは少々異なります．

SDRのいくつかのハードウェア・タイプについて受信系で解説をします．**図10-5**(**a**)，**図10-5**(**b**)は周波数変換タイプです．周波数変換時のイメージ受信を回避するために移相器を利用しているのが特徴で，いったん$I$，$Q$[注9]の2つの直交信号にしてから処理系に渡します．処理系は90度ハイブリッドを持ち，これがRF信号のイメージ受信をなくします．SSBの発生回路で例えるならば，通常の受信回路をフィルタ方式だとするとこの回路はPSN方式に当たります．

IQ信号というのは，90度位相をずらした2つの数値，すなわちcosとsinで受信信号の振幅，位相を表すも

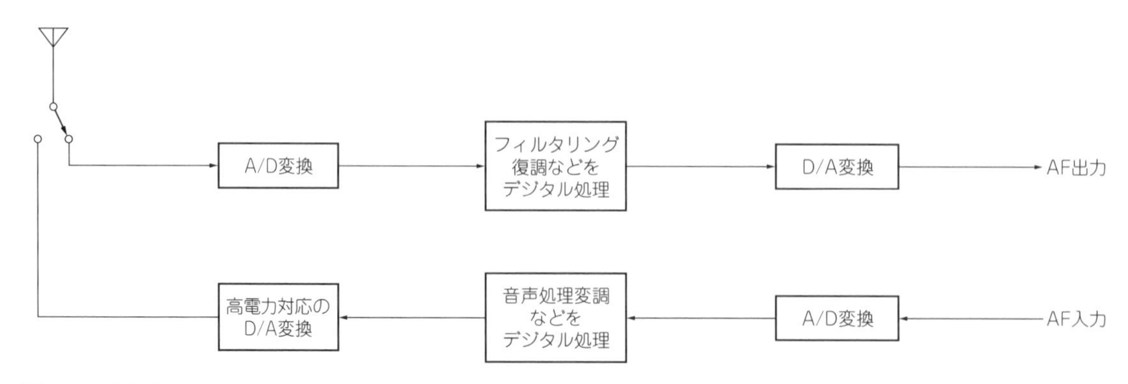


**図10-4　理想的なSDR**

注9）I：In Phase（位相の基準となる信号）　Q：Quadrature（90度ずれた信号）

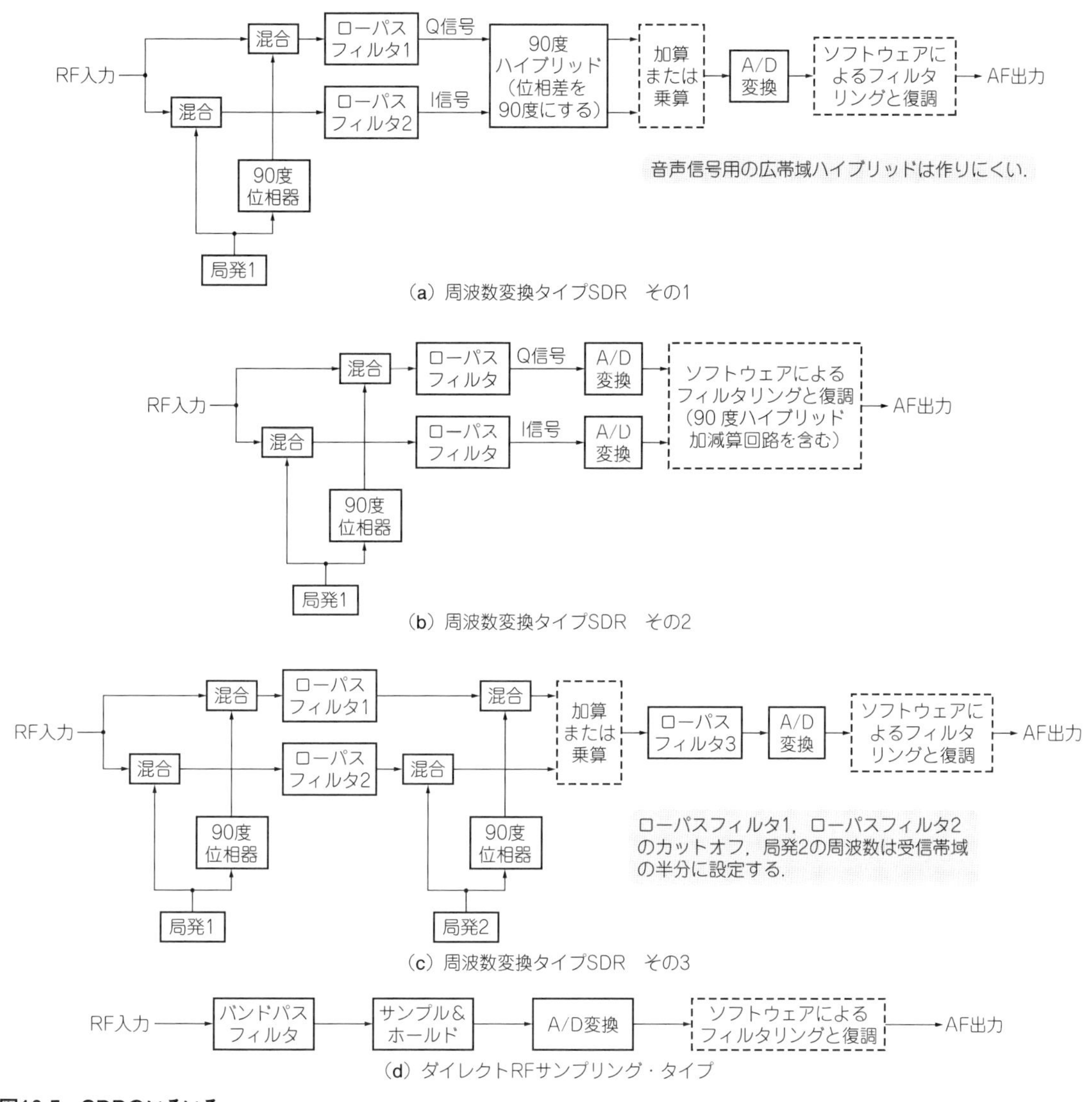


**図10-5　SDRのいろいろ**

のです．交流信号は円運動ですが，通常みられる振幅はその投影で，そのままではすべての情報があるわけではありません．しかし**図10-6**のように投影を2つ利用することで瞬間的な振幅と位相を表現することができます．また投影を作る際の三角関数($\cos\theta$と$\sin\theta$)の角度を時間要素をもつもの($\omega t=2\pi ft$)にすることで位相の時間変化も表現できるようになります．

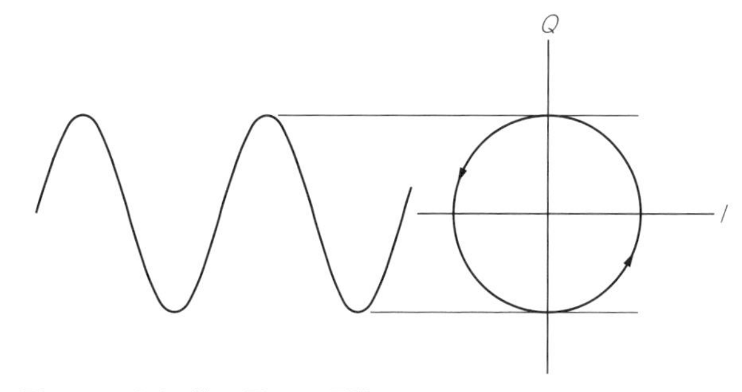


**図10-6　サイン波の元は円運動**
円運動をX軸を$I$，Y軸を$Q$として信号を表現する

**図10-5(c)**は2回周波数変換することでハイブリッドを排したものです．回路が複雑になり，キャリア漏れなどの難点もありますのでアナログ回路で実装されることは珍しいと思われますが，広帯域の移相器が

不要，送信で逆サイドバンドを抑えきれなくても高低音がひっくり返った信号が足されるだけで帯域外発射が生じないなど，この回路には意外なメリットがあります．受信系で言えば，最初の混合以後はすべて低周波となるので比較的デジタル処理も容易です．SSB発生で言えば第三の方法(ウェーバー法)にあたります．

**図10-5(d)**はダイレクトサンプリング方式です．周波数変換タイプより構造は簡単ですが実用上のハードルは高くなります．

## 周波数変換型SDRの動作

SDRはA/D変換とデジタル信号処理が必須ですが，これらは低い周波数の方が有利で，オーディオ用の安価なΔΣタイプのA/D変換器が利用できるメリットもあります．また，パソコンのオーディオボードを入力とする場合には，最高でも20kHz以下である必要があります．そこで周波数変換型が考え出されました．変換器にはイメージ妨害を防止するためのフィルタがありません．これは$I$，$Q$の2つの信号で正の周波数，負の周波数を判断できるためです．**図10-6**の円運動方向で言えば，これは回転の方向にあたります．

ヘテロダインで正負の周波数を作り出すと目的信号とイメージ信号の円運動が逆方向になりますが，90度ハイブリッド(90度の位相差を作り出す＝ヒルベルト変換)は正負どちらも同じように位相を変えます．つまりこの両者では“同じ方向への移相”の意味が逆になるのです．このためイメージ信号はI系，Q系の2つのルートを通る際に180度の位相差を生じ，最終的に混合することで打ち消されます．

ここで更に考え方を進めると，IF信号の周波数をゼロ，つまりダイレクトコンバージョン化できることに気がつくと思います．アナログ受信機のダイレクトコンバージョンにはイメージ受信を取り除けない[注10]という欠点がありますが，位相差を利用した周波数変換を利用すればイメージ受信は取り除けます．

こうしてダイレクトコンバージョン方式のSDRが実用化されました．**図10-5(a)**〜**図10-5(c)**の構成で，混合後のIF周波数をゼロとしてしまうものです．局発については4倍の周波数の信号を分周する過程で90度移相の2信号を作り出すことができるので，全体をIC化するのも簡単です．局発の歪による高調波応答など，いくつかのスプリアス受信要因はありますが，GPSレシーバなどデータ受信系の受信回路には，このダイレクトコンバージョン方式のSDRが使われています．

なおSDRではダイレクトにサンプリング(次項参照)していても必ずしもダイレクトコンバージョンとは限りません．内部の処理内容はあまり明かされませんが，複雑な機器ではダイレクトサンプリング後にいったん50kHz程度の低い周波数に変換してからフィルタリングなどの処理を行っているものと思われます．

## ダイレクトサンプリング型SDRの動作

ダイレクトサンプリング型SDRは，高周波信号をそのままA/D変換してデジタル処理をするものです．フィルタリング，復調などをすべてデジタル処理します．

フロントエンドにはフィルタが入ります．このフィルタは外すことはできません．というのはエイリアシングという現象があるからです．一番シンプルな例を**図10-7**に示します．基本波受信中に3倍波を受信しても同じデジタルデータが得られてしまうことがわかると思います．

実際のスプリアス応答の分布を**図10-8**に示しますが，サンプリングの定理どおり，A/D変換周波数(サンプリング周波数)の半分までに制限するフィルタが必要なことがわかると思います[注11]．もっとも，これを逆手

注10）正しくは，取り除くためのフィルタをRF回路に装着するのが現実的ではないということ．
注11）フィルタが甘いと，所望よりもはるかに高い周波数の信号を受信してしまう．

に取って，高い周波数の信号を低いサンプリング周波数で処理するアンダーサンプリングという手法もあり，ダイレクトサンプリングの世界ではこちらを利用する方が多いようです．A/D変換速度よりもはるかに速いスイッチング速度のラッチ(A/D変換のための電圧バッファ)を持つA/D変換器も存在し，これを使用してアンダーサンプリングすると一気に低い周波数に変換されますから処理しやすくなります．もっともこの方法はスプリアス受信の可能性が増しますので，通常の回路以上にRF回路のアナログフィルタが大切になってきますし，広帯域受信は難しくなります．

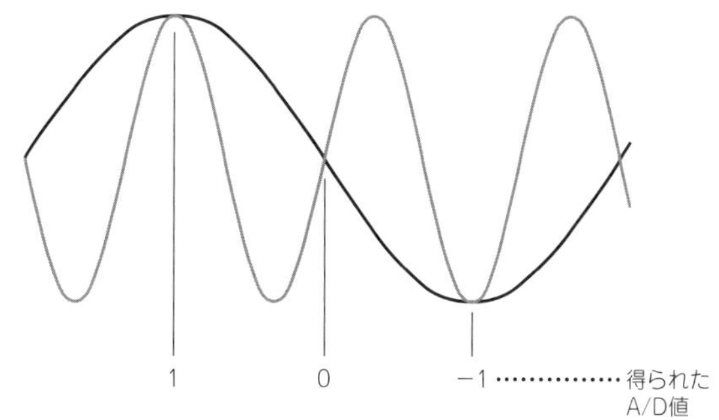


**図10-7　高い周波数の信号でも同じ値となる場合がある**

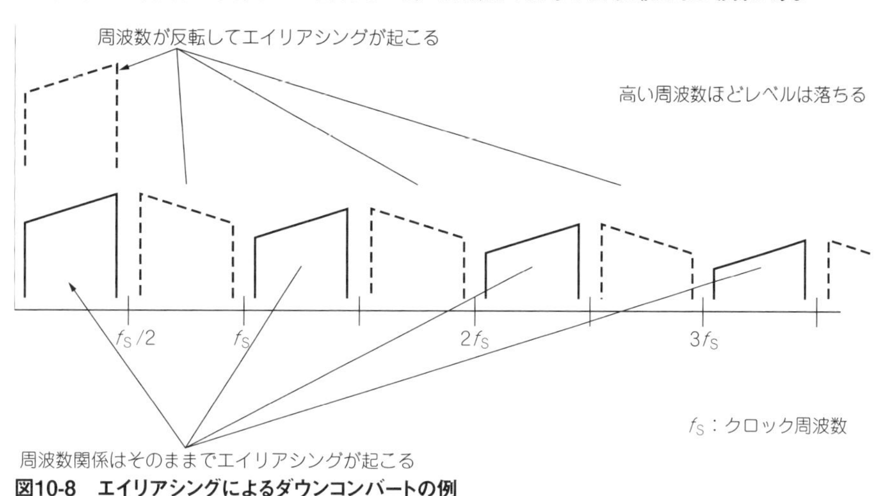


**図10-8　エイリアシングによるダウンコンバートの例**

## ダイレクトサンプリングのダイナミックレンジについて

A/D変換器のダイナミックレンジはビット数に比例します(**図10-9**の式1)が，ビット数が多く動作速度も速い変換器はとても高価です．これではドングル型受信装置(**写真10-7**，**写真10-8**)など実現できそうにありません．しかし意外に思われるかもしれませんが，広い帯域を直接受信するダイレクトサンプリングで

理想的なA/Dコンバータの$S/N$〔dB〕＝6.02×ビット数＋1.76 ……………………式1

処理利得〔dB〕＝10log(全受信周波数幅/受信帯域)……………………………………式2

処理利得〔dB〕＝10log(サンプリング周波数/(2×受信帯域)) ………………………式3

式2は通常のサンプリング，式3はオーバーサンプリング

デシメーションでのノイズ電力の減少量＝2×$f_{dm}$/(サンプリング周波数)…………式4

$f_{dm}$：デシメーションフィルタのカットオフ周波数

**図10-9　ダイレクトサンプリングSDRの受信についての4つの式**

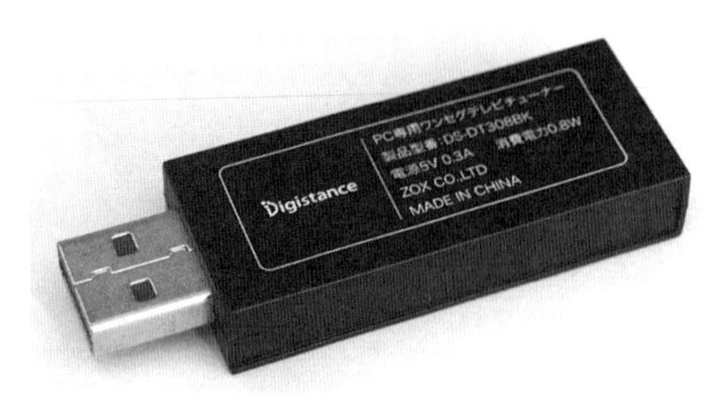


**写真10-7　パソコンに接続して手軽に広帯域受信が可能なUSBドングルの例**

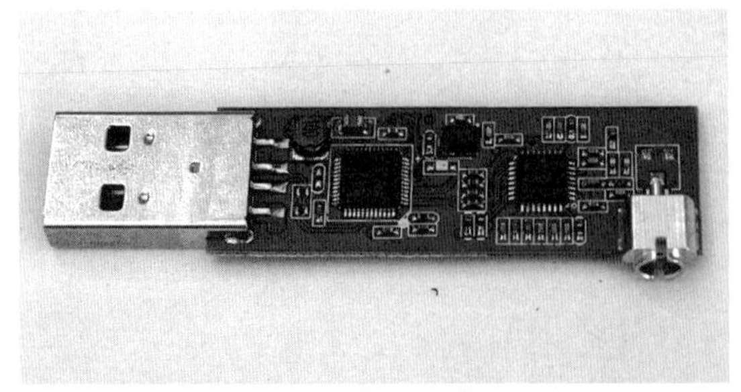

**写真10-8　写真10-7のドングルの中身**
周波数変換をしてパソコンに送り込んでいる

はA/D変換器のビット数はそんなに多く必要ではありません．FMラジオや簡単な広帯域受信機を構成するなら8ビットで十分です．

アンテナからの高周波電流にはいろいろな周波数の信号が混じっています．このため受信信号は不規則な振幅をしますが，フィルタリングすることで目的信号を取り出すことができ，この時にダイナミックレンジの増加(処理利得)が生じます(**図10-9**　式2，式3)．

感覚的にわかりにくい場合は，AD変換では広い周波数範囲の電波全体の形を捉えていて，そこから電波を選り分ける処理の中で有効桁が増えていくと考えてください．専門書には増えすぎた有効桁を削減する方法まで載っています[注12]．実際はサンプリング速度を早くすることによる処理利得(**図10-9**　式4)もあります．また受信周波数がわかっているのですから，サンプリング速度に細工をしたり，前後のデータを足して信号を浮き上がらせることも可能です[注13]．

## ダイレクトサンプリングと1信号測定

具体例がないとわかりにくいので，一例としてリニアテクノロジー(アナログ・デバイセス) LTC2208-14を取り上げます．このADコンバータチップは14ビット，サンプルレート: 130Msps，ノイズフロア：77.1dBFS，スプリアスフリー・ダイナミックレンジ(SFDR)：98dBc (SFDR >81dBc at 250MHz )という規格のもので，サンプル・アンド・ホールドは700MHzまで可能です[注14]．

ノイズフロアは信号振幅と全体のノイズ振幅の比[注15]，SFDRは特定のノイズが最大となる特定周波数とそのノイズの比です(**図10-10**)．オーディオのように後段にフィルタが入らない場合はノイズフロアが重要になり，無線機のように後段にフィルタ処理が入る場合はSFDRが重要になります．

ところで，通常，感度測定は1信号で行われます．1信号ということはフィルタリングによる処理利得はありませんので，14ビットで量子化できる最小の信号から最大の信号の間がダイナミックレンジとなり，78〜86dB程度となります[注16]．

そこで活用されるのがディザ(**図10-11**)です．これは量子化できる最小の信号よりも強い雑音を付加するもので，バイアスを掛けたような状態になり弱い信号が一緒に量子化できるようになります．ディザは雑音ですから感度は落ちるように思われますが，後で雑音分をデジタル的に抜くことができますし，量子

注12) 「フルディジタル無線機の信号処理」西村芳一/中村健真著　CQ出版社
注13) CQ出版社の雑誌“インターフェース”　2016年6月号　p.126からの高橋知宏氏による解説がわかりやすい．これは連載の第9回．
注14) アンダーサンプリングが可能．
注15) ノイズについては高調波を除く場合と，サンプル周波数の半分までの全ノイズとする場合がある．
注16) 前記の式1に従うと86dBだが，信号には2値必要，雑音は1値と考えると78dB．また，シングルトーン時に雑音を考慮したダイナミックレンジの概算を6×(ビット数−1)としている専門書もある．ダイレクトサンプリングSDRは原理的に従来型の特性測定では不利であることに留意．

化する帯域全体に対する雑音なので先ほどのフィルタリングによる処理利得の分だけ軽減されます．感度低下はごくわずかで最大20dB程度の改善効果があるようで，受信系は100dB前後，もしくはそれ以上のダイナミックレンジが得られます．

実用上の注意はもうひとつあります．当たり前な話ですが，ADコンバータに加わる全信号がコンバータで扱える最大値を超えてはいけないのです．機器の事例を調べると，プリアンプやアッテネータを調節して常に最適ダイナミックレンジになるようにしているようです[注17]．

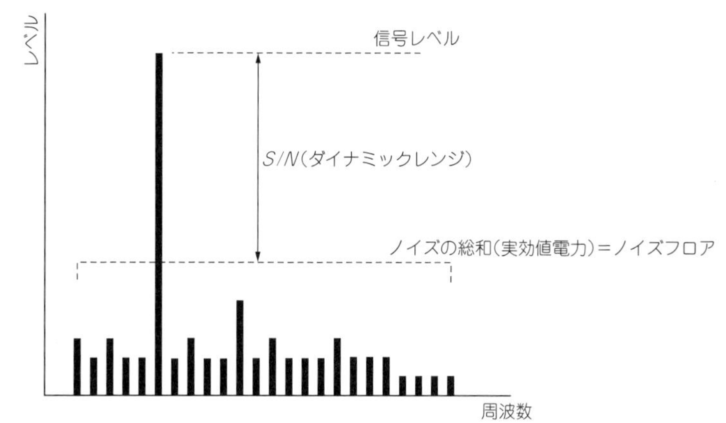


(a) 一般的なノイズのS/N

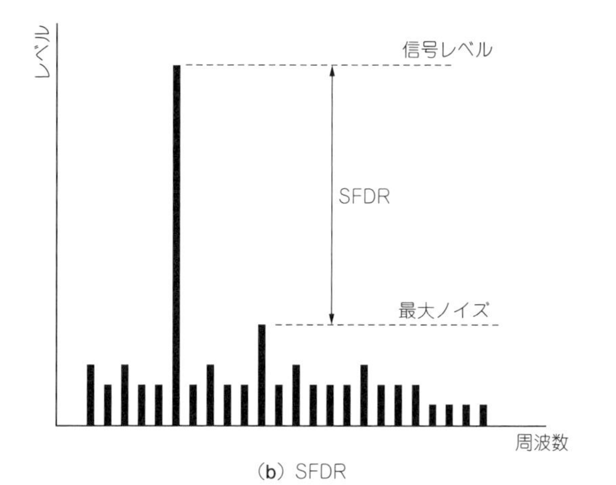


(b) SFDR

**図10-10　AD変換時の2つのダイナミックレンジ**

ディザを利用する場合，弱い信号と注入した雑音の混合波のピークがA/D変換されるのはわかるとして，混合波の振幅の最小点はA/D変換されないのではないかという疑問が湧いてきます．これについて明確な回答が記された資料を見つけることができなかったのですが，ノイズブランカが動作しても復調が可能なのと同じように，飛び飛びでもデータが得られれば復調は可能ということのようです．

実際はノイズブランカよりはるかに変化速度は速いので無視できるのでしょう．同じことは過大入力によるフルビット(飽和)の場合にも言えます．瞬間的なフルビットは受信に影響を与えませんが，この場合はピーク以外のデータで復調をしているようです．

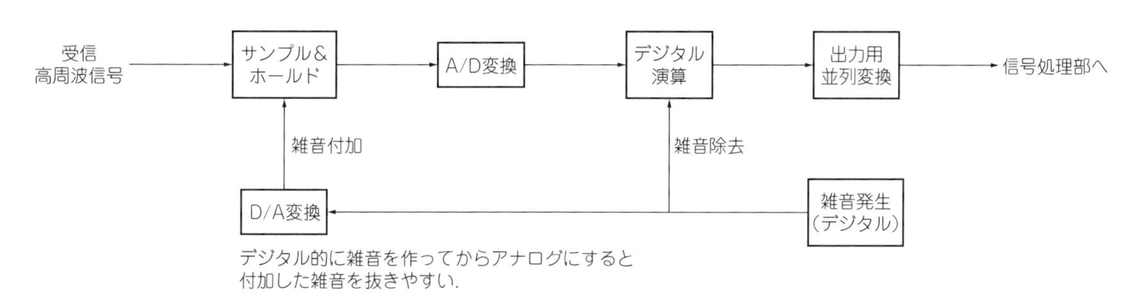


**図10-11　ディザの動作**

注17）ダイナミックレンジ増大については，ほかにも工夫があるかもしれない．たとえば入力レベルでコンバータを変えるという手法も考えられる．

## ナローバンドSDR

ワイドバンドSDRとは別の考え方として，ダウンコンバージョンを更にSDRで改良するという方法も考えだされました．これがナローバンドSDRで，簡単に言ってしまえば9MHz付近のIFフィルタの後ろにSDRを接続したものです．これだけではIF-DSPの入力周波数を上げただけのように思われるかもしれませんが，SDR部自体はワイドバンドSDR同様の動作ができるので，自由度は減るもののSDRの活かし方のひとつの形と考えることもできます．実績のあるダウンコンバージョンの受信部にSDRを組み合わせたことで，より高性能な受信系統ができ上っているのは間違いありません．また市販機の場合，スペクトラムスコープ用にダイレクト・サンプリングSDRを用意して，ワイドバンド入力からの信号，ナローバンド入力からの信号を切り替えることで良好なスペクトラムスコープ動作を実現するという技も使っています．

ナローバンドSDRではSDR回路の前には狭帯域フィルタが入りますから離れた周波数の信号の影響は受けませんが，このことは逆に処理利得がほとんど期待できないということでもあります．そこで**図10-12**のリグでは18ビットのA/Dコンバータを投入して広いダイナミックレンジを得ています．

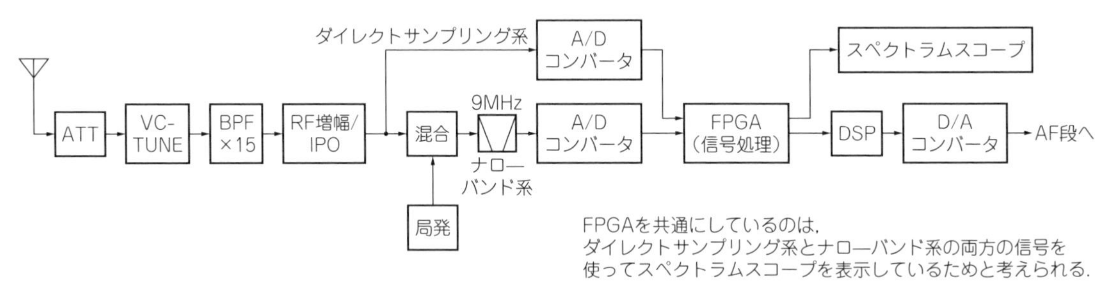


**図10-12　ナロ―バンドSDR機の受信系統の例**
サブ受信系は省略

## デジタルモード

近年流行しているモードにJT65やFT8，そしてFT4といったデジタルモードがあります．これらはリグとパソコンを接続しゆっくりとした最小限のデータ伝送をすることで，雑音以下の信号で交信できるところに特徴があります．

ほとんどの場合，送受信に使用されるのはリグのSSB(USB)モードです．パソコンからのデジタル信号は音声信号としてリグに送られ，電波として発射されます．また，受信した信号は音声としてパソコンに入力され，ソフトウェアで解析・複号されます．

パソコンを利用したRTTYやSSTVと同様の構成となりますが，デジタルモードの場合はSSB帯域内で複数の交信ができるので，リグの周波数は固定で低周波信号の周波数を変えて相手局を探す形になります．たとえばリグの周波数を14.074MHzにしておくと，3kHz幅，つまり14.074～14.077MHzのデジタル通信をすべてワッチする形になり，パソコンが出力する送信用音声信号の周波数をソフトウェアが変えることで，送信周波数を変えることができるわけです[注18]．接続例を**図10-13**に示します．

現在一般的な接続方法はパソコンがリグの周波数などをコントロールできるようにするつなぎ方で，接続はUSB(Universal Serial Bus)，周波数変更もソフトウェア上で行えます．音声信号(中身はデジタル信

注18）もちろん，送信周波数も14.074～14.077MHzの間になる．

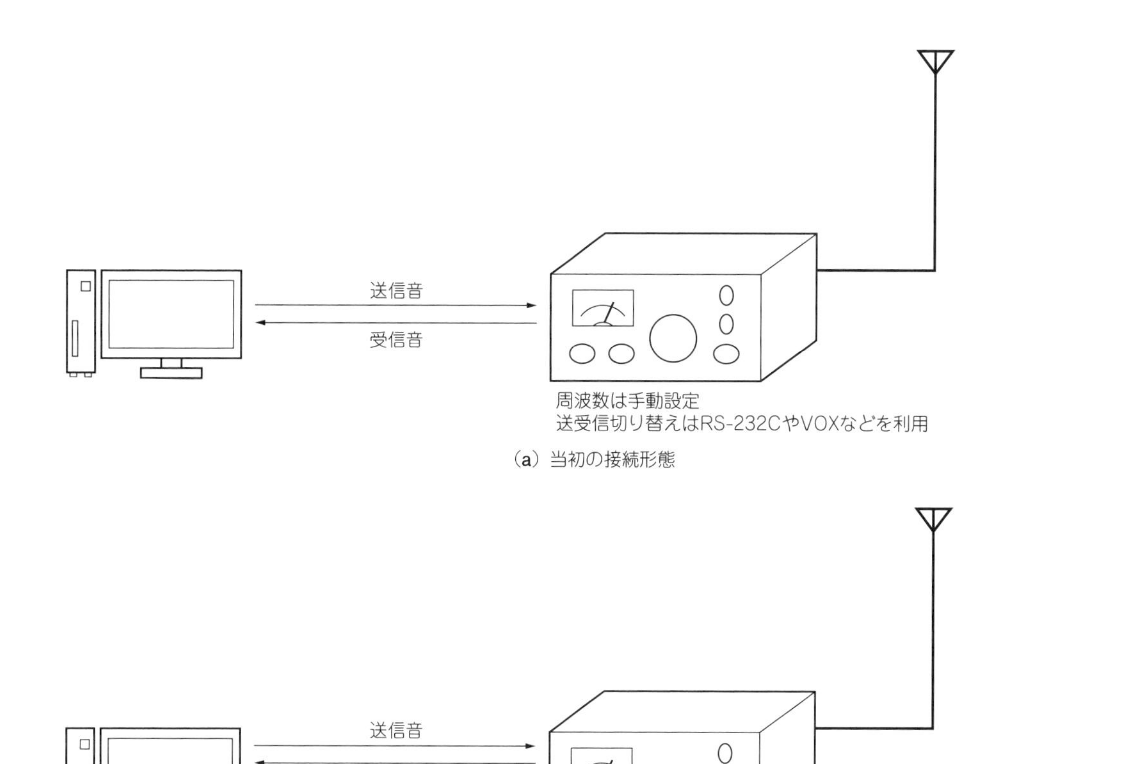


(a) 当初の接続形態

(b) CATを使用する場合

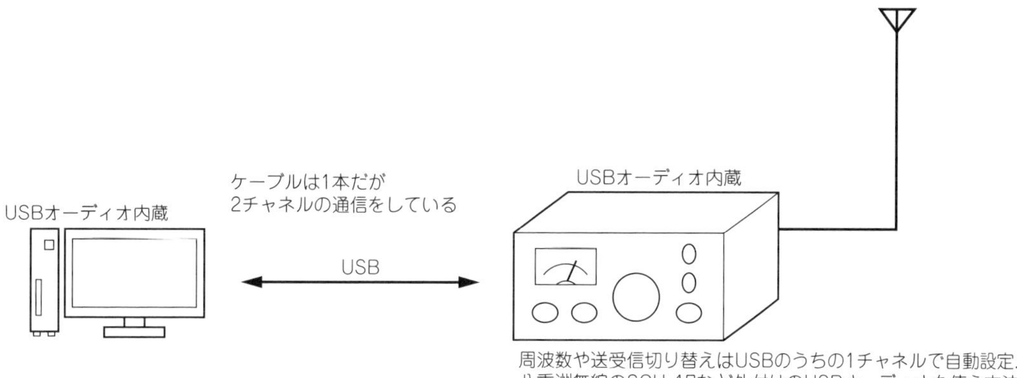


(c) 主流の接続形態

**図10-13　デジタルモードの機器間通信**

号)もUSBでやり取りします．このため近年のリグにはUSBオーディオ・コーデック注19と呼ばれるエンコーダ・デコーダが入っています．コントロールと音声とでUSBを２チャネル使うため少々初期設定は複雑になりますが，いったん接続がうまくいけばあとは安定して動作します．

いろいろなデジタルモードの中で当初脚光を浴びたのはJT65というモードです．もともとは流星反射通信のような瞬間的な伝搬で必要な交信を行う高速度通信用だったものを，逆にスロースピードにしたもの

注19）プロオーディオの世界ではUSBを利用する以前からコーデックが使われているのでUSBコーデック，アマチュア無線ではUSBオーディオと略す場合が多いようだ．Codecはcoder/decoderの略で和製英語ではない．

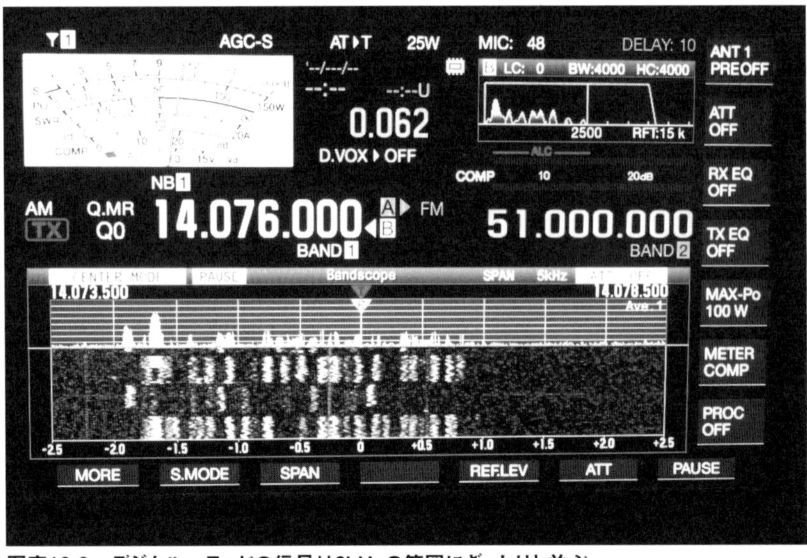


**写真10-9　デジタル・モードの信号は3kHzの範囲にぎっしりと並ぶ**

で，開発者はK1JT，Joseph Taylor博士[注20]とSteven Franke(K9AN)氏．この，ノイズよりはるかに弱い信号を受けられるシステム[注21]により月面反射通信(EME)の限界を大きく下げました．144MHz帯の場合，従来は最小限でも八木宇田アンテナなどの多素子のビームアンテナで4列4段が必要と

## Column　デジタル通信の優位性

通信がデジタルになると何が良いのだろう？というのはもっともな疑問です．当初はコールサインが送れる，テキストが送れる，画像などのデータが送れる．といった付加価値に目が行きがちでしたが，JT-65やFT-8ではCWでも不可能な弱い信号を受けることができるようになりました．通信をシンプルにしているとはいえ，これは大きなメリットです．

この優位性は音声にもありそうです．**図10-A**をご覧ください．信号強度が弱くなってくるとアナログ波はどんどん了解度が落ちていきますが，誤り訂正が効いている間はデジタル波は了解度が落ちません．そして誤り訂正が効かなくなると了解度は1[注22]，突然何も聞こえなくなります[注23]．

つまり，アナログ波基準で*S*/*N*が悪化し始めてからノイズギリギリのレベルになるまで，この範囲でアナログ波よりデジタル波の方が有利になる可能性があるわけです．

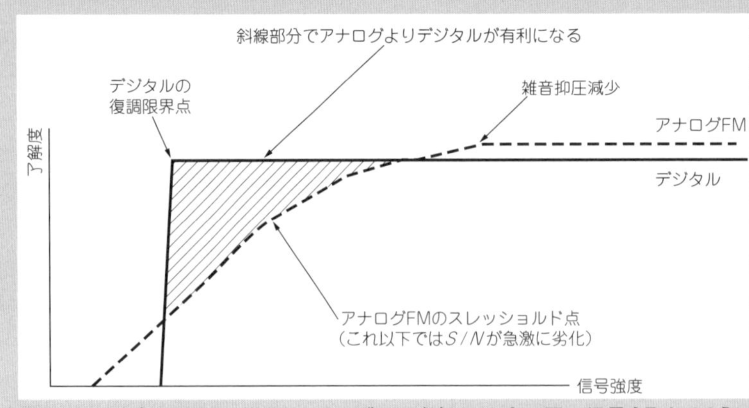


**図10-A　デジタル処理が進むとアナログよりデジタルの方が弱い信号を取れるようになるかもしれない**

アマチュア無線家は耳が良いのでこのノイズ軽減のメリットがあまり感じられないかもしれませんが，一般の方であればノイズ交じりよりもギリギリまで高音質の方を選ぶのではないかと思いますし，アマチュア無線でも音声をデジタル化して送った方が到達距離が長くなる時代が来るかもしれません．

注20）1993年にRussell Hulse博士と「重力研究の新しい可能性を開いた新型連星パルサーの発見」でノーベル物理学賞を受賞．
注21）一説によると限界は−32dB．デコード率50%の公称値は−25dB．
注22）了解度の最低は1．ゼロではない．
注23）C4FM(規格)では，1μVで$1\times10^{-2}$の誤り率を要求している．

されていたものが，現在は2列2段スタックもしくはそれ以下で可能になっています．

このJT65はコンデションが悪くてもDXができるということでHFでも運用されるようになりました．しかしさすがに1送信1分での交互通信というのは時間が掛かりすぎるようで，復調力は劣るものの1送信15秒と高速化したFT8での運用が2018年ごろから盛んになりました．

FT8では実際の受信に12.4秒かかるため，パソコンが瞬時に処理・表示をしたとしてもオペレーターの判断時間が2.6秒しかありません．このためソフトウェアのWSJT-Xでは受信を完了するのを待たずに表示をする機能が後に付け加えられています．またFT8をさらに高速化したものとしてFT4があります．モードは他にもいろいろありますが，2023年初めで主に使われているのはこの3つで，一番運用局数が多いのはFT8です(**写真10-9**)．

FT8にはペディションモードと呼ばれる特殊なモードもあります．これは一度に多数の局を相手にするために考えられたもので，DXペディション局(Fox：900Hz以下で送信)と呼ぶ側の局(Hounds：1kHzより上で送信)[注24]をはっきりと区別しているところに特徴があります．

## 各モードの符号生成ルール

上記3つのデジタルモードの符号生成ルールを解説します．**表10-1**も合わせてご覧ください．受信時は

**表10-1　3つのデジタルモードの諸元**

| | JT65 | FT-8 | FT-4 |
|---|---|---|---|
| 送信ビット数(コールサイン) | 28ビット×2 | 28ビット×2 | |
| 送信ビット数(情報部分) | 15ビット(GLを想定) | 20ビット(本文参照) | |
| 送信ビット数(フラグ) | 1ビット(任意文章を示す) | 1ビット(任意文章を示す) | |
| 総送信ビット数 | 72ビット | 77ビット | |
| エラー訂正方法 | リードソロモン(63、12) | LDPC　r=1/2 | |
| エラー訂正付加後のビット数 | 378ビット | 174ビット | |
| 1サンプルあたりのビット数 | 6ビット(64) | 3ビット(8) | 2ビット(4) |
| 1送信での情報サンプル数 | 63サンプル | 58サンプル | 87サンプル |
| 1送信での同期サンプル数 | 63 | 21 | 2+16 |
| 1送信でのサンプル数 | 126 | 79 | 105 |
| 送信方式(注) | 65FSK，基準信号で1増 | 8-CPFSK | 4-CPFSK |
| 1送信時間(待機を含む) | 60秒 | 15秒 | 7.5秒 |
| 送信連続時間 | 46.8秒 | 12.6秒 | 5.04秒 |
| 応答判断時間(処理時間を含む) | 13.2秒 | 2.4秒 | 2.46秒 |
| 1サンプルの送信時間 | 0.372秒 | 0.16秒 | 0.048秒 |
| 伝送速度 | 2.692ボー | 6.25ボー | 20.833ボー |
| 帯域幅計算式 | 2.692×(65-1+1)+2.692÷2×2 | 6.25×(8-1)+6.25÷2×2 | 20.833×(4-1)+20.833÷2×2 |
| 帯域幅 | 177.6Hz | 50Hz | 83.3Hz |
| 受信成功率50%のS/N(想定値) | −25dB | −21dB | −17.5dB |

注）JT-65では付加した基準信号の隣を使用していないので、帯域幅は一般的な式より1キャリア分増える.
CPFSK=continuous-phase　frequency shift keying

注24）ここでいう周波数は，運用指定周波数(キャリア)のSSB(USB)を変調・復調したときの音声周波数.

この逆をたどります．受信では解読能力を上げるために細かい工夫がなされていますが，バージョンアップごとにどんどん変化していますので，詳しくは，各種デジタルモードの解説資料をお読みください．

## JT65の符号生成ルール

28ビットに簡略化された2つのコールサイン[注25]と16ビットの情報を送信します．情報の内15ビットはグリッドロケーターが想定されていたようですが，シグナルレポート(dB値)もここに含まれます．計72ビットの符号が生成され，その後，誤り訂正のためのリードソロモン(63.12)符号が足されて全体で378ビット(63×6ビット)が作られます．

並び替えの後，送信は126回に分けて行われます．全部で送信時間は46.8秒ありますから，1回は0.372秒です．送信ごとに63の6ビットデータと，63の同期信号が交互に送信されます．同期信号を1回ごとに入れることで，伝送状態の変化に強いシステムとしています．さすがEME用です．送信されるのは64(6ビット)+同期1ビットの65FSKです．

UTCで00秒になった1 秒後に送信開始47.8 秒で終了します．伝送速度は0.372秒の逆数で2.692ボーとなり，帯域幅は177.6Hzとなります．周波数偏移の全体量は175.0Hz[注26]です．

## FT8の符号生成ルール

2023年1月現在のFT8は情報77ビットにCRCが14ビット[注27]，LDPC[注28]による83のパリティビットが付いて全伝送量は174ビットです．JT65より情報が5ビット増えていますが，増えた分は非標準のコールサイン，コンテスト交換，FT8 DXpeditionモード，およびその他の特別なメッセージタイプのフラグを立てるために使用されます．8値のFSKは3ビットなので，信号は3ビットずつ送られ，$\frac{174}{3}=7\times3$(同期信号)$=79$ 3ビットのシンボルは計79となります．

CRC(Cyclic Redundancy Check)は多項式を用いて伝送データに誤りがないことを確認するもので，受信時に，パリティビットや他の手法による修復が行われた後に，その修復が成功したかどうかを確認するのに使われます．

送信時間(12.6秒)の間に79のシンボルを送信するので1シンボルは0.16秒．この逆数を取ると6.25ボーとなります．帯域幅は50Hz．周波数偏移の全体量は43.75Hzとなります．

## FT4の符号生成ルール

このモードはもともとFT8の送受信時間を半分に短縮するために考案されています．このため符号そのものの生成ルールは同じですが，毎回の符号送信をFT8の3倍以上の速度にした2ビット信号で帯域の広がりを容認しつつ高速化を実現しています．帯域幅は83.3Hz，周波数偏移の全体量は62.5Hzです．

注25) コールサインは簡略化されている．またCQ，DE，QRZはここに入れられる．これによりCQの後ろ，サフィックスのエリアに3桁の数字を入れて相手方の送信周波数を指定することができるようになった．
注26) 音声のFM変調と違いデジタル値による非対称FSKのため，周波数偏移は±ではなく全体量で示すことになる．
注27) 2018年末までは75ビットにCRCが12ビット，LDPCによる87のパリティビットが付いて全伝送量は174ビットだった．この切り替えで新旧ソフトウェア間の互換性がなくなっている．
注28) LDPC：低密度パリティ検査符号　行列式による検査をする符号．検査符号としては非常に強力．

## Column　無線機のデザイン

1985年頃から，リグのデザイン，特にパネル面のレイアウトでの自由度が増しています．これはリグがマイクロコンピュータ・コントロールになったためです．

HF機で多接点のバンド・スイッチをガチャガチャと回していたころや，メイン・ダイヤルに減速機構を付けて表示とバリコンを回していたころは，扱いやすさよりも内部の配置が優先されていました．真空管式のリグではPLATEとLOADつまみをこまめに調整しますが，これはパネル面の上にあるより下にあった方が，手のひらを机に付けることができて安定するのでこまかく調整しやすいはずです．逆にバンド・スイッチはスイッチなので上でも大丈夫でしょう．目線が真っすぐに近くになりますからバンドの表示も読みやすくなります．でもこの配置ではファイナル・ボックスの設計が大変になりますから，どのリグもPLATE LOADは上，バンド・スイッチは下になりました(**写真10-A**)．

しかしすべてをデジタルデータでやり取りするようになってからはこの制約がなくなりました．右利きを主体に考えられたのでしょう．メイン・ダイヤルは右に移動し，あまり操作しないつまみが左に移動しています．パネル面の取り外しができるようになったのもデジタルデータ化のおかげで，モービル機ではパネル面の後ろにCPUを付けて，ここからデジタル信号で内部回路をコントロールする形が一般化しています．**写真10-B**はFT-100Dの操作部裏面ですが，わずか6本の配線でパネル面の全操作を本体に伝えています．

パネル面の設計が自由になると，そこには今まで以上に「デザイン」という要素が出てきます(**写真10-C**)．スイッチを放射状や円形に配置したものだけではなく，スイッチそのものが斜めのリグまで現れました[注29]．

**写真10-B　操作部にコントロール回路がある**(9章参照)
八重洲無線 FT-100操作部と本体との接続は6接点しかない

A=B
A/B
FAST
LOCK
RCL/STO
CLAR
TUNE
V/M
C.S
A-M
TXW
SPLIT

**写真10-C　円形をイメージしたデザインなのに実はまっすぐな配置のボタンの例**
八重洲無線 FT-991A

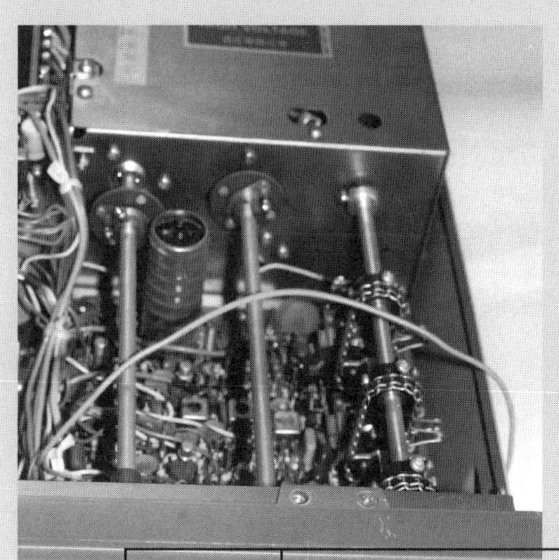

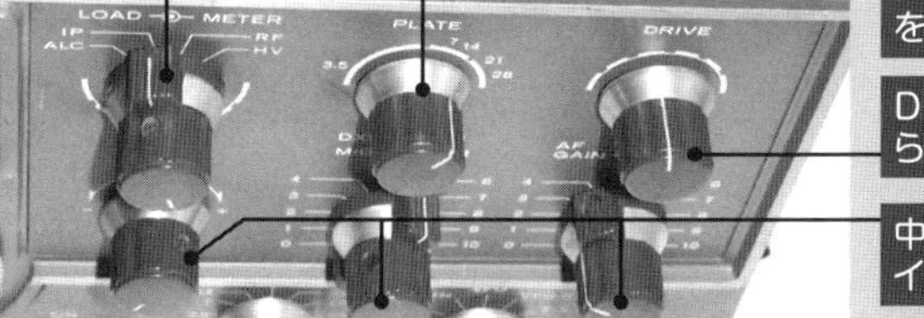
LOAD
METER
IP
ALC
RF
HV
PLATE
DRIVE
PLATE, LOADはファイナルBOXと直結するので，空間を通しやすい最上部に配置．
DRIVEはバリコンをチェーン駆動するので，上を通してから基板上のバリコンに接続．
中段は後ろが回路基板になるので，奥行きのないVR，スイッチ類．
基板裏側のコイルパックとコンデンサを切り替えるので，バンド・スイッチは最下段に配置される．

**写真10-A　昔のリグのつまみの配置は内部の都合で決まっていた**

注29) リグは目線よりかなり下にあり，スイッチは奥に向かって真っすぐ押すのではなく少し上からかぶせるように押すため，筆者としては斜めスイッチは使いにくいと思う．**写真10-C**のリグは円形配置に見えるが実は直線，スイッチのキートップが斜め上を向いていて押しやすい．

# さくいん

## 数字



## アルファベット



## あ行

## か行



## さ行



## た行



## な行



## は行



## ま行



## や行



## ら行



## わ行

# メーカー別 画像掲載機種一覧

| メーカー | 型 番 | 種 別 | 掲載ページ |
| --- | --- | --- | --- |
| トリオ | TS-120 | 送受信機 | 83 |
| トリオ | TR-8000 | 送受信機 | 94 |
| トリオ | TH-21/TH/41 | スティック | 98 |
| トリオ | TR-2300 | 送受信機 | 99 |
| トリオ | TR-7500 | 送受信機 | 99 |
| トリオ | TW-4000 | 送受信機 | 109 |
| トリオ | TS-770 | 送受信機 | 110 |
| トリオ | TS-930 | 送受信機 | 135 |
| トリオ | TS-940 | 送受信機 | 136 |
| トリオ | TS-830 | 送受信機 | 137 |
| トリオ | TS-440 | 送受信機 | 149 |
| ケンウッド | TM-455/TM-255 | 送受信機 | 111 |
| ケンウッド | TM-541 | 送受信機 | 123 |
| ケンウッド | TS-950 | 送受信機 | 145 |
| ケンウッド | TS-850 | 送受信機 | 145 |
| ケンウッド | TS-790 | 送受信機 | 159 |
| ケンウッド | TS-2000 | 送受信機 | 162 |
| ケンウッド | TS-680 | 送受信機 | 164 |
| ケンウッド | TS-690SAT | 送受信機 | 164 |
| ケンウッド | TH-25/TH-45 | スティック | 167 |
| ケンウッド | TM-D700 | 送受信機 | 172 |
| ケンウッド | TM-2400 | 送受信機 | 178 |
| ケンウッド | TS-950Digital | 送受信機 | 181 |
| ケンウッド | TS-870 | 送受信機 | 182 |
| JVCケンウッド | TS-590 | 送受信機 | 185 |
| JVCケンウッド | TS-890 | 送受信機 | 146 |
| 三和無線測器 | STM-406 | 送信機 | 26 |
| 杉山電機製作所 | F-850 | 送受信機 | 135 |
| 東京ハイパワー | HT-750 | 送受信機 | 155 |
| 日新電子工業 | PANASKY mark6 | 送受信機 | 70 |
| 日本電業 | Liner 15 | 送受信機 | 82 |
| 日本マランツ | C170/C470 | スティック | 102 |
| 日本マランツ | C7900 | 送受信機 | 104 |
| 日本マランツ | C500 | 送受信機 | 109 |
| 日本マランツ | C150 | 送受信機 | 168 |
| 日本無線 | NRD-505 | 受信機 | 140 |
| 日本無線 | JST-135 | 送受信機 | 140 |
| 日本無線 | JST-245 | 送受信機 | 140 |
| 福山電機研究所 | FM-50V | 送受信機 | 65 |
| 福山電機研究所 | FM-144V | 送受信機 | 166 |
| 福山電機 | MULTI-750/EXPANDER-430 | トランスバータ | 109 |
| フロンティアエレクトリック | DIGITAL500 | 送受信機 | 52 |
| マキ電機 | UTV-2400E | トランスバータ | 119 |
| 松下電器産業 | RJX-601 | 送受信機 | 71 |
| 松下電器産業 | RJX-1011 | 送受信機 | 157 |

# 著者プロフィール


## 高木 誠利（たかぎ まさとし）

1961年生まれ．1976年アマチュア無線局JJ1GRK開局．電気通信大学電気通信学部電波通信（電子情報）学科卒業．以後，放送通信関係の仕事に従事．
1997年にアマチュア無線として初のスペクトラム拡散，並びに音声デジタル変調通信の免許を受ける．通信機器と電子キットに関する著作多数．映像情報メディア学会エグゼクティブ会員．

### 所持資格（抜粋）

- 電話級アマチュア無線技士（現　第4級アマチュア無線技士）
- 電信級アマチュア無線技士（現　第3級アマチュア無線技士）
- 第2級アマチュア無線技士
- 第1級アマチュア無線技士
- 第3級無線通信士（現　第3級総合無線通信士）
- 第1級無線技術士（現　第1級陸上無線技術士）
- 第1級無線通信士（現　第1級総合無線通信士）
- 工事担任者　アナログ3種
- 工事担任者　アナログ1種
- 工事担任者　アナログ・デジタル総合種
- 危険物取扱者　乙種4類
- 中学校教諭二種免許状　職業
- 高等学校教諭一種免許状　工業

# 日本アマチュア無線機名鑑
## ～黎明期（1948年）から最盛期（1976年）へ～
## 章立て

第1章　黎明期のアマチュア無線機

第2章　AM通信全盛期

第3章　産声を上げたSSB

第4章　VHF通信の始まり

第5章　HFはSSBトランシーバ全盛

第6章　V/UHFハンディ機が大流行

第7章　モービル・ブーム来る！

第8章　V/UHFの本格的固定機

付録資料　写真で見る 有名アマチュア無線機メーカー黎明期の無線機たち

# 日本アマチュア無線機名鑑II
## 〜最盛期(1977年)から円熟期(2000年)へ〜
## 章立て

# 日本アマチュア無線機名鑑 Ⅲ

2023年5月1日　初版発行


著　者　髙木　誠利
発行人　櫻田　洋一
発行所　CQ出版株式会社

〒112-8619　東京都文京区千石4-29-14
電話　編集　03-5395-2149
販売　03-5395-2141
振替　00100-7-10665

乱丁，落丁本はお取り替えいたします．
定価はカバーに表示してあります．

ISBN978-4-7898-1275-7
Printed in Japan

編集担当者　甕岡　秀年
本文デザイン・DTP　（株）コイグラフィー
印刷・製本　三共グラフィック（株）